目 录

第一部分

双翅目昆虫是什么

第一章　上帝的宠儿

如果不能理解昆虫告诉我们的所有句子，人类的知识就会从世界档案中被抹去。

——让-亨利·法布尔

大约过了5天，我才意识到出现在我胸口的四处小小红肿并不是蚊虫叮咬的包。我身处一个由14名生物学家组成的团队，专注于研究蝙蝠的活动与栖息习性；我们在南非克鲁格国家公园待了一个月，当时是第三周。团队中的一小组人正在徒步追踪有无线电标记的非洲黄蝠，此刻是午休时间。

我已经注意到红肿一天比一天大，一天比一天痒，但我完全没有放在心上，因为我觉得肯定是某种非洲蚊子与我同行，而我只不过对它的叮咬更加敏感。在吃一块三明治的间隙，我心不在焉地挠着衬衫上的隆起，产生了一种奇怪的感觉，隐约有些瘙痒。我脱掉衬衫，仔细观察其中一处红肿。

它正在移动。

3 几年前，我读过这样一则消息：20世纪70年代，一名少女在飞往利马的途中遭遇飞机爆炸，她奇迹般地活了下来，手臂和双腿的皮肤下面却出现了大量的狂蝇蛆。她坠落的地点有植物做缓冲，当她在亚马孙丛林中苏醒的时候，仍然被安全带系在座椅上。她勇敢、坚毅，靠着从拥有植物学家身份的父母那儿学到的关于可食用植物的知识，花了12天时间徒步穿过灌木林，回到了文明世界。

我所受的虫害并没有那么戏剧性。它们不是狂蝇。我们的南非护林员利奥·布拉克恰好是研究寄蝇的专家，回到营地后，他很快就认出了我皮肤里的不速之客：它们是丽蝇科嗜人瘤蝇（*Cordylobia anthropophaga*）的幼虫。“anthropophaga”翻译过来就是“食人者”。之前我把衣服晾起来，以为能再穿一天的时候，被汗臭味吸引的母蝇在不干净的衣服里产下了卵。当我重新穿上它，蛆被我的体温唤醒，挖隧道进入了我的皮肤。饥饿的幼虫一头钻进我的肉里，并通过表面的一个小孔呼吸。我身上的四处红肿并不痛，但是奇痒无比。

我要说的是，虽然从严格意义上来说“食人者”这个标签描述得准确到位，但它的“食用”后果并不像某些鲨鱼或老虎那样声名狼藉。我不会失去四肢，也不会流血。然而，当你发现另一种生物在蚕食你的肉，无论它多么小，你都会感到不安。突然间，午餐已经不那么紧迫，取而代之的是与另一种感受相关的全新优先项：我希望它们离开！

一个小时后，我在卢乌乌胡河边的营地摆好拍照的姿势，布拉克教我如何清除这些蛆虫。

“只需要在开口的地方涂一点凡士林，大约30分钟后就可以把它们挤出来。”

“你不过是在安慰人，”我心里想，“哪有这么轻松。”

我拿着一管凡士林和一本好书，找了个阴凉的地方躲了 4
起来。一小时后，我已经挤出了三只呈珍珠白色、米粒大小的蛆虫。第四只坚持到了第二天。

布拉克很高兴地说，我不仅是这次旅行中唯一招待过嗜人瘤蝇蛆的人，也是当地历史上唯一招待过它们的人。尽管它们很常见，但在非洲大陆南端这么偏远的地方从来没有记

在南非克鲁格国家公园，作者摆好姿势，方便护林员利奥·布拉克记录嗜人瘤蝇蛆的活动范围的扩大（图片来源：布罗克·芬顿）

录。很快，我的同伴就亲切地称呼我为“生态系统”，在接下来的旅途中，我成了卫生段子的调侃对象。显然，他们都没有意识到这个故事的讽刺意味：我是整个团队中唯一的素食者，却成了那个最适合被吃掉肉的人。

不受欢迎的和重要的

面对现实吧：双翅目昆虫不可能在人类举办的“人气竞赛”中获胜。我们对它们的恐惧，远远比不上对蜘蛛、蛇、狮子和鳄鱼的恐惧。但如果调查最不喜欢的动物，许多人会把它们排在前十。“在所有主要的昆虫种群中，双翅目昆虫是我们最不了解的，也是我们最讨厌的。”昆虫学家马克·德鲁普在1999年的《佛罗里达的奇妙昆虫》中写道，“它们没有辩护者，没有说客，没有嗜好者；没有观蚊蝇的人，没有蚊蝇专类园，也没有双翅目图鉴。”（我们很快会看到，最后一句话已经过时了。）纯粹从招人厌恶的角度来说，一只成年苍蝇肯定比不上它的同类蟑螂；但是，当我们看到一只水分十足的蛆在尸体的腐肉里蠕动，其内脏在半透明的皮肤下连续起伏时，那么这场恶心程度的竞争就会变得难分伯仲。

还有它们对血腥的卑鄙欲望。我们中的大多数人没有当过食肉蛆的寄主，但几乎所有人都经历过蚊子令人不安的嗡鸣，几乎所有人都感受过被它叮咬后熟悉的瘙痒。读者很可能也会受到这些昆虫的骚扰：蚋、白蛉、斑虻、厩螫蝇和

（或）虻。我在北美洲参与过数千个小时的户外探索，已经
被所有这些空中抽血者盯上了。牛虻的吸血尖端有一组口器，
其工作方式就像交替的锯，可以刺透人的皮肤，造成的那种
痛感实在是不容忽视。我第一次遇到牛虻的时候被它吓坏了，
当时我还是个小男孩，正在安大略湖的夏令营游泳。当游泳
者浮出水面的时候，这种巨大的黑色生物便猛扑向他们的头
部。只要被叮一下，就立刻疼得要命。这种恐惧让我简直想 6
变成一条鱼。有一次，在得克萨斯州的丘陵地带，我看到一
只牛虻在一头奶牛的侧腹大快朵颐，那伤口血流如注。

如果令人不快的叮咬只是和双翅目（Diptera）昆虫共栖于地球的唯一代价，那么我们会过得很好。但双翅目昆虫还是致命热带病的病媒生物，通过叮咬不知不觉地将这些疾病传播给人类，造成更严重的危害。全世界有一半的临床病例由昆虫传播引起，其中双翅目昆虫是最常见的携带者。每12秒就有一个人死于疟疾，而蚊子是疟疾的主要传播者。疟疾至今仍然威胁着人类健康，除此之外，蚊子还会传播黄热病、登革热、寨卡热、丝虫病、脑炎等疾病的病原微生物。

蚊子并不是唯一的罪犯。热带白蛉会在人与人之间传播利什曼病，热带蚋可以携带导致河盲症*的线虫。今天，每六个人中就有一个感染了虫媒疾病，犯罪现场留下的证据多半

---

* 一种因感染盘尾丝虫而引起的疾病，症状包括严重瘙痒、皮下肿块，以及失明。盘尾丝虫病一般通过蚋的叮咬而传播，由于蚋通常生活在河流边，“河盲症”因此得名。——译注

来自一只双翅目昆虫。

我写这本书并不是为了把双翅目昆虫妖魔化，我与它们没有私怨。在已知的16万种双翅目昆虫中，只有很小的一部分对人类有害，大约占总数的1%。相反，美丽的益虫食蚜蝇（Syrphidae）是至关重要的传粉昆虫，超过6 000种食蚜蝇已经被人类详细记录。我们对昆虫（尤其是双翅目昆虫）的普遍反感掩盖了它们的许多重要益处，包括传粉、清除废物、防治自然虫害，以及为不少动物提供了重要的食物来源。很少有人知道这些，也很少有人知道双翅目昆虫的其他益处。例如，你可能不知道（我以前就不知道），世界各地的摇蚊幼虫是一支重要的防污部队。在某些地方，每英亩的摇蚊幼虫数量高达数
7 十亿只。它们把头埋在泥中，用身体构成末端开口的管子缓慢吸水，成群结队地过滤掉水中的藻类和碎屑。即使被某些双翅目昆虫恶毒地咬了一口，也不是完全没有好处——只要你不太坚持人类中心主义。吸血双翅目昆虫可以使人类远离生态敏感的地区，从而防止栖息地和生物多样性的丧失。比如说，博茨瓦纳郁郁葱葱的奥卡万戈三角洲是一片面积约为16 800平方千米（约6 500平方英里）的季节性洪泛平原，也是野生动物的天堂和采采蝇的大本营。采采蝇的叮咬会使人类和牲畜生病，从而使自然原始的生态环境被保留了下来。

双翅目昆虫也在科学中扮演着重要角色。现代遗传学在很大程度上要归功于果蝇，即黑腹果蝇，以它为主题发表的

研究文章超过10万篇。*罪案的侦破也要归功于双翅目昆虫。有些双翅目昆虫能非常迅速高效地在尸体上繁殖，通过深入了解它们的生活史，昆虫学家可以在几个小时以内确定死者的死亡时间。这种方法帮助了数百起谋杀案的定罪和脱罪。

生物多样性

无论是否有用，双翅目昆虫都是非常成功的生物。我并没有很轻率地选择本书的副标题，也不是在回避“上帝的宠儿”这个称呼。

什么叫双翅目昆虫的*成功*？“成功”这个词似乎不太适合形容一只被困在窗台上笨拙跳跃的家蝇。我指的是一种生 8
物学意义上的成功：物种多样性和绝对数量。在这些方面，双翅目昆虫的优势非常明显。

首先，双翅目隶属于迄今为止地球上最成功的一类动物：昆虫。加拿大昆虫学家斯蒂芬·马歇尔在2006年出版的《昆虫》序言中这样写道：“人们很容易忘记，在六条腿为主的世界里，两条腿的人类只占很小一部分。”目前已被命名的动物大约有150万种，其中昆虫占80%；此外估计有500万到1 000万个物种未被发现。在任何时刻，都有大约10^{19}只昆虫在爬行、跳跃、掘洞、钻孔或飞行。《格日梅克动物生活百科

---

* 截至2020年2月12日，在美国国家医学图书馆的PubMed数据库中以“果蝇属”（*Drosophila*）为关键词搜索，有107 760条结果。——原注

全书》的作者伯恩哈德·格日梅克认为，这相当于平均每个人对应2亿只昆虫。在2017年出版的《昆虫传》中，记者戴维·麦克尼尔给出了一张更夸张的统计表：平均每个人对应14亿只昆虫。单是蚂蚁的生物量就比人类多12倍；在《地下虫子》一书中，丽莎·玛格内莉报告说，白蚁的生物量也是同样的比例。一个常规的后院里可能生活了数千种昆虫，数量多达几百万只。

没有人确切地知道地球上同时生活着多少只双翅目昆虫，但“动物”频道的研究员认为大约是1.7×10^{16}只。英国双翅目专家埃丽卡·麦卡利斯特估计，平均每个人对应大约1 700万只双翅目昆虫。看到这样的数字，你可能会想，为什么我们没有一直被讨厌的蚋、蚊子和大蚊包围。因为大多数双翅目昆虫处于成虫前的阶段（卵、幼虫或蛹），所以没有可称之为“蝇”的，或者说双翅目的显著特征。尽管如此，双翅目昆虫仍然数量庞大且无处不在。阅读本书的时候，你周围几英寸或几英尺的地方可能就存在某种双翅目昆虫。无论你在
9 世界的哪个地方，只要天气暖和，只要是在户外，你就肯定会与至少一只双翅目昆虫有身体接触。

我完全可以理解你对以上数字的怀疑。很难想象空中和地面到处都是昆虫。但在广袤的陆地上，特别是在较远的北纬地区，昆虫聚集的数量异常庞大——在繁殖的高峰期，那里的昆虫，特别是双翅目昆虫，的确会以惊人的数量成群移

动。我的一本书的俄语译者给我发了一个视频链接，里面记录了成千上万只虻和蚋聚集在西伯利亚一片湿地的全地形车周围的景象。摄像师用网和手套把自己保护得严严实实的，但我还是替踩进湿地的驯鹿捏一把汗。还有蠓，它可能是地球上最具优势的物种。威斯康星大学麦迪逊分校的遥感专家菲尔·汤森在2008年报告说，冰岛的米湖（翻译成英文是Midge Lake，即蠓湖）周围每天会出现大量的蠓虫尸体，平均每公顷135千克（每英亩120磅）。在东非，一些幽蚊大量聚集，当地人用摇晃的水桶捕捉它们，然后打包成球状，煮成可食用的大块，叫作“蚊饼”。

在此需要声明一下，我并不是说某一种双翅目昆虫是地球上数量最多的物种。当我们研究更小的生物时，有些生物的数量堪比天文数字。一茶匙健康土壤里的生物比地球上的人还要多。地球上数量最多的动物之一是一种已经被充分研究的线虫，叫“秀丽隐杆线虫”（*Caenorhabditis elegans*）。一位英国生物学家推测，每天出生的秀丽隐杆线虫的数量为6×10^{20}。根据1998年的估计，地球上大约有5×10^{30}个细菌。

衡量进化成功的另一个标准是物种的数量。如果你咨询不同的专家，他们可能会说双翅目是地球上种类第一、第二
或第三丰富的目（比甲虫所在的鞘翅目少，可能也要比胡蜂、 10
蚂蚁、蜜蜂等膜翅目少）。20世纪30年代，英国遗传学家J. B. S. 霍尔丹有一句名言，说上帝“对甲虫有一种过分的偏

爱”，因为鞘翅目种类繁多，在当时远远超过了双翅目。今天已知的昆虫大约有100万种，其中35万种属于鞘翅目。但大多数双翅目昆虫比大多数鞘翅目昆虫更难寻找，也更加隐蔽。随着科学家在搜集和识别新物种上不断努力，技能日益精湛，人类发现的双翅目昆虫的数量正在逐渐增加。

1964年，哈罗德·奥尔德罗伊德的经典著作《双翅目博物志》出版时，已知的双翅目昆虫大约有8万种。现在这个数字已经翻倍，变成16万；有迹象表明，我们仍然只看到了冰山一角。2016年的一项DNA条形码研究估计，加拿大的瘿蚊超过1.6万种，是预测数量的10倍。从这一发现可以得出一个惊人的预测："目前已知的分类单元表明，加拿大拥有全球大约1%的动物群，那么根据这项研究的结果可以推测，全球有1 000万种昆虫，其中瘿蚊科（Cecidomyiidae）约有180万种。真是如此的话，全球瘿蚊科物种的总数将超过所有142种甲虫科物种的总和。"霍尔丹要是知道了这个说法，肯定死不瞑目。我采访过一位双翅目专家，他说这种推断可能有些夸张，但很明显双翅目是“一个非常、非常庞大的种群”，几乎完全没有被描述，且大多以植物为食。目前，全世界范围内的瘿蚊只有6 203种得到了命名。

斯蒂芬·马歇尔毫不含糊地指出了双翅目昆虫在生物多样性方面的首要地位。我在多伦多以西大约一小时车程的圭尔夫大学的校园里见到了马歇尔，他在环境生物学系工作了

35年，在该校举世闻名的昆虫标本室担任主管。在此期间，11
他的工作成果十分丰硕，发表了200多篇学术作品，出版了几本关于昆虫生活的精彩图书，其中配有数千张他自己拍摄的大幅精美照片。与阿特·勃肯特（我们稍后会遇到）一样，马歇尔也是加拿大的“蝇人”。

“关于双翅目我们需要知道的是，它可能是地球上最具多样性的目，”马歇尔坐在办公室的大书桌后面对我说道，“我认为，在公认的多样化竞赛中，唯一真正的挑战者是膜翅目（Hymenoptera，包括胡蜂、蚂蚁和蜜蜂等等）。”

“这是普遍的共识吗？”我问道。

“鞘翅目（Coleoptera）昆虫学家（甲虫科学家）不同意这种说法。但我确信双翅目昆虫的种类比鞘翅目昆虫更多，尽管目前已被命名的鞘翅目昆虫几乎是双翅目昆虫的2倍。”

马歇尔的信心在一定程度上是因为双翅目昆虫新种正在快速地被发现。为了证明自己的观点，马歇尔转向了实验室角落里的一名研究生，她正在研究从新热带界*搜集来的一批新的双翅目昆虫。

“蒂凡妮，你现在研究的属的新种率是多少？”他问道。（新种率是指在样本中发现的在科学上是新种的比例。）

“90%到95%。”

---

* 新热带界（neotropic），指组成地球陆地表面的八个生物地理分布区之一，包括热带美洲大陆的热带陆地生态区和南美洲全部温带区。——译注

马歇尔回头看着我。“这是从一个属的大约6 000个标本中获得的数据，到目前为止，这些标本中已经发现了37个新种。”

另一名研究生古斯塔夫站在相邻的工作台边，仔细研究
12 着瘦足蝇科（Micropezidae）心头瘦足蝇属（*Cardiacephala*）的标本。

“古斯塔夫，你的新种率是多少?”

“大约50%。”

“他研究的是在野外很容易发现的大型双翅目昆虫，”马歇尔继续说，“所以，哪怕是最显眼的双翅目昆虫，也有一半的物种是我们之前不知道的。”

“你遇到过新种率100%的样本吗?”我问。

“遇到过，尤其是在研究很不充分的热带地区，那儿的一些小型双翅目昆虫全都是新种。我1982年来这里工作，当时，即使是在圭尔夫本地，一些不太知名的科的新种率也超过了50%。”

马歇尔一时说不准他和他的团队描述并命名了多少个双翅目的新种，但肯定超过1 400种。这个过程漫长而艰辛，需要遵循严格的分类准则，并且要非常详细地正式描述，才能确保新命名的物种有别于其他的近缘物种。

我很好奇地问:“有没有发生过两个生物学家同时描述并命名同一个新种的情况? 如果是这样，他们该如何应对这种尴尬的局面呢?”

我还以为马歇尔会否认这种不太可能的巧合，但他是一个创造惊奇的人：

“我经历过一次，就在2012年。那是色菌蚊属（*Speolepta*）的一个物种，过去该属只有一个物种被描述过。这个物种通常生活在湖岸边的洞穴中，会在里面倒挂着化蛹。它们的部分习性与新西兰著名的食肉穴居发光虫[*]非常类似，后者属于一类真菌蚊蚋。”

小时候，我曾见过新西兰北岛的怀托摩洞穴里成千上万只 13
幼虫在天花板上发光的难忘景象，那感觉就像仰望晴朗的夜空。

马歇尔继续说：“这个惊人的巧合在于，我们不仅同时独立地研究了这个新种，还给它起了相同的名字！我们都以理查德·福克罗斯的名字命名，他是史上最伟大的昆虫学家之一，也是研究该属的权威，当时刚刚过世。”

“你是怎么发现的？”我问道。

“从最初的发现到我们［论文的合著者是菌蚊科（Mycetophilidae）专家扬·舍夫契克］准备提交论文已经过了6年。在提交论文之后，我们发现挪威特罗姆瑟大学博物馆的约斯泰因·克亚兰森也准备了一篇论文，描述了一个新种*Speolepta vockerothi*。很明显，这就是我们一直在研究的物

---

* 夏天夜晚常见的萤火虫是鞘翅目昆虫。这里是广义的“发光虫”，即能够发光的幼虫和成年雌虫。文中指的是新西兰发光蕈蚋（*Arachnocampa luminosa*），属于双翅目。——译注

种。我们所做的，不过是邀请他成为这篇论文的合著者，他同意了。”

*Speolepta vockerothi*是一种邻菌蚊，目前还没有俗名（也许我可以大胆地提议，称它为福克罗斯邻菌蚊？）。该论文于2012年2月在《加拿大昆虫学家》期刊上首次发表。

双翅目的新种正在以非常快的速度被描述，大约每年增加1%，或者说大约每年增加1 600种。描述和命名新物种（分类学）是一项细致而耗时的工作，需要由专家来完成，所以新物种进入书本的速度，并不是取决于双翅目昆虫的多样性，而是受限于人类的努力。

要衡量双翅目昆虫研究有多么深奥、双翅目昆虫爱好者有多么勤勉，不妨看看三卷本的《埃塞俄比亚地区的虻》。它共计
14 1 000页，描述了565种，其中有228种是在1957年出版时新发现的。我在一所学术图书馆（康奈尔大学的曼恩图书馆）看到了这一珍品，整本书写的都是蚤蝇、蜂虻、剑虻、蠓、食虫虻、家蝇、沼蝇，当然还有果蝇。我碰巧翻开了一本旧书，标题是《C. P. 亚历山大的双翅目论文，1910—1914》*。在扉页上，我看到有作者亲笔签名的便条，上面写着："赠予康斯托尔纪念图书馆，1914年12月30日。”亚历山大（1889—1981）是昆虫学家

---

* 原书名为“Papers on Diptera by CP Alexander, 1910 to 1914”，查尔斯·保罗·亚历山大（Charles Paul Alexander）已出版的作品中并无本书，这里可能是自己印的论文集。——译注

中的传奇，也许是有史以来著作最多的双翅目昆虫学家。在60多年的职业生涯里，他描述了11 000多个双翅目的新种，大约每两天就有一个，速度令人难以置信。

生物技术也在加速物种的统计。新的DNA条形码技术*正在揭示出更大的物种多样性，远远超过我们以前的认知。2016年加拿大的一项研究几乎使该国的昆虫物种增加了一倍，从54 000种增加到94 000种。该研究还在双翅目的一个科中发现了异常的多样性——超过六分之一的物种是瘿蚊，这是一种非常微小纤瘦、通常不到1毫米的昆虫（20只瘿蚊排成一行不到1英寸）。

繁殖力是衡量有机体成功的另一个标准，或者至少是衡量其成功潜力的标准。双翅目昆虫可以生很多孩子；我们将在第八章中看到，它们有一些奇特的繁殖方式。关于双翅目，甚至关于昆虫的繁殖潜力，我见过的最佳描述来自我本科时昆虫学教科书的导言。谢天谢地，那只是一个假设的场景。故事从一对果蝇开始，它们在1月1日交配。一只果蝇通常产大约100枚
卵，这些卵孵化成饥饿的幼虫。如果一切顺利，这些幼虫会自 15
己钻进多汁的腐烂水果中，化蛹，然后羽化成新一代的成虫。平均而言，一窝果蝇里有一半是雌蝇，而每只雌蝇大约会生下100只幼虫。果蝇的生命周期非常短，一年内可以繁殖25代。

现在，我们不考虑之前的24代，只选取假想之年12月31

---

* DNA条形码技术是利用生物体内标准的、有足够变异的、易扩增且相对较短的DNA片段来确认已知物种的身份或鉴定新种。——原注

日从蛹中诞生的第25代果蝇。然后想象一下，把这些果蝇打包成一个每立方英寸含1 000只果蝇的球。

你觉得这个球有多大?

我曾向几十个人提出过这个问题，他们无一例外地低估了球的大小。会有房子那么大吗? 会有足球场那么大吗? 有一次，有人说球会像地球那么大。他们的大胆思考令人赞叹，但还是不对，而且差得很远。50^{24}并不是一个微不足道的数。那个由嗡嗡作响的生物组成的圆球，直径将达到96 372 988英里，比地球到太阳的距离还要大。

家蝇的繁殖能力不比果蝇弱。1911年，美国昆虫学家克林顿·F. 霍奇计算出，如果一对家蝇在4月交配，假设它们的后代全部存活，那么到了8月，它们生产的幼虫会超过191 000 000 000 000 000 000（1.91×10^{20}）只。如果每一只占据八分之一英寸的立方体，那么仅仅五个月后，它们就会在地球表面盖出三层楼。

这些计算让我们获得了另一个来自自然界的教训：制衡很重要。在现实中，只有很小一部分果蝇卵能活下来，成为果蝇蛆，也只有很小一部分果蝇蛆能够化蛹，其中只有更少
16 的蛹能够羽化成可育种的成虫，而成虫必须克服很多危险，才有可能成功地繁殖下一代。大自然处处在制衡。在自然界的食物网制衡中，配对成功的双翅目昆虫的数量无法估计，这个过程的损失则驱动了食物网中的其他生物。当你看到一

只成年苍蝇，实际上你是在看着一位彩票中奖的幸运儿。

双翅目昆虫不仅繁殖力强，而且无处不在。写这本书的时候，许多双翅目昆虫来探望我，记录我的进展。图书馆里的一只果蝇拜访过我，星巴克咖啡店里一个不明物种也拜访过我，不出所料，它们都被吸引到我的马克杯边缘。在很多情况下，一年四季都有细小的蚤蝇在我的电脑屏幕上飞舞；其中有一只掉进了我的水杯，因为液体过于黏稠而死去——尽管我很努力地挽救它。此外，我招待过不计其数的蚊子、斑虻、蠓、厩螫蝇，以及其他长着翅膀的袭击者，我对它们的同情不及我对蚤蝇的同情。只要人类之间还有空隙，双翅目昆虫就会一直在我们中间游荡。最早的“墙上的苍蝇”一定是在洞穴里偷听。

对双翅目昆虫来说，没有哪一块大陆不宜居。即使在南极洲也生活着一些勇敢的蠓，还有少数几种双翅目昆虫可以在海洋里繁殖——这是其他昆虫无法到达的栖息地。北方的一些蠓可以让自己脱水，从而承受零下15摄氏度（5华氏度）的低温，让冰晶无法破坏它们的细胞膜。还有一些蠓的幼虫能够在世界上最深的淡水湖——贝加尔湖水面以下1 000多米（约3 300英尺）处生活。双翅目昆虫可能生活在危机四伏，甚至非常隐蔽的栖息地中。《大英百科全书》发现，在能够维持生命的介质里，无一例外地都发现了双翅目的幼虫。顾名思义，石油赫水蝇（*Helaeomyia petrolei*）的幼虫在原油池中发育，它们通过呼吸管呼吸，以困在黏性物中的其他昆虫的

17 残骸为食。还有一种双翅目的幼虫在陆蟹的排泄腺中发育成熟。我从没有想过在袋熊、马陆的粪便里或新西兰短尾蝠的脸上度过青春期，但双翅目昆虫做到了。

有文化的蝇

双翅目昆虫最奇特的栖息地是哪里？想想奶酪吧。确切地说，是一种叫“卡苏马苏”的撒丁岛绵羊奶酪，翻译过来是“腐臭的（腐烂的）奶酪”。根据这样的描述，你可能会把“卡苏马苏”降级成一种密封良好的废物容器。事实上，想让这种地域性佳肴拥有特殊风味，双翅目昆虫的存在——或者更准确地说，蛆的存在——不可或缺。酪蝇（*Piophila casei*）的幼虫特意被写进了食谱。经过几周的消化和排泄，更准确地说是分解和发酵后，凝乳会变成一种十分柔软、有刺鼻气味的奶酪。

酪蝇蛆长三分之一英寸，非常健壮。它们可以把自己发射到6英寸高的空中，因此也叫“酪跃者”。酪蝇蛆会用口钩
18 抓住自己的尾尖，然后突然松开。[*]在吃卡苏马苏之前，有些
食客会清除上面的蛆虫，有些则不会。一位美食家说：“所有

---

* 2019 年发表的研究表明，一种不相关的瘿蚊甚至跳得更远，它利用一种类似于魔术贴的扣锁装置，能够在逃避危险时跳到自己身长 36 倍远的地方。“它们让身体形成一个环来储存弹性能量，并对身体的一部分施加压力，使之成为临时的‘腿’。通过把两个覆盖着微型结构的区域重叠放置，它们避免了在弹性受力期间的运动，这可能是一种新描述的黏性扣锁。”它们可以重复这个过程，其效率比爬行高几十倍。参见下面这篇论文的摘要：G. M. Farley et al.,“Adhesive Latching and Legless Leaping in Small, Worm-like Insect Larvae,” *Journal of Experimental Biology* 222, no. 15 (August 2019), https://jeb.biologists.org/content/222/15/jeb201129（访问于 2020 年 5 月）。——原注

的蛆都是一样的，你用什么喂养它们，它们就是什么味道。”食用酪蝇蛆并非没有风险。一些经过证实的例子表明，它们在被消化后依然活了下来（可以称之为“蛆坚强”），并设法在寄主的肠道内生存。这种情况叫“假蝇蛆病”，会引起肠道穿孔，并伴有呕吐、腹泻和内出血。酪蝇蛆遍及世界各地，而且它们对食物并不挑剔。除了奶酪，我们在肉类、高脂肪食品和腐烂尸体上都发现过它们。

在这样的栖息地中生存，双翅目昆虫表现得对人类毫无恭敬完全在意料之中。它们的厚颜无耻表明，它们对自己逃避伤害的能力充满信心。灌木丛蝇是澳大利亚的本土物种，与我们熟悉的家蝇是近亲，因为粗鲁地入侵人类的头部和面部而闻名，于是人们把驱赶它们的努力称为“澳式致敬”。在澳大利亚，人类（和牲畜）的激增给灌木丛蝇带来了福音，可能有100种灌木丛蝇在人类粪便中繁殖；在某些地方，它们的密度高达每英亩9 000只。

要真正做到不恭敬，还必须不理会精英。如果仔细观察2016年美国总统大选的角逐，你也许会注意到，在一次总统辩论中，一只苍蝇落在了希拉里·克林顿的眉毛上。它只是友情客串，停留了不到1秒钟，却足以引发优兔（YouTube）上的慢镜头剪辑和推特（Twitter）上的“#为总统而来的苍蝇”（# flyforpresident）这一话题标签。* 奥巴马总统不止一次在采

---

* 本书即将出版之际，在一场由电视转播的副总统辩论中，又有一只苍蝇出现了两分钟，而且是停留在会场最显眼的地方：共和党候选人迈克·彭斯的银色短发上。——原注

19 访中提到了讨厌的苍蝇，甚至在它闯入现场的时候还拿它开玩笑。运动员也得不到双翅目昆虫的尊重。2018年世界杯足球赛上，在英格兰队与突尼斯队的比赛中，球员身上出现了成群的蚋蚊。2007年美国职业棒球大联盟的一场季后赛被称为“蠓赛”，因为这些小虫在第八局时降落在体育场中，改变了比赛结果——根据某些人的说法，它们也改变了整场系列赛。2018年8月，一只苍蝇破坏了德国一项迷你多米诺骨牌的世界纪录，它落在一块指甲大小的石头上，推倒石头并引发了一场灾难般的连锁反应。无论是王子还是贫民，没有人能逃避双翅目昆虫的关注；它们是生活中伟大的制衡者。正如俄罗斯谚语所说：“苍蝇和牧师可以进入任何房子。”

许多国家的谚语里也有苍蝇出现，这既说明了它的普遍性，又说明了它的文化地位。大多数讲英语的人都知道“墙上的苍蝇”（fly on the wall）这句谚语，指秘密见证一切的人。“美中不足”（a fly in the ointment）这句话不再受欢迎，原因可能是“药膏”（ointment）这个词已经逐渐消失。谚语“闭上嘴巴就吃不进苍蝇”（a closed mouth catches no flies）仍然很流行，这是一句忠告，意思是有时候最好保持沉默。此外还有许多苍蝇被谚语化的例子，用来指代“容易出错”（每只苍蝇都有影子，every fly has its shadow）、“虚荣心”（水牛背上的苍蝇认为自己比水牛更高，the fly on the back of a water buffalo thinks that it’s taller than the buffalo）、“狡诈”（你不能用长矛杀死一只苍蝇，you can’t kill a fly with a spear）、“过犹不及”（不要用斧头杀死停留在朋友前额的苍蝇，do not use a hatchet to remove a fly from your friend’s forehead）和“积极的力量”（蜂蜜比醋更容易捉到苍蝇，it’s easier to catch flies with honey than with vinegar）。

苍蝇在视觉艺术中也很常见。在17世纪以前的西方绘画中，如果画像上有一只苍蝇，就意味着画中人已经死了。文艺复兴时期，在画布上绘制迷惑眼睛的苍蝇是艺术家展示技艺的普遍方法，尤其是荷兰的静物画家经常这么做。 20

苍蝇在艺术中的象征作用的一个例子是《哥伦布之梦》，这是20世纪超现实主义艺术家萨尔瓦多·达利的一幅巨幅画作（大约14英尺 × 9英尺）。这幅画描绘了苍蝇在解放西班牙时所扮演的角色——它们从圣纳西萨*（其身份象征是苍蝇）的墓穴中羽化而出，赶走了法国侵略者。达利让苍蝇变形，将其翅膀展成十字架，从而增强了苍蝇的英雄主义象征性。苍蝇也是加泰罗尼亚的身份象征，达利后来在一幅名为《致幻斗牛士》的画作中描绘了数百只苍蝇。洛杉矶艺术家约翰·克努特用苍蝇绘制有图案的彩色画布。克努特从供应商那里买蛆，饲养了成千上万只家蝇，同时为成年家蝇提供水、糖和水彩颜料的混合物。通过舔食这些混合物后回流形成的

---

* 圣纳西萨（Saint Narcisa，1823—1869），天主教的圣徒之一。——译注

微小液斑，苍蝇利用这种与进食相伴的自然行为完成它们的“画作”。经过几个月的时间，这些彩色斑点在苍蝇笼子里的画布上累积，最终形成独特的点彩派画创作。

不可避免地，歌词也在传颂双翅目昆虫。加拿大作曲家韦德·海姆斯沃斯在20世纪40年代末做过荒野勘测员，他以《黑蝇（蚋）》为题写了一首歌，让它的名字流传了下来。我小时候在夏令营遇到了蚋，也遇到了这首歌。

> 但这黑蝇，小小的黑蝇哟，
> 无论我去哪都紧跟着的黑蝇哟，
> 我死后黑蝇还要叼着我的骨头走，
> 在北安——大——略，在北安大略。

在加拿大国家电影局1991年制作的动画短片中，你可以在线听海姆斯沃斯唱这首歌。在1999年一首撩拨人心的歌曲《世
21 界的最后一个夜晚》中，你可以听到另一位加拿大音乐家、民
谣/摇滚偶像布鲁斯·科伯恩的声音，他一边在危地马拉难民营啜饮朗姆酒，一边唱着“把一只果蝇从我的杯沿上吹掉”。

不出所料，这些双翅目昆虫也是幽默的源泉。格劳乔·马克思说：“时间如箭一样飞，水果如香蕉一样飞。”*如果你怀疑

---

* 原文是“time flies like an arrow, and fruit flies like a banana”，其中“fruit flies”恰好是果蝇的俗名。——译注

蛆是否真的可以提高一个人的地位，想一想温斯顿·丘吉尔在1906年对毕生好友兼红颜知己维奥莱特·博纳姆·卡特说的话："我们都是小虫，但我确信我是一只发光的小虫。"

这让我们想到了双翅目昆虫的名字，以及科学家在给它们命名时所做的创造性努力。卡西莫多拟果蝇之所以得名，是因为它拱起的胸部*看起来很像驼背。双翅目有一个属叫"灰姑娘日蝇属"（*Cinderella*）。（谷歌搜索没能说明为什么是"灰姑娘"，但一位好心的双翅目专家诺姆·伍德利告诉我，这个名字源自1949年从俄克拉何马州埃达县收集的一个标本；这种反常的昆虫无法被轻易地归入已经存在的科，所以我想这个名字可能是指灰姑娘与她坏脾气的姐妹们关系很差。）至于说为什么居住在腐烂尸体上的双翅目昆虫被命名为"反吐丽蝇"（*Calliphora vomitoria*）和"尸葬丽蝇"（*Calliphora morticia*），为什么象大蚊属（*Elephantomyia*）是口器很长的大蚊科的一个属，原因都算不上有多神秘。有人用两种蜂虻的声音来命名*Apolysis humbug*和*Apolysis zzyzxensis*，可能是因为觉得很好玩。不过，毛蚊（三月蝇，March fly）这个名字似乎不太适合一种4月前很少在空中飞行的昆虫，也许它们是在预测全球变暖。

---

* 这里的"胸部"相当于我们理解的"背部"，下一段的"腹部"相当于我们理解的"臀部"。在昆虫学中，没有"背部"和"臀部"的说法，昆虫的体躯分为三个体段，分别是头、胸和腹。——译注

澳大利亚昆虫学家布赖恩·莱萨德（又名“蝇人布莱”）在一个放了30年的收集箱里发现了双翅目的一个新种。明黄色的腹部是这一物种的显著特征。该物种收集于1981年，正好是歌手碧昂丝·诺斯出生的年份，因此他给它取名为“碧昂丝虻”（*Scaptia beyonceae*）。

22 双翅目并没有独占名人昵称的市场。至少还有5种昆虫是以流行文化中偶像的名字命名，包括凯特郊野步甲（*Agra katewinsletae*）、雷德福水缨甲（*Hydroscapha redfordi*）、以丽芙·泰勒命名的丽芙郊野步甲（*Agra liv*），以及有着醒目黄色冠和锐利目光的飞蛾：特朗普麦蛾（*Neopalpa donaldtrumpi*）。

除了谈命名，我写这本书主要有两个目的。首先，对于那些人类普遍不喜欢、不理解、不在意的动物（在某些情况下是合理的），我希望它们的多样性、复杂性和成功能让人们感到惊奇。其次，我希望能增强这样一种意识：人类在地球上的存在，得益于充满多样性的物种；尽管我们讨厌双翅目昆虫，但它们是这个功能整体的重要组成部分。《无敌蝇家》把双翅目昆虫视为出色的机会主义者，它们在最不可能的地方谋生。我将把它们放在人类的历史和文化之中，讲述科学家在旷野中以及房主在厨房里的奇怪遭遇。我们将遇到它们的各种身份：馈赠者、食肉者、爱人、传粉者、吸血者、捕食者、寄生物和拟寄生物、害虫、回收者、骗子、合作伙伴。

我会与你分享双翅目昆虫的体魄：它们如何做到每秒振翅1 000下，它们的脚如何粘在窗户上，捕食性的食虫虻如何在空中拦截快速飞行的猎物，它们的口器如何表现得像注射器（想想蚊子）、像锯子（虻）、像海绵（家蝇）。我将详细介绍它们各样的身体结构和生活史：大蚊脆弱娴静（见彩色插图）；没有翅膀的蝙蝠蝇活得很隐蔽，一生都在毛茸茸的寄主身上跑来跑去；小小的蚤蝇厚颜无耻，它徘徊在蚂蚁钳口
无法企及的地方，伺机冲入，用鱼叉状的产卵器注入卵细胞 23
（见彩色插图）。我们将在旷野、在办公桌前、在实验室里、在昆虫学会议上遇到双翅目昆虫学家。

我们也会遇到外观华丽的双翅目昆虫：有的眼睛古怪、比身体其余部分还要长；有的能够娴熟拟态，以至于你坚信自己看到的是熊蜂；有生殖器的相对大小会令色情明星嫉妒的微小雄虫；还有接眼式的雄虫（见彩色插图），其巨大的樱桃红色眼睛像气球一样围绕着整个头部——这样更有利于发现路过的雌虫。我们将看到，在一个似乎由人类主宰的世界里，双翅目昆虫以一种奇异、大胆和神奇的方式过着华丽的生活。

我邀请你放下对双翅目昆虫的偏见，抛开任何可能影响你观点的焦虑，公正地看待它们。如果这样，我相信你至少会对它们的各种奇妙的生存方式感到惊奇。你甚至可能体验到某种对双翅目昆虫的着迷和尊敬，那我的努力就没有白费。
这也是一种期望，理由很简单，因为我们的生活离不开它们。 24

第二章　工作机制

苍蝇与海怪拥有的器官数量相同。

——恩斯特·荣格尔，《玻璃蜜蜂》

双翅目昆虫的成功很大程度上归功于它们的身体构造。双翅目具有使昆虫成为地球上主要生命形式的一般性特征。正如我们将要看到的，它们在这种构架上增添了一些精巧的设计。

在开始讨论双翅目之前，我们先简单了解一下昆虫身体的基本功能。它们与人体惊人地相似。

进化是一位卓越的工程师，而昆虫是小型化的奇迹。当我凝视着一只小蠓在一群婚飞的蠓虫之间上下飞跃，当一只比句号还小的螨虫（严格来说不是昆虫，只是昆虫的近亲）在书页之间匆匆爬行，我惊叹于这样的复杂和协调竟然被浓缩在如此细微的身躯之中。昆虫拥有人体十个系统中的八个：神经系统、呼吸系统、消化系统、循环系统、排泄系统、肌肉系统、内分泌系统和生殖系统。剩下的两个系统——骨骼和皮肤，在昆虫中则被外骨骼取代。外骨骼由刚性骨板（骨片）构成，由柔性膜质连接，为小型动物提供了有效的结构 25
支撑和保护。这些系统相互配合，如交响乐团的各个部分一样协同工作。

开放的循环系统使血淋巴（相当于人体的血液）在全身流动。昆虫的背血管长在大约相当于人体脊柱的地方，除了这里，血淋巴会在昆虫体内自由流动，浸润内脏，通过呼吸系统给内脏供氧，辅助免疫。控制呼吸（或换气）的是一系列复杂的分叉管道，叫作“气管”；气管连接着体表的孔，叫作“气门”。气门整齐地排成直线，让我想起船上的舷窗。吸入的氧气和排出的二氧化碳直接在微气管中扩散，通过外膜进出细胞。同人体的膈肌一样，昆虫的身体能发挥一种类似于风箱的活跃机械抽吸作用，使气体交换更加有效。

推动这些系统运转的是由消化系统处理的食物。昆虫消化系统的构成与人类很像。昆虫的前肠大约相当于我们的胃，负责食物的摄入和储存。在摄食过程中，唾液腺润滑食物并开始消化。昆虫的唾液腺比人类更加多功能，例如，有些昆虫的唾液腺用于产丝，有些昆虫的唾液腺可以分泌类似植物生长激素的化合物，从而刺激保护瘿的产生——保护瘿是植物通常长在茎上或叶上的肥大增生。昆虫的中肠就像我们的小肠，是消化和吸收大多数营养物质的地方。接下来是后肠，昆虫的粪便储存在肌肉发达的直肠里，通过肛门排出体外。

如果你想知道昆虫是否放屁，那么我回答你：它们会放屁。消化不足的气体产物必须去到某个地方，对人类来说，出口就是肛门。令人扫兴的是，我不知道昆虫的放屁声能不能被
26 听到。如果双翅目昆虫以声学或化学的形式通过肛门气体进行交流，我一点也不会感到惊讶。鲱鱼通过肛门释放的气泡交流，而气步甲利用尾部喷出的酸性物质抵御捕食者。所以如果你听到过一只肠胃气胀的苍蝇放屁的声音，请一定要告诉我。

每个机构都需要一个存储和发送信息的IT部门。昆虫的神经系统是由固定在腹神经索上的神经细胞组成的网络。沿着腹神经索分布的神经中枢叫作“神经节”。昆虫头部有两个主要的神经节：（1）脑[*]，负责处理感觉信息和控制行为；（2）食道下神经节，由密集的神经细胞组成，作用于昆虫的感觉器官、口器、唾液腺和颈部肌肉。

双翅目

现在我们来弄清楚双翅目是什么。苍蝇（真正的蝇）[**]属于双翅目（Diptera），其成员特征是仅有两只翅膀（在希腊语

---

* 昆虫的脑又叫“食道上神经节”。——译注

** 原文是“ture fly”。在英文中，双翅目昆虫的俗名通常用两个单词表示，比如robber fly（食虫虻）、moth fly（蛾蠓）、fruit fly（果蝇）等；非双翅目但名称中包含fly的昆虫通常写成一个单词，比如butterfly（蝴蝶）、dragonfly（蜻蜓）、scorpionfly（蝎蛉）等。——译注

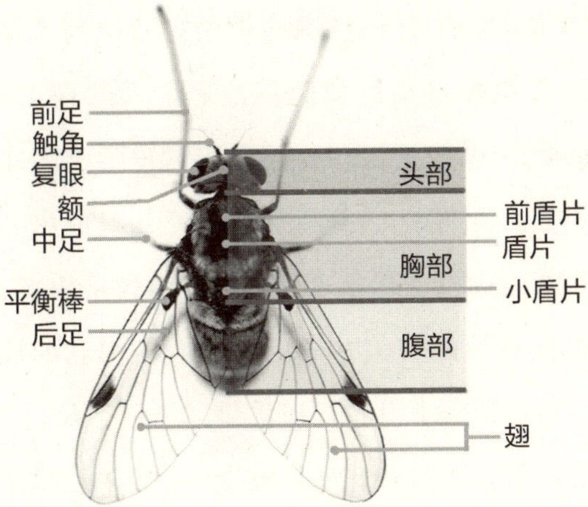

双翅目昆虫的部分身体部位（图片来源：鲍勃的昆虫http://www.bobs-bugsinfo/bug-basics-anatomy）

中，di的意思是“两个”，ptera的意思是“翅膀”）。双翅目昆虫的祖传后翅特化为一对棒状结构，叫作“平衡棒”，主要起到稳定飞行的作用。其他会飞行的昆虫都有四只能用的翅膀，但甲虫除外，它的前翅已经特化为坚硬的护盾，叫作“鞘翅”。

双翅目主要有两大类。长角亚目（Nematocera）一般包括小而纤瘦的昆虫，比如蚊、大蚊和蠓。长角亚目因为长长的触角而得名［正如rhinoceros（犀牛）的意思是“鼻角”，nematocera的意思是“细角”]，但纤细、脆弱的外表能帮助你更简单地识别它们。短角亚目（Brachycera）包括更小巧、更健壮的短触角昆虫。常见的家蝇以及在我的胸口组织里生 27
蛆的丽蝇都属于短角亚目。

由于其多样性，双翅目昆虫的外形和大小千差万别，每一种都巧妙地适应了自己特殊的生活方式。为了适应空中的掠食生活，食虫虻必须迅捷而强壮；最大的食虫虻能长到3英寸（7厘米），以捕捉蜂鸟而闻名。拿世界上最小的双翅目昆虫（我们将在第四章中提到）来说，几只成虫才抵得上一个针头，几万只成虫加起来才与食虫虻的体重相当。

双翅目昆虫的外表美并不能减少我们对它的厌恶。我首先要承认，蛆在审美上没有任何优势，但正是我们对它们的负面联想——污秽、腐败、瘙痒和瘟疫——影响了我们对这类昆虫的感知。抛开文化焦虑，一些双翅目昆虫足以跻身大自然最美丽的艺术作品之列：丽蝇有着精妙的对称美和闪光的金属
28 色，胸前排列着天蓝色、绿色或金色的铠甲，并在腹部逐渐束紧；它轻薄的翅膀闪闪发光，每一根刚毛和翅脉都井然有序，仿佛是出自服装设计师的妙手。单看外观，许多叮咬我们的双翅目昆虫甚至也能一跃而成为艺术品。一些蚊子身段优雅，穿着毛茸茸的黑色打底裤（见彩色插图）；一些虻和斑虻的大眼睛上的小眼面排列出迷幻的光彩图案。在珍贵且全面的《格日梅克动物生活百科全书》第二版第三卷（昆虫）中，尽管需要与蝴蝶和甲虫［分别属于鳞翅目（Lepidoptera）和鞘翅目（Coleoptera）］展开激烈竞争，被选中为封面添彩的是一只美洲食蚜蝇（*Metasyrphus americanus*）——具体地说，是一只沾满花粉、模仿胡蜂的美洲食蚜蝇在一朵花上休息。

我在佛罗里达州中南部的阿奇博尔德生物站（ABS）遇到

了昆虫学家马克·德鲁普，这是我识蝇之旅的一部分。ABS是一个面积为5 193英亩的保护区，主要由佛罗里达州独特的干燥灌木丛栖息地构成。1941年，美国动物学家、慈善家理查德·阿奇博尔德创立了ABS，如今它已经有60多名员工和众多志愿者。这一自然瑰宝中的动植物群囊括了北美洲最珍稀的物种，可能是地球上研究和记录最深入的地方。

70岁的德鲁普已经在ABS工作了35年。他精力充沛，经常被认为只有60岁；和斯蒂芬·马歇尔一样，他把自己的卓越才华和勤奋用在了社会大众不太关注的成就上。我曾经在博因顿比奇附近的一家图书馆闲逛，从书架上抽出一本《佛罗里达的奇妙昆虫》，在那本书上，我第一次见到他的名字。这本书堪称一部生动的昆虫生活展，德鲁普引人入胜的散文与大量的照片相得益彰。

在他宽敞的实验室里，德鲁普把两本厚厚的大书从桌子 29
那边推过来，分别是《新北界双翅目手册》的第一卷和第二卷。我随便翻了一页，看到一只双翅目昆虫的精美插图。双翅目昆虫的每根毛都有名字（幸好较细的毛没有）。德鲁普指着图中昆虫中段的一对胸部的毛说："这是小盾亚端鬃，它们有的是平行放置（让我想起了海象的象牙），有的是交叉放置（如同一对交叉的弯刀）——这一点对识别至关重要。"

昆虫解剖学和分类学教材中有大量描绘隐蔽结构、毛的样式和外生殖器的详细线条图，因为双翅目昆虫的种类实在是太多了，以至于某些亲缘物种几乎完全不同。要确定一只双翅目昆虫的种类，或者大致识别出种类，需要一种叫“检索表”的详细检索图。从最粗略的层面（例如：它是一只昆虫吗？）开始，检索表把使用者引向一系列的二叉树，每一步都比前一步更具体。如果一切顺利，该过程会终止于某项独一无二的特征，据此将其识别为具体的科、属或种。例如，如果你循着正确的检索表，发现足的胫节中间有一根刺，那么它就是鹬虻科（Rhagionidae）的鹬虻。斯蒂芬·马歇尔写过一本关于双翅目的书，其中有一整节就是介绍如何收集和保存这些昆虫，并列出了十张能识别至科的检索表。

利用刚毛的排列形式来分辨是一种重要的识别方法，这种方法有一个名字：*毛序法*。双翅目昆虫的翅膀上有清晰的翅脉，每根翅脉都有名称和特定的位置，一般也具有分类学价值。如果要识别通常没有刚毛或只有很少刚毛的蛆，你可能需要关注气门的排列和特征。

希望这个细节不会让你误以为我们已经弄懂了双翅目昆虫的解剖学。人类感知双翅目昆虫的方式与它们彼此感知的
30 方式可能有很大的不同。德鲁普告诉我：“在昆虫身上，有90%的东西我们还不知道具体的作用，因为不同的双翅目昆虫有不同的工作机制，对应产生了惊人的表面结构和化学作用，而我们对这些结构的作用又知之甚少，这实在是令人惊讶。”

飞行常客

双翅目昆虫的俗称fly并非空穴来风。它们擅长空中特技，可以盘旋、退飞、倒立着陆。在任何时刻，地球上飞行的动物绝大多数属于双翅目——这完全有可能。（目前）鞘翅目种群的多样性超过双翅目，但它们更适应陆地生活。如果你花时间接触过甲虫，就会注意到，相比于热爱飞行的苍蝇，它们普遍懒得飞。

昆虫的小体形提供了飞行的两大优势，这也许可以解释为什么昆虫比其他生物早1.5亿年起飞。物理定律表明，更小的翅膀可以振动得更快。同时，更轻的身体也更容易操控。人类可以每秒拍打3次手臂，最小的鸟每秒振翅100下，家蝇每秒振翅345下，蚊子能达到700下，而一只小小的蠓可以达到惊人的1 046下。矛盾的是，不是只有小翅膀能做到更快地振动，而是它必然如此。小型化要求昆虫以更高的频率拍打翅膀，从而产生足够的空气动力维持飞行。就体形而论，双翅目昆虫也许拥有地球上最强壮的飞行肌。它们的机动性简直是个传奇。头蝇科（Pipunculidae）有一种头蝇，尽管它长着大得出奇的眼睛，但在茶包那么小的封闭捕虫网里也能够维持飞行状态。 31

如果没有捕虫网，还有一个很容易观察到的例子体现了双翅目昆虫的空中实力，比如一只多情的雄性丽蝇在寻找过路的雌蝇时的飞行行为。4月的一个早晨，我在佛罗里达州南部的一片天然灌木丛中探险，在一群雄蝇中邂逅了一只丝光绿蝇，它在一条小路上盘旋，飞行高度与我的眼睛差不多。这只仅有1厘米长的昆虫看起来几乎静止不动，仿佛悬在一根隐形的线上，它对我的出现无动于衷。我缓慢地移动，直到我的脸距它不到1英尺；然后它也缓慢地移开，刚好保持这个最小距离。我慢慢伸出手，直到我的手指离它4英寸的时候，它才做出反应。如果我突然举起一只手，它就会迅速飞走，两三秒后又重新出现，每次总是在同一个地方。它始终面对着同一个方向——这一只是朝西。它每秒振翅数百下，发出轻微、低沉的嗡嗡声。有几次，我没有动，它却突然跑开了。我注意到，它跑开的时候，通常还伴随着另一只昆虫飞过的声音。有几只雄蝇在附近盘旋，让我怀疑我面前的这只雄蝇是在追赶竞争对手，或者希望拦截过路的雌蝇。

在开阔区域盘旋的双翅目昆虫需要不断地做出调整，从而适应微小的阵风和气流。在英国广播公司（BBC）的纪录片《灌丛下的生命》中，慢动作摄像机对准了一只碰巧出现在英国草地上的雄性食蚜蝇。我们可以看到，这只食蚜蝇的两只模糊的翅膀各自倾斜，使身体保持在原位。主持人大卫·爱登堡用豌豆枪来证明食蚜蝇的机敏和迅捷：当豌豆呼啸而过的时候，食蚜蝇立刻旋转起来，开始追赶。这个令人印象深刻的过程结合了视力和敏捷——尽管在这个例子中它们短暂地认错了对象。

双翅目昆虫的飞行研究是一个活跃的领域，其研究成果被应用于物理学、能量学和机器人学。为了把飞行能力发挥到极致，它们使用了高科技设备。每秒100多下的振翅频率 32
超过了神经组织发出频率的生理极限，因此，双翅目昆虫的飞行上限并不是仅靠神经控制就能达到的，还需要机械连接。

双翅目昆虫已经进化出了一套复杂的杠杆系统，包括颚杆、支点、翅脉的小突起、拉伸-激活机制，以及一个使它们能独立控制每只翅膀的系统，该系统类似于连接着变速箱的汽车变速器上的手动离合器。一块盾状的板，小盾片，连接着两只翅膀；而另一块板，后侧下脊（双翅目昆虫胸部下方的突起），使每只翅膀与其平衡棒相连。一种“离合”结构连接着小盾片和两只翅膀，可以与任意一只翅膀接合（或分离），从而使双翅分离，实现独立运动，提高机动性。“变速箱”位于每只翅膀的根部，由三种结构组成——就像汽车的变速杆一样——它们协同工作，从低到高地调整振翅的速度。

如果没有平衡和转向装置，即使有这么多升降装置，双翅目昆虫也飞不了多远。人类的平衡系统在耳朵里，双翅目昆虫不一样。它们利用平衡棒完成平衡和转向，也就是我们之前见过的第二对翅膀的残留。在飞行中，平衡棒就像鼓槌一样，以同样的速度振动，但通常恰好与翅膀振动的方向相反。平衡棒就像陀螺仪，当翅膀向下拍打的时候，它们会向上振动；反之亦然。如果双翅目昆虫在飞行过程中发生偏航、翻滚或倾斜，平衡棒就会在扭转根部的同时维持原来的运动平面。特殊的神经细胞能检测到这种扭转，从而使它们纠正自己的方向。

尽管名字里有“飞”的意思，但有些双翅目昆虫没有翅膀。事实上，尽管它们的祖先有翅膀，可它们的生活轨迹使
33 这些奢侈的附肢变得毫无意义——就像生活在没有捕食者的岛上的那些不会飞的鸟一样，经过无数代的繁衍，它们丢掉了这些附肢。蝙蝠蝇就是这样。如果你一生都在蝙蝠的身体上像螃蟹一样爬行，那么你就不需要飞——蝙蝠会替你完成。蝙蝠寄主长时间挤在一起，蝙蝠蝇很容易就能从一个寄主的身上爬到另一个寄主的身上。因此，在蝙蝠蝇的两个科中，有511个已知种在数千年的时间里逐渐失去了翅膀，这个数据实在是让人吃惊。我在研究生期间研究蝙蝠时看到过一些，如果没有人解释，我永远不会认为它们属于双翅目。

也许你对苍蝇在窗户和天花板上行走的抗重力能力感到好奇，这要归功于它们脚上的两三个垫子，叫作“爪垫”。每个爪垫里包含数千根管子，每根管子的末端都有一个非常平滑的平垫。人们一度认为爪垫靠吸力起作用，实际上它靠的是黏力。由糖和油组成的胶状小液滴从每一根管道中渗出，利用分子吸引力把它们粘在表面最光滑的地方。双翅目昆虫通过改变爪垫的角度来行走。壁虎寻找昆虫猎物时能够在墙壁和天花板上奔跑，也是用到了同样的技巧。

苍蝇停留在原地，或者在我们努力驱赶后迅速返回，这种敏捷和傲气在某种程度上归功于它们的鬃和毛——我们在与马克·德鲁普会面时已经对这些毛有所了解。神经系统控制着每个毛囊的根部，因此双翅目昆虫对气流的微小变化十分敏感。这种预警系统能够帮助双翅目昆虫探测到即将发生的暴力事件，也解释了为什么它们很难被拍死。

科学家在仔细观察蚊子的飞行时有一些新发现。以一定的角度安装八个慢动作摄像机，就可以为这只哀鸣的昆虫创建一 34
个呈现翅膀运动的3D模型。科学家注意到，蚊子翅膀的运动角度只有40度，仅为蜂类的一半。这种轻微的运动不足以让蚊子仅靠前缘涡（一种被困住的空气包，能帮助产生升力）飞行。摄像机发现，它们的翅膀后缘有第二个涡流。当翅膀的后缘沿着前缘的路径运动时，它会捕捉到前缘形成的旋涡，从而重新获得能量。这提供了额外的升力，让蚊子实现自我调节。第二个涡流通过减少每只翅膀需要追踪的路径来节省能量。对于每秒振翅700下的蚊子来说，这个过程节省的能量十分可观。

高效飞行的能力让一些双翅目昆虫进化出了令人印象深刻的迁徙行为，比如数百万只黑带食蚜蝇会每年两次飞越瑞士阿尔卑斯山脉，往返于欧洲北部和欧洲南部。根据对这些大规模迁徙的空中监测，英国埃克塞特大学的遗传学家卡尔·沃顿推断，每年有数十亿只不同的食蚜蝇物种在欧洲各地迁徙，它们连绵不绝的细小身躯在山林中闪烁。顺风时它们飞得高，逆风时它们飞得低。“它们飞得很快……而且从不停歇，”沃顿说，“蝴蝶迁徙时要翻来倒去，就像在滚筒式烘干机里一样；食蚜蝇却能直接飞过来。”

运动传感器

会飞的生物视野变化很快，所以强大的视力至关重要——当然，靠回声定位的蝙蝠是个例外。昆虫的眼睛与人类的完全
35 不同。脊椎动物的眼睛只有一个单元，而昆虫的复眼有多个独立的单元（小眼），它们紧密地排列在一起，就像蜂窝的六角形巢室。每只小眼都是功能齐备的视觉器官，能够独立地向大脑发送视觉信号。昆虫的小眼通常宽10微米左右，一个针头大约能容纳20 000只小眼。

这种排列意味着昆虫看到的是由小图像拼接而成的马赛克。我本科时的昆虫学课本通过一幅示意图描述了这个画面。那是一幅模糊的点彩画，它让我思考，如果我也像这样视力糟糕、同时速度极快，那我得戴一个头盔。但许多昆虫的行为表明它们的视力很好——包括双翅目在内。现在人们普遍认为，昆虫的大脑会把每只小眼的独立信号结合成一个无缝的整体，就像我们的大脑会把两只眼睛里看到的图像结合成一个整体一样。昆虫的复眼启发了用于军事侦察的运动传感摄像机的研究和开发。

双翅目昆虫有一组协同工作的神经元，可以应对细胞层

面上的视觉挑战。当运动的物体进入双翅目昆虫的视野中，专门的运动敏感神经会跟踪物体的光流，帮助它们维持飞行路线。第二组神经元利用光流监测自我运动。第三组神经元似乎是分析视觉场景的内容，比如通过检测相对光流将图形从背景中分离出来——这个过程叫“运动视差”。三只单眼，也就是头顶的感光器官，则与眼睛完全分离，它们能探测光的强弱变化，帮助双翅目昆虫对接近的物体做出快速反应。

许多双翅目昆虫用一种更普通的方式处理高速飞行引起 36
的视觉流：反复快速朝侧边扫视。例如，飞行中的丽蝇通过快速地转头和转身（眼球跳动）来转移视线，从而在每一次眼跳之间保持目光基本固定。（当我们凝视着窗外行驶的汽车或火车时，我们的视觉系统也会产生类似的扫视；我们的眼睛会短暂地锁定在附近的一个物体上，然后跳到另一个物体上，造成眼睛的快速侧动。）这些快速移动在每次扫视之间产生了几乎无缝的平移光流，使双翅目昆虫能够提取周围环境的空间布局信息。我记得，第一次注意到一只苍蝇突然侧视的时候，我感到有些不安。它似乎目标明确，以至于我以为它叫了一辆出租车。

果蝇的每只复眼中大约有600只小眼，对果蝇的研究表明，它们使用了一种视觉排序系统。静止的物体仍然是模糊的，运动的物体则被清晰地聚焦，后者独立于果蝇自身运动引起的视觉变化。彼得·渥雷本在《动物的精神生活》一书中写道："我们也可以说这些小家伙把注意力集中在事物的本质上——很难想象如此微小的昆虫会有这样的能力。"在这方面人类也一样。阅读这本书的时候，你可以通过余光看到页面上和页面外的许多东西，但无法聚焦在它们身上，即使那些离你所读文字只有几英寸远的词也是模糊的。在这种情况下，我们的视觉就像是有意识的头脑，在同一时间只能思考一件事情。

利用近距离拍下的果蝇高分辨率、高速数码成像，加州理工学院生物工程教授迈克尔·迪金森和他的研究生格威妮
37 丝·卡德得出结论，认为昆虫的小脑袋能计算出迫近的威胁的位置，据此想出一个逃跑的计划，然后把腿摆在一个最佳的位置，以便及时跳出来。所有这一切都发生在果蝇发现苍蝇拍之后大约十分之一秒内。好奇的科学家利用一个直径14厘米（6英寸）的黑色圆盘（苍蝇拍）精心控制了一系列慢动作摄像实验，他们发现，果蝇能够把接近360度的视觉信息和来自腿部的机械感觉信息整合在一起，通过一对中足的弹跳逃离即将到来的威胁。倘若果蝇对这样的事件拥有意识体验（见下一章），那么我们可能会补充说，逃跑的概念伴随着恐惧的情绪。

如果你曾经与苍蝇斗智斗勇，就会知道它们的视力有多好，因为你很难抓住它们。十几岁的时候，我在夏令营的厨房工作，学会了一种非常有效的徒手抓苍蝇的方法。当苍蝇停留在桌面或垂直梁的平面上时，我缓慢地把手移向它的尾部（小心木头表面的碎片！）。一旦离目标不到四五英寸，我

就会停下来，为伏击做好准备。接着我以最快的速度挥掌，靠条件反射合上双手。我的目标在我的手掌到达之前就已经飞到空中，我没有时间对它的运动做出反应。但如果我的速度很快，位置正好，苍蝇就会被困在我的手心。最顺利的时候，我能达到大约六成的捕获率。在极少的情况下，我甚至能一次抓住两只苍蝇。我从小就很喜欢蝇类，所以我放走了它们，对它们来说，这样的命运总好过被粘在天花板的粘蝇板上。我经常感到我的俘虏在肉质的坟墓里嬉戏，但并非总能成功。有很多次，我错误地放了一只狡猾的苍蝇进厨房，因为我以为自己没抓着；也有可能我小心翼翼地带着俘虏来到厨房外，张开手却什么也没有发现。 38

两性之间不同的身体特征通常与生殖有关。基于此，雄性双翅目昆虫的复眼往往更大，且在中线会合。这些接眼式的复眼几乎有覆盖360度的视觉，因此可以更好地寻找雌性。在头蝇之类的极端例子中，复眼覆盖了它的大部分脑袋，看起来像是充了气（见彩色插图）。绝大多数雌性的复眼是离眼式的，不会挨在一起。我很好奇，具有视觉优势的雄性是否更容易在捕食者的攻击下存活？又或者机动性劣势抵消了它们的视觉优势？

接眼式还有一个缺陷，那就是可能造成双眼视觉损伤。食虫虻的眼睛是分开的，因此它们的双眼视觉能很好地感知距离，这对于协调空中捕食以及探测和躲避接近的捕食者至关重要。我发现，只有蹑手蹑脚地缓慢移动，才能做到离一只栖息的食虫虻仅一臂之遥（详细内容见第四章）。

无论是接眼还是离眼，良好的视觉对困在窗玻璃上的家蝇而言并没有益处。对于生活在自然界中、没有体验过玻璃的昆虫，玻璃屏障会彻底混淆它们的视觉定向。家蝇只能看到远处的景色，无法抑制接近的冲动。据我所知，还没有人试着弄清楚双翅目昆虫是否适应了玻璃和其他人为现象。

品尝师

如果一只双翅目昆虫从A点飞到B点，那么B点通常是一处食物来源。我们可能认为双翅目昆虫是没有眼光的食客，
39 但它们专门用于品尝食物的“设备”表明事实并非如此。和

家蝇的口器是结构和功能上的奇迹（图片来源：西永进/科学资料）

嗅觉一样，味觉也涉及化学感觉；但不同的是，味觉需要接触物质。和人类不同，双翅目昆虫对味道的感知不仅限于口器。除了吮吸食物的口器，双翅目昆虫的味觉感受器还包括分散在身体各处的刚毛，在足、翅和产卵器上都有生长。最值得注意的是，双翅目昆虫柔软的爪垫上也有味觉器官。我怀疑，大多数人都不会把用脚品尝的能力视为一种可取的特征——除了用传统酿酒方式踩碎葡萄的人。但当一只苍蝇降落在一根成熟的香蕉、一只手臂或一张桌面上时，这种能力可以让它瞬间品尝到潜在的风味。

通过极近距离的观察，我们发现家蝇海绵状的唇瓣会让 40
人隐约联想到具有抓握能力的象鼻的前端。双翅目昆虫内置的“橡胶拖把”连接着一个形似灯芯绒的通道，液体食物从这些通道被吸进喉咙。同时，拖把也是一个反向齿轮：唾液通过相同的通道濡湿底物，促使固体物质分解成可吮吸的形式。

对于甜食或其他有吸引力的食物，比如吸食植物汁液的昆虫溅在叶子表面的干蜜露，大多数双翅目昆虫的这种海绵状唇瓣可以先将其液化，然后吸收。双翅目专家斯蒂芬·马歇尔怀疑，早在花朵进化并开始产蜜之前，双翅目昆虫就已经在享用这种无处不在的花蜜了。今天的双翅目昆虫对糖的敏感度是人类的100倍。

这种味觉是如何产生的？对果蝇的细致研究已经表明，它们的足之所以对味觉敏感，是因为每根毛状的细丝末端都有一个小孔，每个孔中都有对不同化学物质敏感的神经元。正是这些神经元和相邻的神经元能够向果蝇的大脑传递信号。

潜在的食物必须通过两次味觉测试，才会被双翅目昆虫食用。如果一抹果酱或者一摊水之类的物质通过了足的味觉测试，双翅目昆虫的大脑就会发出指令，使唇瓣伸长。但是，双翅目昆虫必须使用口器前端的感觉毛进行第二次测试，通过后才会开始吸收。每根中空的感觉毛前端有一个开口，里面分布着五个小室。其中两个小室对盐溶液敏感，还有两个小室分别对水和糖敏感。第五个小室没有味觉，它通过双翅目昆虫的脚落地时产生的弯曲来测量表面的阻力和弹性。仔细数一数伏蝇（*Phormia regina*）的味觉感觉毛，你会发现它的前足上
41 有308根，中足上有208根，后足上有107根，连同喙上的250根，以及132个化学敏感的乳突（手指状的小突起），也就是说，这只伏蝇总共大约有1 600根味觉感觉毛。

尽管经历了数亿年的进化隔离，但双翅目昆虫的味觉似乎与人类很像。加州大学伯克利分校的克里斯汀·斯科特主持的行为和基因研究已经证明，果蝇与人类一样有专门的甜味和苦味感受器。和人类类似，双翅目昆虫探测味道的能力比探测气味的能力更简单，因此探测气味时会更精细。不论是双翅目昆虫还是人类，味觉行为的另一个特征是，它们对自己的内部状态十分敏感。用斯科特的话来说：“动物会动态地调整摄食的概率，以确保热量摄入和能量消耗之间的平

衡。”简单地说，饱腹的双翅目昆虫对食物不感兴趣。

嗅觉和听觉

双翅目昆虫能用身体的不同部位品尝味道，我们由此认为它们的嗅觉可能也很好；事实正是如此。双翅目昆虫用触角闻气味。这些多功能的探测棒上覆盖着对一系列化学信号极其敏感的感受器，它们能闻到的最低气味浓度比我们能闻到的要低得多，一些食腐双翅目昆虫甚至能探测到10英里外的腐烂尸体。

大多数关于双翅目昆虫嗅觉的研究都集中在其与人类关系的两个主要方面：传播疾病的吸血者，以及农作物害虫。吸血双翅目昆虫以食物释放的化学物质为目标，植食性的双
翅目昆虫也是如此。触角上的嗅觉感受器专门探测它们所吃 42
的任何东西或任何人的化学特征——从粪便到郁金香，具体食物取决于昆虫的种类。

有许多化学物质可供双翅目昆虫选择。人类的气味中包含300种到500种化学成分，这取决于你的采样对象（也许还有采样时间）。约翰斯·霍普金斯大学的一个研究团队正在努力识别人体气味中的一种特定成分，通常认为叮咬人类的埃及伊蚊（*Aedes aegypti*）的大脑嗅觉中心能主动感知这种成分——埃及伊蚊是寨卡病毒的重要病媒生物。埃及伊蚊有三个嗅觉器官，以及三类能对人类气味做出反应的感受器。该

团队计划开发一种模仿人类气味的化学香料，有效地诱捕蚊子，从而改善病媒生物的防治工作，对抗寨卡病毒以及未来的威胁。目前，已经出现了一种叫“灭蚊磁”的装置，利用二氧化碳来吸引、诱捕和杀死蚊子。

双翅目昆虫的万能触角还有更进一步的感官用途：听觉。和人类一样，双翅目昆虫能够区分不同的频率。它们的听觉机制融合了一系列美妙的反应：始于触角的末端探测到空气振动（声音），终于大脑接收到神经信号。这一连串反应开始于触角非常轻微的偏转——只有发丝直径的万分之几。这导致下游的感觉细胞被拉伸，从而打开离子通道；带电的分子从该通道进入，触发了电脉冲。这时，一个机械放大器开始发挥作用，其功能堪比一台可以放大偏转效果的马达。如果双翅目昆虫受到某一特定频率的刺激，那么它们对该频率的敏感性就会随着每一次振动而增加——就像在操场上推秋千。声音越低，放大越明显。

43 双翅目昆虫的听觉通常是为了求偶而保留的。人们认为，大多数在求偶时不发出声音的双翅目昆虫有听力障碍。果蝇是热情的求偶者；雄性果蝇利用翅膀快速振动发出的“歌声”来吸引潜在配偶。艾奥瓦大学的研究发现，当果蝇听到类似于摇滚音乐会的巨大噪声时，它们的听力会恶化。这种刺激造成了听觉神经细胞的结构性损伤。和人类一样，它们会在一周后恢复。长期暴露在高分贝环境中会导致人类的听觉永久性丧失，但是，当成年期更短的双翅目昆虫无意识地出现在金属乐队演唱会的时候，它们不那么容易受伤。

适应大师

由于双翅目昆虫拥有感知世界和四处活动的多种适应性，它们可能是终极的进化机会主义者。我们在前面的章节中已经看到，在这个充满挑战的世界里，面对各种各样的难题，双翅目昆虫进化出了无数巧妙的解决方案。伟大的小说家和幽默大师马克·吐温对加利福尼亚州莫诺湖底的一只碱蝇充满了敬佩之情。他发现这只小小的碱蝇长着多毛的蜡质护甲，能够捕捉空气，从而潜入水底，以那里的水藻为食。马克·吐温很高兴自己没有把它淹死。他在旅行回忆录《苦行记》中写道："你可以把它按进水里，多久都行，它并不在乎，反而以此为荣。你一松手，它就会射出水面，浑身像专利局的报告一样干。"

碱蝇通过往水下挤压来形成气泡服，它们通常头朝下爬行，直到湖面形成一个浅坑。随着坑越来越深，周围的水压达到一个阈值，就会突然把碱蝇吞没在一个银色的气泡之中。
碱蝇的爪子和口器使它们很容易脱离气泡，从而沿着湖底快 44
速移动。除了卤虫，碱蝇大概是唯一一种生活在高碱性湖泊中的生物。"这很了不起，因为湖里没有鱼。"迈克尔·迪金森说。他最近描述了碱蝇卓越的生物多样性，远远超过一个世纪前马克·吐温的赞赏。

20世纪40年代，此前流入该湖的一些淡水河改道洛杉矶，导致该湖的盐度有所提高，尽管如此，碱蝇依然存在。它们数量很多，足以吸引成群的海鸥——海鸥甚至可以直接张开喙从它们中间飞过。碱蝇支撑着当地的生态系统，每年吸引了300多种大约200万只鸟迁徙到莫诺湖觅食和繁殖。如今，新的引水工程使湖泊进一步缩小，碳酸钠的浓度上升到危险的水平，甚至给碱蝇的生存也带来了危机。另一个威胁是，偶尔在湖里游泳的人涂的防晒霜会使碱蝇脱去蜡质外衣，让它们更容易溺水。

它们的消失很让人难过，但我们应该注意到，双翅目昆虫的进化速度比人类快得多。人类繁殖一代的时间足够双翅目昆虫繁殖500代，难怪它们构成了地球上如此丰富的物质资源宝库。这里要提出一个警示，关于我们适应人为改变的
45 能力——我们将在最后一章中再次提到这一点。

第三章　你醒了吗?（昆虫思维的证据）

生命的天才大多闪耀于更小的杰作。

——圣地亚哥·拉蒙-卡哈尔（神经科学家、诺贝尔奖得主）

有这样一个笑话。“苍蝇撞到挡风玻璃上，它最后想到的是什么?”“它的屁股。”抛开其中的冒犯意味不谈，我喜欢这个笑话，因为它至少暗示了苍蝇也有想法。

双翅目昆虫有意识吗? 它们拥有体验吗? 它们是一种东西，还是一种存在? 对于一般的昆虫，我们可以没有顾忌地问相同的问题。因为如果任何一种昆虫有意识，那么我认为可以很公平地说，所有昆虫都可能有意识。然而，这么小的生物真的可能拥有体验吗? 乍一看似乎不现实，但如果我们停下来仔细观察昆虫，观察它们的协调移动和复杂灵活的动作，就很难把它们想象成生活在精神真空之中的小小白板。它们不可能一丁点意识都没有。当我看着一只苍蝇通过摩擦

47 清洁腿部，或者用后足清洁翅膀，当我看着一只胡蜂或一只甲虫用嘴整理自己的触角时，我看到的是一只有意图的生物。如果你曾看过一只螳螂转动它那关节分明的脖子，用两只眼睛盯着你，那么你会产生一种可怕的感觉，仿佛它知道你就在那里。

我并非主张双翅目昆虫有意识，或者所有昆虫都有意识。的确，没人敢这么说。颇有影响力的澳大利亚哲学家戴维·查默斯认为，在生命科学中，试图确定另一种存在的意识是一道“难题”。但我们不会屈服于永恒的无知。科学拥有探索这个问题的工具，包括解剖学、生理学、进化生物学、神经学、行为学和遗传学。我们还有一种强大的情感——同理心，它能帮助我们设身处地地看问题。我们可以观察到其他生物表达痛苦、恐惧、快乐、愉悦、愤怒等情绪，并把它们的体验与我们在类似情境中的体验联系起来。

当然，看着狗追球并想象它的快乐是一回事，把同样的感觉赋予一对正在交配的苍蝇是另一回事。在尝试面对进化树上远离人类的物种时，我们应用同理心的能力被削弱了。

我们应当谨慎地把意识和感觉归因于它可能不存在的地方，一个原因是，看似明智的行为或许会在无意识的情况下发生。进化是解决问题的大师。在极其漫长的时间内，对于可用来实验的丰富自然资源，进化使生物具有惊人的适应性，其中一些表现出看似不可能的智力。

有一个双翅目昆虫的例子体现了这种“聪明”的适应。
在一枝黄花瘿蝇身上，我们看到了一种富有远见的越冬策略。
夏末，成蝇将一枚卵产在一枝黄花的茎中。来自卵（或者母
蝇）的化学物质使发育中的昆虫周围的植物组织形成一个保 48
护性的瘤，叫作“虫瘿”。这种策略相当于迫使寄主植物建造一所定制的房子，里面有物资充足的食品储藏室。孵化的幼虫将以虫瘿中膨胀的植物组织为食，并长到尽可能大的尺寸。这时，植物、虫瘿和幼虫都停止生长。在初霜之前，幼虫会做一些非常有先见之明的事：它用咀嚼式口器挖洞到虫瘿的最外层，在恰好不刺穿虫瘿的时候返回，退到虫瘿的中心过冬。春天到来时，变态的成蝇通过已经挖好的隧道穿过薄薄的外膜，开始了自己的生命冒险。幼虫之所以要从虫瘿的中心挖一个抵达表面的隧道，是因为成蝇没有咀嚼式口器。瘿蝇蛆提前几个月构建逃生路线，这样就能避免成为一只被困在避寒别墅里的无助成蝇。

将盲眼幼虫的这种行为解释成本能，似乎比解释成智力更合理。至少我的直觉是这样。

但瘿蝇蛆的敏锐本能并不能说明昆虫没有意识。科学家对昆虫是否可能拥有感知能力越来越感兴趣。2016年，澳大利亚生物学家安德鲁·巴伦和哲学家科林·克莱恩在著名的《美国国家科学院院刊》（PNAS）上发表了一篇论文，认为昆虫的体验可能是基于脑中的某些特征，这些特征在结构和

（或）功能上与脊椎动物的大脑类似。例如，蕈状体支持学习和记忆，中枢复合体处理空间信息和组织运动，解剖结构非常复杂的前脑连接着其他的大脑区域，并收集传入的感觉信
49 息。作者得出结论，可能早在5亿年前的寒武纪，昆虫就已经开始利用意识来支持自己主动觅食和狩猎的生活方式。

本章的主题是昆虫的自觉意识，特别是双翅目昆虫的自觉意识，我将提出一些比较令人信服的证据。我也期待你能得出自己的结论。

一碗腐烂的桃子

在回到科学之前，我先分享一段个人经历。大多数人可能会认为：昆虫不可能拥有意识体验。我的经历会让你在得出结论之前多想一会儿。

有一年夏天，我去安大略省南部乡下的朋友家做客，注意到厨房的台面上放着一个白色的小陶瓷碗。在我往里面看之前，一切都很平常。接着我看到了最奇特的景象。碗里装着几大块桃子，看上去完全没法吃，此外，里面还有大约50只果蝇。碗的边缘包裹着一层拉紧的保鲜膜。大多数果蝇四散着停在那儿，仿佛是鸡尾酒会上正在品酒的客人。有些果蝇漫不经心地在发酵的水果上漫步，水果的边缘点缀着白色的霉斑。还有几只果蝇在“透明”天花板上站立或踱步，以双翅目特有的无视地心引力的方式行走。

我惊讶地注视着这个奇怪的家庭景象。在厨房里看到果蝇并不稀奇。不过，它们究竟是怎样进入保鲜膜里的呢？难道我的朋友西莉亚是拿着保鲜膜偷偷靠近，然后把它们扣在碗里的吗？果蝇非常谨慎，速度又快，所以当保鲜膜盖下来的时候，大多数果蝇肯定已经拍拍翅膀离开了。难道在安装“塑料天花板”的时候，果蝇已经在桃子上面孵化了吗？这也 50
不可能，因为碗里没有蛹壳。

等西莉亚办完事回来后，我向她打听那个桃碗的事情，谜底揭晓了。原来那是一个捕蝇器。方法很简单：把几片熟透了的桃子放在碗里，封上保鲜膜，用尖刀在膜上戳几个小洞，再等上几个小时。瞧，果蝇被困住了。

什么?

如果你也很惊奇，可以试着想象一只果蝇挤过保鲜膜上的小缝。首先，它们是怎样发现这些洞的？用大多数人的话来说，是从“塑料天花板”的壁缝中渗出来的臭桃子的诱人气味吸引了它们，科学家称之为“化学梯度”。机敏的果蝇循着不可抗拒的气味找到它的源头。但它们是怎样进去的？小小的果蝇如何挤进狭缝？我待会儿再讲。事实就是，它们钻进去了，用自己的方式找到了桃子，享用美味的液体，然后有充足的时间交配和产卵。

“工作原理就像是龙虾笼，”西莉亚告诉我，“它们可以进入，但很难出来。”

拉紧的保鲜膜覆盖在一碗水果上，果蝇从保鲜膜上的小洞找到了出路，正准备离开（作者拍摄）

第二天早晨，我很惊讶地发现“苍蝇笼”还在原处，长着霉斑的桃子上留下了果蝇狂欢后的痕迹，但是碗里的果蝇没有增多，反而减少了。我拿起我的双筒望远镜仔细观察（作为一名观鸟者，我在旅行时离不开它；把它转过来就成了一个高倍的放大镜），看到的一切令我大吃一惊。一只果蝇在“塑料天花板”上小跑，它发现了一条裂缝，然后逃了出去。
51 这只小虫子用两条前足撬开保鲜膜，先把头从裂缝中挤出来，然后很轻松地用剩下的四条腿把它那喝足了桃汁的圆润身体拽出来。这项行动需要相当大的协调力，花了一分多钟时间才完成。果蝇出来后，停了一会儿就飞走了。

“西莉亚，你最好把这些果蝇拿到外面去。这个捕蝇器可以反向工作，一些果蝇已经逃进了你的厨房。”我警告她。

捕蝇器事件之所以让我如此着迷，并不是因为果蝇有能力找到通向腐烂水果的路，而是它们有明显的意图和决心逃离捕蝇器。我们很容易想象是什么驱使果蝇进入桃碗陷阱，但令人费解的是，又是什么驱使它们离开这个奢华的食物来源和繁殖基地？你可以说是本能“驱使”它们进入，但你能说是本能“驱使”它们离开吗？人们通常假设果蝇不过是没有体验、没有意识的自动机器，这与我刚才所见的场景相矛盾。 52

当我坐在热闹的咖啡店里回忆着西莉亚的捕蝇器时，一只鬈毛狗正在附近嗅来嗅去，寻找从软垫椅子上掉下去的面包屑。这让我意识到，另一种生物的嗅觉比我的要灵敏得多。

西莉亚的简易捕蝇器还有其他的变形。在一段简短的在线视频中，康奈尔大学昆虫学教授布赖恩·拉扎罗解释说，把一个漏斗放在一罐葡萄酒或者熟透了的水果上，可以吸引果蝇进来，并扰乱它们逃跑的企图。我想知道，随着时间的推移，这种设计是否会变得不那么有效。

我以前的老师、多伦多大学的遗传学和神经学教授玛勒·索科沃夫斯基跟我讲过一件事。有一次，她走进一家苍蝇乱飞的杂货店，告诉经理如何用拉扎罗那样的捕蝇器抓苍蝇——那是一个放置在半瓶啤酒（或者说是酵母和水）中的漏斗。玛勒的女儿当时还不到10岁，她翻了个白眼，有个跟陌生人讨论苍蝇的妈妈令她感到尴尬。两周后，她们再一次回到店里时，苍蝇明显减少了，经理满怀感激。这些捕蝇器意味着人类的智慧利用了果蝇的智慧。

一条模糊的线

谈到心智能力，我们倾向于认为无脊椎动物比不上脊椎动物。我们更愿意相信，无脊椎动物根本没有精神生活。但科学证明了这种观念不堪一击，脊椎动物和无脊椎动物之间
53 泾渭分明的界线也已经变得模糊。

例如，有相当确凿的证据表明章鱼等软体动物具有意识。如果你对此表示怀疑，我建议你读一下赛·蒙哥玛丽的《章鱼星人》，或者彼得·戈弗雷-史密斯的《章鱼的心灵》。章鱼及其近亲鱿鱼、乌贼和鹦鹉螺（统称“头足类动物”）拥有无脊椎动物中最复杂的神经系统。章鱼表现出了解决问题的能力，以及感情、游戏行为和独特个性。它们可以解开绳结，打开罐子，使用幼儿专用的容器；它们可以通过观察来学习；它们是著名的逃跑艺术家。一些专家认为，章鱼是地球上最早进化出意识的生物；它们与脊椎动物的进化之间存在距离，表明意识在地球上至少进化过两次。

往生命之树上的昆虫再靠近一点，有新的证据表明，意识可能至少进化过三次。例如，蜘蛛也表现出智力行为。一个值得注意的例子是跳蛛在捕食猎物时的迂回行为。20世纪90年代，人们发现孔蛛属（*Portia*）的跳蛛会远离猎物，寻找更有策略的方法捕食，从而避免被猎物发现。这些蜘蛛也

会绕着一个使它看不见猎物的遮挡物移动，这表明蜘蛛具有“物体恒存性”*。同一研究小组最新的一项研究表明，16种跳蛛（包括10种非孔蛛属的物种）解决了一个类似的狩猎问题，即要求它们记住一个食物的位置，并忽略一条通往非食物来源的路径。

那么，蜘蛛的节肢动物表亲——昆虫——的认知能力如何呢？针对这一问题，研究人员已经获得了一些令人信服的发现，研究结论主要来自社会性昆虫，但也不完全如此。

通过近距离拍摄一种马蜂，科学家确定，这些群居昆虫 54
可以通过独特的面孔识别彼此。在实验中，如果选择陌生的面孔（通过重新排列或移除触角等部分进行数字化处理）会受到惩罚，选择熟悉的面孔不会受到惩罚，那么它们会选择熟悉的面孔。

我很喜欢这样的想法：胡蜂能够辨认出熟悉同伴的面孔；也许，它们会用触角互致问候。但我最喜欢的昆虫认知研究与蚂蚁有关。2015年，布鲁塞尔自由大学的玛丽-克莱尔·卡默茨和罗杰·卡默茨发表了第一个无脊椎动物的镜像自我认知（MSR）的演示。MSR测试首次发表于1970年。测试的黑猩猩被麻醉后，在其前额的一个部位做上记号，它只能通过镜子的反射才能看到这个位置。有镜子的时候，黑猩猩会

* 一个心理学概念，通常适用于婴儿，指即使无法感知物体的存在，也能够确定物体是存在的。——译注

检查镜子上的记号，触摸它或者试图把它擦掉。该行为表明，黑猩猩意识到镜中的图像反映的是自己，而不是另一只黑猩猩。此后，MSR测试成了自我意识的基准测试，在45年后人类研究蚂蚁之前，只有类人猿、大象、海豚和喜鹊通过了这一测试。（2018年，一种名为裂唇鱼的鱼类也通过了。）

卡默茨夫妇研究了红蚁属（*Myrmica*）的三种红蚁，发现当它们通过镜子看到自己的映像，与透过玻璃看到蚁族中的其他成员时，会表现出不同的行为。有镜子的时候，它们表现得很不寻常，就像社会名流准备夜晚去城里玩时在镜子前面审视自己一样。它们迅速地左右摇摆头和触角，摸摸镜子，站在离镜子较远的地方，有时还会整理自己的足和触角。它们也试图清理放在头上的一个蓝点。但如果它们看不见自己，
55 或者蓝点放在后脑勺，没法在镜子中看见，它们就会忽略这个蓝点。与蚂蚁的身体颜色一致，因而隐藏的棕色小点同样被忽略了。由于意识到自己的研究有可能在科学界引起轰动，卡默茨夫妇急忙补充说，他们的发现并不一定意味着昆虫有自我意识。

我们很容易承认哺乳动物有自我意识，但由于偏见，我们会在昆虫身上寻找其他的解释，这难道不是很有趣吗？在我的前作《鱼什么都知道》中，我引用了许多科学研究，推翻了一个普遍的偏见，即鱼类比不上其他脊椎动物，尤其是哺乳动物和鸟类。在昆虫身上，这是一个更严峻的挑战。我

并非在此主张众生平等，但这是一个反复出现的情况：当我们仔细观察，动物会带来新的惊喜。这让我想起路易斯·利基的一句名言，当他从天才般的偶像珍·古道尔那里得知黑猩猩会使用工具时曾说：“现在我们要么重新定义工具，要么重新定义人类，要么接受黑猩猩属于人类。”现在已知的某些昆虫的能力，极大地动摇了当前我们对昆虫的许多文化偏见。

蚂蚁等昆虫也使用工具。漏斗蚁（长脚家蚁）会将树叶、木头或泥土的碎块当作海绵使用。它用嘴叼着“海绵”，将其吊在所需的营养液（例如水果果肉或猎物的体液）中，然后把湿润的“海绵”带回巢穴。有了这项技能，一只漏斗蚁能够运输的液体量增加了10倍。一种生活在干旱沙漠地区的新大陆蚁在包围敌对的蚁群时，会把小鹅卵石和其他岩屑丢进洞口，这些掠夺者的行为使它们能有更多时间不受干扰地觅食。切叶蚁利用叶子种植真菌，这不仅是使用工具，甚至可以说是发展农业。两点蓝翅土蜂用扁平的卵石夯实泥土，掩盖它们埋藏麻 56
痹猎物的洞穴入口，以便产卵孵化幼虫。某种猎蝽（一种具有刺吸式口器的食肉昆虫）用被吸干的白蚁外壳作为诱饵诱捕其他白蚁。它们在白蚁的巢穴入口摇晃死去的白蚁，借此抓住一只试图将同伴拉回巢中的白蚁。如果猎蝽成功地抓住了新的受害者，就会立即抛弃前一只，然后重复这个过程。一只猎蝽就这样抓住了31只白蚁，挺着硕大的胃大摇大摆地走了。

普遍的科学观点是，这些都是缺乏意识体验的本能动作。但在得出这样的结论之前，我们有理由保持谨慎。2017年，一项更深入的关于漏斗蚁使用工具的研究发现，漏斗蚁会灵活选择把液体运回巢穴的工具。为了达到目的，它们学会了使用更高级的人造工具（海绵），而且有时会修改这些工具——把提供的“海绵”弄成小块——从而提高实用性。

对“昆虫不会思考”这一观点的最大挑战来自蜜蜂。自从诺贝尔奖得主、奥地利生物学家卡尔·冯·弗里希在20世纪中期发现了著名的“摆尾舞”以来，蜜蜂就成了大量研究的对象。除了拥有令人惊叹的多感官符号交流天赋来分享遥远食物的位置，蜜蜂还积累了一系列令人印象深刻的心智技能。它们能识别人脸；它们能理解“相同”和“不同”，并能在不同的视觉模式（从形状到颜色），甚至不同的感官模式（从形状到气味）之间传递这些信息。蜜蜂似乎也能理解“0”的概念：当被训练（得到甜味奖励）飞到含有较少的点或较少的符号（例如，选择三个点而非选择五个点时可以得到奖
57 励）的图像时，它们倾向于选择空白图像（“0”），而非只有一个点的图像。

蜜蜂似乎也有元认知，即知道自己拥有认知。如果训练蜜蜂根据目标的大小、形状和颜色飞向不同的奖励目标，当它们发现飞向错误的目标会带来苦味惩罚时，蜜蜂更有可能退出艰难的辨别任务。“这表明，蜜蜂只在有信心做对的时候才参加测试。”麦考瑞大学生物学家、该研究的合著者安德

鲁·巴伦博士说。

双翅目昆虫的思维？

大多数关于双翅目昆虫的精神生活的研究都以果蝇为研究对象。这并不是说果蝇是双翅目昆虫中的爱因斯坦，而是因为它们碰巧是地球上被研究得最多的动物。果蝇的优势在于培育简单、成本低、可以圈养，而且世代跨度只有两周，因此适合进行基因研究——我们将在第九章中进一步了解。同样，在假设一种双翅目昆虫的智力成就适用于其他双翅目昆虫的时候，我们必须十分谨慎。但果蝇能做到的事情，其他的双翅目昆虫或许也能做到。

人脑和双翅目昆虫的大脑在尺寸上大相径庭——人脑有1 000亿个神经元，而果蝇的大脑只有135 000个（见彩色插图）——但在组织结构上，它们有一些相似之处。例如，人脑和双翅目昆虫的大脑都主要由中线分隔，驱动大脑的分子和过程是相似的。人和双翅目昆虫的兴奋都由多巴胺和5-羟色胺控制。和人脑一样，双翅目昆虫的大脑负责空间表征——这种能力对会飞的动物来说至关重要。在果蝇中，这 58
项能力存在的大脑区域叫“中枢复合体”，其功能相当于哺乳动物大脑的上丘。

我们已经看到，果蝇这种足智多谋的小生物能够解决一些问题，比如挤过一层小小的塑料入口。它们的大脑还能做什么?

通过训练，果蝇很容易就能把一种气味和一种电击联系起来。在随后用难闻的气味和另一种与电击无关的气味进行测试时，它们对这些体验表现出短期、中期和长期记忆。当果蝇从全身麻醉中苏醒过来、新的神经细胞取代了旧的神经细胞时，这些记忆仍然存在。果蝇也拥有注意广度，表现出对重复视觉刺激的预期（比如一个画在旋转鼓面里的黑色符号，里面有一只被拴住的果蝇在飞）。它们对单调的刺激不感兴趣，但会重新关注新的刺激（比如变换第一个符号）。注意力的另一个特征是倾向于抑制和忽视相抵触的刺激，例如，当一只果蝇专注于鼓面里的一个新符号时，它不太可能注意到旁边的另一只果蝇。

果蝇也会睡觉。一天早晨，圣路易斯华盛顿大学医学院的科学家正在观察圈养的果蝇群，发现它们似乎都死了。研究人员敲了敲容器的玻璃，果蝇逐渐苏醒过来。如此看来，刚才一定是午睡时间。昆士兰大学进化生物学家布鲁诺·范·斯温德伦记录了果蝇的大脑活动和对机械刺激的反应。他发现，和人类一样，果蝇也会进入浅睡眠和深睡眠的阶段。如果睡眠被剥夺，它们对睡眠的需求就会上升；如果果蝇的大脑在白天忙于学习活动，那么当晚它们就需要更深
59 的睡眠。

清醒的时候，果蝇会表现出理性的决策能力。通过观察

2 700只果蝇交配，不列颠哥伦比亚大学的研究者发现，雄性果蝇非常善于寻找能生产最多后代的雌性配偶。当有多达10只潜在雌蝇可供选择的时候，它们就能做到这一点。通过分析大数据集，我们发现果蝇使用了传递合理性；也就是说，如果A优于B，B优于C，那么它们知道A优于C。

动物在忙碌的时候，有意识的大脑的神经应该高度活跃。如果果蝇具有活跃的思维，我们能看到它们的大脑活动吗？为了探索这种可能性，加州大学圣迭戈分校的研究者给一些雄性果蝇做了头部手术。他们从被麻醉的果蝇头顶取下一小片外骨骼，并粘上一小片透明面板，再给果蝇一天时间恢复。研究小组把果蝇绑在细导线上，使用一束激光和一组随果蝇身体运动而旋转的三台摄像机来追踪果蝇求偶时大脑中的电活动。绑在细导线上的果蝇不会（不能？）向雌蝇求爱，但其他果蝇不受影响。非求偶状态的果蝇大脑几乎没有亮过，而求偶中的果蝇大脑却亮起了红色、黄色、蓝色和白色。这项研究并没有让我们获得果蝇的体验，但它表明，活跃的果蝇大脑处于一种协调状态。在我看来，这很像是意识。

我并没有暗示雄性果蝇会完成所有的求爱和择偶。另一项关于择偶的研究证明了雌蝇会在观察中学习。当雌蝇看到几只人工着色的雄蝇试图与另一只雌蝇交配时，它们会根据雄蝇的成败来选择配偶。例如，一只绿色的雄蝇成功地与一 60
只雌蝇接触并交配，而一只粉色的雄蝇没能勾搭上雌蝇（实验人员认为出现了不接受的表现），然后，当一旁观察的雌蝇看到一只绿色的雄蝇和一只粉色的雄蝇时，它会选择绿色的雄蝇作为伴侣。如果换一下颜色，雌蝇会更喜欢粉色的雄蝇。没有直接观察到着色雄蝇交配结果的雌蝇则不会表现出这种歧视。在另一项实验中，雌蝇会受到自己同伴的影响，如果起模范作用的雌蝇与不太健康的雄蝇交配，它们也会选择身体状况不好的雄蝇，而放弃更健康的雄蝇。这一结果表明，果蝇可能更多地受社会因素的影响，而不是自己的判断。这种“择偶模仿”在动物界很普遍，包括人类女性中也会存在，即配偶的吸引力会受到来自他人看法的影响。“我要吃她吃的那种！”

科学家倾向于规避拟人主义，即用人类的品质形容非人类的动物；这么做通常有很合理的理由。然而，美国动物行为学家唐纳德·格里芬（1915—2003）在关于动物精神生活的开创性著作中提出，我们在对人类和昆虫进行人类中心主义的对比时也同样需要谨慎。在1981年的著作《动物知觉的问题》中，格里芬问道：“我们如何确定有意识的思考需要一个必要的临界（大脑）尺寸？”果蝇的神经元数量相比于人类可能很少，但100 000仍然是一个很大的数。事实上，100 000个神经元之间的潜在联系可能比地球上的沙粒要多得多。我们已经看到，昆虫做了一些很巧妙的事。此外，即使昆虫和脊椎动物没有共同的意识先祖，但意识这样有用的属

性不会只进化一次。如果章鱼能做到，昆虫为什么不行呢？ 61

双翅目昆虫的疼痛？

如果双翅目昆虫有意识，它们能感觉到疼痛吗？

疼痛的话题具有特殊的重要性，因为疼痛不愉快且紧迫，体验疼痛的动物会想要逃离。正是疼痛的这种特性赋予了它如此多的道德分量，如果一个生物能感受到疼痛，它就会受苦。然而，我们必须小心地区分*疼痛*和*伤害性感受*，前者是一种感觉体验，后者是指对有害刺激的纯粹机械反应，没有任何负面感觉（这两个词都源自拉丁语*nocere*，意思是“伤害”）。如果没有意识，即使是神经系统最复杂的身体也没有任何感觉，没有疼痛、不会受苦——我们应该感谢全身麻醉的发现。

关于昆虫能否感觉到疼痛，人们众说纷纭。1984年，澳大利亚的科学家认为，现有的证据不足以证明昆虫有痛觉，至少没有人类的那种痛觉。即便如此，为了防止可能的疼痛，保持对生物体的尊重，他们仍然建议麻醉昆虫：“尽管这些生物的生理特征与我们不同，也许更简单，但至今没有被完全理解。”著名昆虫生理学家文森特·威格尔斯沃思认为，昆虫能够体验到内脏疼痛和由高温、电击引起的疼痛，而外骨骼的损伤显然不会造成疼痛。昆虫不会拖着受伤的肢体跛行（除非肢体完全或部分缺失，这就需要机械性地“跛行”），也

不会像章鱼保护受伤的手臂那样保护受伤的足。1980年，另一位英国生物学家玛丽安·道金斯在一篇关于生理学和行为
62 方法论的细致且具有批判性的综述中也得出结论，昆虫有一定的痛觉。从进化的角度来看，对疼痛的感知是一种非常重要的适应机制，所以不能简单地认为它只存在于脊椎动物中。用道金斯的话来说："疼痛应该存在于这样的生物体中：疼痛体验让它们更容易生存下来，要么作为逃生机制的一部分，要么作为从过去经验中学习的基础。"昆虫的确可以逃生，而且正如我们看到的，它们也可以学习。

科学家如何研究昆虫的疼痛？他们通过一个现代的实验装置，利用疼痛刺激来研究果蝇的条件反射。从胸部把果蝇悬挂在一个圆形场地的中央（通常用少量的热蜡或胶水），就是之前在注意力研究中用到的那一个场地，其墙壁上可以呈现出各种视觉刺激。通过把一个特定的刺激（比如说两个竖条纹）与一个讨厌的结果配对（在这个例子中是一股不愉悦的热空气），果蝇很快就学会了通过飞离条纹来避开热空气。在这个装置的设计中，只要避开条纹，热源就会关闭。利用这种方法，果蝇可以控制环境。而在另一种名为"热箱"的方案中，果蝇必须学会避开小黑室的某一侧，每次它进入这一侧，热箱就会加热；而离开惩罚性的这一侧，小室的温度就会恢复正常。果蝇很快就学会了待在安全的那一侧。如果把果蝇从小室里拿出来，两个小时后再进行实验，它们仍然

会记得这么做。

昆虫对止疼药有什么反应？注射了止疼阿片类药物吗啡的螳螂、蟋蟀和蜜蜂会产生一定的药物反应，对不愉快事件的防御性较低，同时这种药物反应的强度与吗啡的剂量成正比。一种叫纳洛酮的药物可以阻断这种镇痛作用，抵消吗啡对脊椎动物的影响。这些研究表明，和脊椎动物一样，昆虫对阿片类药物具有普遍的敏感性。 63

几十年前人们就已经知道，患关节炎的老鼠和跛脚的鸡会选择喝掺有镇痛药的水，而未受伤的动物更喜欢喝纯水；但直到2017年，研究人员才决定看看生病的昆虫是否会自己服用缓解疼痛的药。昆士兰大学的三位科学家在实验中给受伤的蜜蜂提供了两种选择：添加吗啡的蔗糖水和不添加吗啡的蔗糖水。一组蜜蜂始终被夹子夹住一条腿，另一组蜜蜂则被截断了一部分足节。结果并不令人激动——两组蜜蜂都没有表现出对吗啡的偏好，但截肢的蜜蜂饮用的两种溶液的量是未受伤的对照组的2倍。该团队初步得出结论，虽然他们的研究不能有效地证明吗啡能缓解蜜蜂的疼痛，但蜜蜂可能是在增加营养摄入，以弥补伤口愈合所需的额外能量。

果蝇会避开其他的疼痛来源。如果训练果蝇在接触某种化学气味后就受到轻微的电击，那么它们很快就学会了避开这种气味。当训练反过来，即先有电击后有气味的时候，果蝇就会接近气味。显然，它把气味和减轻电击后的疼痛联系在一起。果蝇也表现出二阶条件反射：训练它们避开一种伴有电击的气味，它们也学会了避开只伴有该气味出现的另一种气味。

果蝇的幼虫可能也对疼痛事件敏感。玛勒·索科沃夫斯基发现，当寄蝇试图用锋利的产卵器向果蝇幼虫注射卵时，果蝇幼虫会产生类似于疼痛的逃避反应：它们蜷缩起来，并（或）做一个滚动的动作。它们对加热探头也有类似的反应，这表明该行为可以概括至少两种不同类型的疼痛：刺痛（被
64 寄生蜂的针状产卵器刺穿）和烫痛。

很明显，关于昆虫是否能感觉到疼痛，这个问题远远没有解决。迄今为止的证据表明，昆虫是有知觉的，但其疼痛的位置和表达方式与人类不同。是否存在疼痛体验，可能不仅取决于生理上的事件，还取决于环境。溺死对我来说很可怕，但这是每一只幸存的蜉蝣生活史中的一部分——蜉蝣的卵和稚虫只能在湖泊或池塘里发育。一想到要把溺水带来的疼痛和折磨放在蜉蝣身上，我就会有些犹豫。对于正处在繁殖镇痛中的蜉蝣来说，向水屈服也许是一件好事（或者不是坏事？）。

其他感觉

如果一种动物能体验痛苦，那么它可能也知道快乐。在如何产生快感方面，昆虫和脊椎动物再次产生了一些有趣的

联系。昆虫大脑的不同区域通过相互作用的回路连接，对章胺和多巴胺较为敏感——这两种化合物与脊椎动物的快感（在某些情况下则是不愉快的感觉）有关。

然后是行为。我们目前所知道的昆虫对奖励的反应几乎完全来自对蜜蜂和果蝇的研究。对蜜蜂来说，典型的研究方法是，观察它是否会舔舐与糖奖励有关的刺激。对果蝇来说，通常使用的装置是一个T形迷宫，每一端都有不同的气味，而其中一端的气味与糖奖励有关。蜜蜂使用的感觉系统是味觉，果蝇则是嗅觉。再一次，我们发现了昆虫和脊椎动物大脑之间迷人的相似之处。

昆虫僵硬呆板的脑袋上看不出明显的面部表情，所以研究昆虫的感情比研究哺乳动物的感情更困难，但我们并非一无所知。反应的程度暗示了它们对某件事的体验。例如，在 65
一项以食物为奖励的学习任务中，饥饿的果蝇比饱腹的果蝇表现得更好，可能是因为它们想获得更多的奖励。这表明，昆虫具有动机。

饥饿的动机效应也会影响果蝇的恐惧反应。在得到食物但同时头顶有以阴影形式存在的视觉“威胁”时（由光源和果蝇之间的旋转桨产生），饱腹和饥饿程度不同的果蝇会表现出不同的防御行为，包括奔跑、跳跃、僵立。果蝇做出这些行为的速度和频率，以及分散的果蝇返回食物所需的时间，都显示出重要的弹性——随着阴影的数量和频率增加，它们行动得更快、更频繁，返回所需的时间更久。果蝇似乎的确被阴影吓到了，它们变得谨慎起来。饥饿的果蝇（饿了一天）更难被吓跑——这符合它们对食物的情绪反应。最后，当受到无法逃脱的压力时，果蝇会表现出一种啮齿动物中常见的“习得性无助”：它们会放弃。由加州理工学院的威廉·T. 吉布森领导的一个美国研究小组完成了这项研究，他们决定不称之为果蝇的“情绪体验”，而是称之为类似于恐惧的“原始情绪”。

考虑到一些双翅目昆虫具有十分大胆的捕食和寄生习性，我们不得不怀疑，恐惧是否永远是一种适应性，这可能取决于它们的种类和生存环境。以一只雌蚊为例，它的任务是接近一只警惕性高、有知觉、能拍打尾巴或拍手的大型哺乳动
66 物，叮咬并吸血。这是大自然中最危险的工作之一，如果蚊子太害怕被拍扁，那么大多数蚊子可能会饿死。但是，由于它们试图在目标未察觉的时候下手，些许的恐惧和谨慎可能很有帮助，而对悄悄跟踪的蚊和虻来说，它们易受惊的习性就符合这种模式。

个　性

能求偶、能学习、能感受恐惧，这样的动物可能被认为具有个性。个体变异对进化的重要性，就像是葡萄对葡萄酒的重要性。毕竟，如果没有东西可供选择，那么自然选择该如何进行呢？也就是说，我们不太可能在相对简单的动物中或在植物

中发现复杂的个性。说变形虫或绦虫可能有个性，这似乎很牵强；但双翅目昆虫在身体上和行为上都要复杂得多。

为了验证果蝇的个性，哈佛大学罗兰研究所的一个研究小组开发了一种名为“FlyVac”的自动设备，它可以同时测量几只果蝇的趋光性，即远离光或朝向光的反应。一只特定的果蝇在一次实验中的选择（亮或暗）并不能很好地预测它在后续实验中的选择，但每只果蝇在连续40次实验中都会出现特殊的亮/暗偏好模式。令研究小组惊讶的是，个性差异不仅表现在不同遗传品系的个体之间，也包括在相同条件下饲养的几乎完全相同的果蝇品系（通过近亲繁殖）身上。研究人员发现，果蝇的趋光性与基因无关，这种趋光性会持续到果蝇的成年期（大约四周）。更让人难堪的是，近亲繁殖的果蝇似乎比遗传品系更多样的品种表现出更高的变异性。 67

研究中使用了17 600只果蝇，这一事实表明，拥有一台自动设备有助于完成该实验。我不能说我羡慕他们花时间在FlyVac上，在每一次实验后，FlyVac用“脉冲把果蝇拉回T形迷宫的起点（开始新的实验），起点处有一个减轻伤害的‘真空陷阱’，可以在气垫上抓住果蝇”。（我不知道你怎么想，但我对任何带有“减轻伤害的真空陷阱”的设备都持谨慎态度。）果蝇还会继续往前走真是一个奇迹，而且随着实验的进行，它们的确越来越不情愿了。

假如双翅目昆虫的趋光和避光表现出个性，那么它们对气味或地标的反应是否也表现出个性？这一点还没有得到验证，但至少我们可以从FlyVac的研究中得出这样的结论：个性特征贯穿动物的一生。该研究的作者指出："我们甚至在来自另一个目的昆虫，即野生佐伊尔叶象的身上也观察到了这种现象。这强烈地表明行为特质（个性？）无处不在。"

有些读者可能会认为，用类似于个性的东西来解释光对不同个体的吸引力差异有点牵强。我同意这种看法。我认为，个性是在不同但相关的条件下表现出的个体差异。然而，随着人们对描述不同动物的个性特征越来越感兴趣，昆虫可能会令我们感到惊讶。这也不是第一次了。

如果昆虫有知觉，这意味着什么？过去我们对动物的理解充满了贬低，这使我们无法正确地理解动物。公元前3世纪，亚里士多德提出了一个广为流传的假设：人类优于其他
68 生物。从那时起，我们就认为自己比其他造物更受尊敬（尽管次于上帝和天使）。这种自负在17世纪被放大了，当时有影响力的法国哲学家勒内·笛卡尔断定，人类以外的动物不过是复杂的机器，没有思想、没有感情、没有灵魂，因此没有资格得到道德关怀。

两个世纪以后，历史发生了重大转折。查尔斯·达尔文帮助我们理解了进化，证明动物和人类有共同的生物亲缘关系，破除了笛卡尔界线，并为更有见识、更开明的时代奠定

了基础。然而，几乎又过了一个世纪，对动物精神生活的研究才被科学界广泛接受。如今，我们以前所未有的开放态度研究动物的思想和情感，也包括了昆虫的精神生活。

我们对昆虫的精神生活的看法在未来会如何演变，这个问题还有待观察。我越思考动物体验生活的方式，尤其是章鱼和昆虫等那些与人类关系不大的动物，就越觉得应该谨慎地把人类作为它们的样板。地球上的生命形式丰富多样，这向我们表明进化有许多不同的途径。对一种生物是痛苦的事情，对另一种生物可能不是；反之亦然。但如果有合理的怀疑，我们就不能假定它们没有丝毫痛苦。哲学家称之为“预防原则”。

最好的裁判可能是简单的常识。我在佛罗里达州南部的一家社区咖啡店的户外座位区看书时，一只小昆虫从书页边缘爬了出来。它太小了，我分不清是哪种虫子；但由于它背着比身体还大的行李，我假定这是一只蚂蚁。我无法把它引诱到一片树叶上，它却轻易地搭上了我的手指。我把它放在
盘子里，结果它的大件行李掉了下来。如果这只小生物只是 69
被本能驱动，那么我认为它会按照原本的想法继续前进：“把货运到目的地。”相反，这只小型“野兽”走到那块散落的碎片前，背上行李，然后继续前进。我不知道你是怎么想的，但我很难想象，一个没有一丁点意识的生物会做出如此灵活
的动作。 70

第二部分

双翅目昆虫的生活

第四章 寄生物与捕食者

大蝇背上有小蝇在咬，
小蝇背上有更小的蝇，无休无止。
反过来，大蝇站在巨蝇的背上，
巨蝇脚下有更大的蝇，如此往复。

——奥古斯都·德摩根*

现在我们知道双翅目昆虫是什么，知道它们的构造，以及为什么我们认为它们可能拥有意识。接下来的五章我们将探索双翅目昆虫的生存方式，准备好了解一些奇怪、陌生、骇人的生活方式吧！

双翅目昆虫是熟练的寄生物，它们践行的生存策略是，至少在生命的一段时间内以寄主的组织为食，通常不杀死寄主。还有一种更加险恶的拟寄生生存策略，双翅目昆虫也是主要的实践者。拟寄生物就像是更极端的寄生物。行凶者会像寄生物一样侵入生物体，但拟寄生物不会让寄主

---

* 德摩根的小诗灵感来自乔纳森·斯威夫特1733年创作的讽刺诗《论诗歌：狂想曲》。原诗的主题是跳蚤，但如果你愿意的话，蝇也一样。——原注

存活，而是会从寄主身上掠夺资源，最终杀死它。寄蝇科
73 （Tachinidae）昆虫俗称杀手蝇，已经被命名的大约有10 000种，它们都是拟寄生物，在另一种昆虫体内发育成长。它们的寄主大多是植食性昆虫，因此拟寄生物对于防治农业“害虫”十分有益。

寄生物和拟寄生物有一种不可思议的能力：它们最开始只以寄主身上不重要的组织为食。显而易见，这是一种很有用的策略：过早地杀死食物来源，意味着杀手很快就会挨饿。

比如说，杀螺蝇通常也被称为沼蝇，它们的肉食性幼虫会钻进蜗牛的卵群，吞食并消灭蜗牛的卵。成年沼蝇通过叮咬蜗牛的足来攻击蜗牛——蜗牛的足是它们沿着地面滑行的肉质部分。蜗牛的反应是缩回自己的足，于是轻而易举地把沼蝇幼虫带进了壳里。对于部分种类的幼虫，一只蜗牛就够了；还有些种类则会依次杀死好几只蜗牛。在蜗牛寄主体内，幼虫有计划地进食，从而维持储藏室的新鲜，确保寄主在几天内保持活力，这段时间足以让它们吃到饱。如果能保持这种“克制”，几种沼蝇幼虫就可以在同一只蜗牛寄主体内相互协调地进食，避免了同类相残。然而在其他种类中，同一只蜗牛体内只有一只沼蝇幼虫能够羽化，可能是因为最早进入寄主的幼虫会吃掉所有的后来者。

有一种特殊形式的寄生叫偷窃寄生，指从寄主那儿获取食物的习性。例如，至少有一种瘿蚊的成虫会吸食蜘蛛捕获

的猎物的体液。一些偷窃寄生生物对它们的食物来源非常挑剔，例如某些热带蠓只会被一种亚马孙球蛛捕获的白蚁吸引——球蛛用丝线把猎物悬挂在球里，非法闯入的蠓像吃自助餐一样把这些摇摇晃晃的小家伙吃掉了，堪称名副其实的“揩油蝇”（见彩色插图）。 74

偷窃寄生的白蚁蚤蝇似乎用拟态来安抚寄主。进入白蚁的巢穴后，成年的雌蝇会经历一种奇怪的蜕变。它们蜕下翅膀，腹部膨胀成白蚁一般苍白的模样，懒散地摊开肢体躺着。被蒙骗的白蚁接受了冒名顶替的骗子，后者就这样争取到了白蚁的食物。

其他双翅目昆虫的寄生更多地是通过行为而不是通过外表来实现欺诈。钩蚊属（*Malaya*）的蚊子对以糖为食的蚂蚁实行了一种值得注意的偷窃寄生。蚊子在蚂蚁面前盘旋，摇摇摆摆地跳着舞。然后它伸出前腿，抚摸着出神的蚂蚁的头。这种爱抚和舞蹈，或许还有蚊子发出的哀鸣，诱使蚂蚁张开嘴，蚊子就用吸管状的口器从蚂蚁的嘴中吮吸甜浆。如果你觉得这很恶心，那你可能没有想过蜂蜜的来源。

你可能会猜到，双翅目昆虫本身这样丰饶的食物库也会成为寄生物的寄主。其中最巧妙的是虫草菌。当它的孢子渗入家蝇体内之后，会长出吸收养分的卷须，导致家蝇腹部肿胀。等到真菌足够成熟时，它会把家蝇变成一台为真菌服务的机器。家蝇有一种不可抗拒的冲动，想要飞到高处，比如灌木丛或建筑物的屋檐。停下来以后，家蝇伸出用于进食的口器，把它当成夹子，使自己粘在歇脚的地方。于是，家蝇被固定在那里，嗡嗡地拍打着翅膀，过了几分钟，它竖直翅膀，腹部朝天。当真菌的卷须尖端从家蝇的身体中挤出来时，家蝇就会死去。这时，家蝇的尸体已经成了孢子理想的火箭发射器，这些孢子从卷须顶端向上弹射，在空气中形成烟雾，
75 从而更有可能落在其他毫无警觉的家蝇身上，开始新的生命周期。真菌甚至也能控制孢子喷出的时间，它把孢子的释放时间推迟到日落时分，清爽、潮湿的空气为孢子在双翅目寄主的身上快速发育提供了最好的机会。

在你的皮肤下

在你的皮肤下，有死亡，还有蝇蛆病。对绝大多数人来说，“蝇蛆病”是一个不想从个人经历中了解的词，它是指蝇在你的皮肤下挖洞。有这种大胆举动的并不是成蝇，而是蛆；成蝇能够在你温暖而诱人的躯体附近产卵，孵化后的蛆钻了进来。本书开篇的故事就是蝇蛆病的一个例子，入侵我的身体组织的生物是一只瘦小的丽蝇。自然界中有关于这一主题的更大的变种。

尽管成年狂蝇的个头通常很大，但它们非常短命，隐蔽性强，我们很少有机会看到。作为一名有强烈好奇心的博物学者，我已经在地球上行走了60年，却只遇到过一只成年狂

蝇。我小时候曾在南安大略参加夏令营，在餐厅附近被人为修剪过的小丘上，看见了一只巨大而笨拙的狂蝇。它“穿着”漂亮的黑白“衣服”，值得注意的是，它仿佛没有嘴。我想它可能刚从蛹中羽化，因为很容易就能把它拿在手里。我端详了大约30分钟，然后才放它离开。几年后，我在一本书中偶然看到一张类似的照片，才知道它是什么。

至少有一种狂蝇已经发明了不与寄主接触的方法，这种方法既出乎意料，又十分巧妙。这一物种就是人肤蝇（*Dermatobia* 76
hominis），分布在墨西哥东南部到中美洲以及南美洲的大部分地区。人肤蝇派一只蚊子或者其他能叮人的双翅目昆虫来完成这项危险的工作。一只待产的雌人肤蝇发现并抓住了一只雌蚊，把自己的一枚卵粘在比它小得多的双翅目近亲身上，然后把蚊子放走。如果那只蚊子成功地找到了血液大餐，对人肤蝇来说就是一件好事。猎物湿热的皮肤会刺激人肤蝇的卵孵化，小蛆要么掉下来，要么快速地爬到毫无防备的寄主身上。叮人的蚊子会留下一个方便的洞，人肤蝇幼虫就通过这个洞挤进寄主体内。在那里，寄主为正在发育的蛆提供了未来六周左右的食宿。在长到小橄榄那么大的时候，蛆就会从寄主皮肤上的呼吸孔中挤出来，然后掉在地上化蛹。可怜的寄主生物（或许就是你）一下子就成了献血者和未来的肉食供应者。如果那只蚊子碰巧感染了一种微生物疾病，比如疟疾或登革热，那么可怜的哺乳动物寄主就有可能成为寄生

物的帽子戏法的受害者。

已经有超过40个物种帮助运送人肤蝇的卵，包括蚊子、其他双翅目昆虫和一种蜱虫。而且，尽管名字叫“人肤蝇”，但它们并非只以人类为目标。我联系了丹麦自然历史博物馆的馆长、狂蝇专家托马斯·佩普，他解释说，人肤蝇只在新大陆炎热潮湿的森林中活动，牛可能是它最重要的寄主，狗也经常成为寄主。

“有一个很棒的故事，”佩普继续说，“但我们还没有完全弄清楚。人肤蝇的原始寄主有可能是一种或多种巨型动物，这些物种在大约11 000年前随着人类的到来而灭绝。虽然原
77 来的寄主消失了，人肤蝇却在人类和狗的身上存活下来，牛和其他牲畜到了很晚才成为它的寄主。最初的寄主很可能是大象——在史前时代，美洲有好几种大象。然而，这一点很难得到证明，因为我们没有在新大陆发现受狂蝇侵扰而留下的木乃伊化的大象。”不过旧大陆上能找到证据。1973年，西伯利亚永冻层中挖掘出了一只10万年前的猛犸，它的胃里就有一只猛犸胃蝇的蛆虫。

一些狂蝇对寄主采取了更直接，但不那么放肆的方法。驯鹿狂蝇有一种狡猾的技能，能够在飞行中把幼虫喷射到有蹄类寄主的鼻孔里，通常是绵羊或山羊。一旦成熟，幼虫就会到达寄主的鼻窦，寄主在打喷嚏或喷鼻时会把它们喷出来，让它们在地面化蛹。你可能已经注意到了，双翅目昆虫愿意

为了个体利益而牺牲美感。

虽然习性奇怪而邪恶，狂蝇的生活方式却很有效。有能够在鹿、驯鹿、驼鹿、北美驯鹿的喉咙和窦腔里发育的驯鹿狂蝇，也有羊狂蝇、鼻胃蝇和骆驼喉蝇。在非洲，大象、瞪羚、羚羊、疣猪都是它们的目标。寄主的特异性可能会减少与其他双翅目昆虫的竞争，但在现代人类世，这存在缺陷。由于其寄主濒临灭绝，犀牛胃蝇成了非洲最稀有的昆虫之一。它碰巧也是非洲体形最大的双翅目昆虫之一，长度接近2英寸。如果黑犀牛和白犀牛完全消失，它们的狂蝇寄生物同样有可能灭绝。这并不是没有先例。 78

罗伯特的蛆

如果你和我一样，那么你的大脑中某个病态的角落或许也会有这样的想法：被一只人肤蝇吃肉是什么感觉。一位同事向我介绍了美国自然历史博物馆哺乳动物馆馆长罗伯特·沃斯，他曾在法属圭亚那遇到了一只人肤蝇，所以我联系了他。罗伯特证实了他的遭遇，并与我分享了这段经历。故事从一次6英里的徒步旅行开始，起点是欧克莱尔的一座雨林，在这里，罗伯特和他的妻子兼同事南希·西蒙斯花了一周时间抓蝙蝠；他们的目的地是法属圭亚那中部的萨于勒。

罗伯特告诉我："那天很热，所以我行使了自己的男性特权，边走边脱衬衫。这或许解释了为什么携带卵的蚊子会落在我的背上，而不是落在头皮、腿或手臂之类暴露时间更长的地方，因为背部是一个很大的目标。这或许也能解释为什么只有我被寄生，而我穿着衬衫的同伴却安然无恙。”（一位研究生农林助理员陪着罗伯特和南希。）

罗伯特完全没有注意到这些小客人，直到几天后回到新泽西州的郊区，他才感觉到“奇怪的轻微刺痛”。南希给他做了检查，发现了三个看起来无害的小红斑，像是蚊子叮咬引起的。几天后，刺痛感开始变得有点不舒服，红斑变成了可见的小疮口。南希仍然毫无头绪，她尝试热敷，这可能杀死了一只尚未发现的幼虫。但另外两个疮继续长大，罗伯特时
79 而感觉到疼痛，所以决定去城里看皮肤科医生。

你现在可能在想：罗伯特，一个了解热带的生物学家，为什么没有怀疑自己长了人肤蝇？他认为有两个原因：

“第一，我以前从来没有长过人肤蝇蛆，也从来没听说谁长过。（当地人在感染的早期阶段就已经知道了，并在幼虫挖得更深之前就已经把它挤了出来。）第二，我自己看不到伤口，我的妻子把它描述成疮口，所以我认为自己得的是皮肤利什曼病，这是一种原虫病，进展缓慢，容易治愈，所以我一点也不担心。”

皮肤科医生检查了罗伯特的疮，发现它们呈正圆形，且边缘干净。这位医生说自己从来没有见过这种病，于是马上推荐了一位“热带专家”，我们称他为“X医生”。罗伯特仍然在处

理田野工作期间积压下来的任务，过了几天才去预约X医生。

“X医生似乎很想见我，”罗伯特说，“他大概已经从皮肤科医生那里听说过我。在简单的检查之后，我突然感受到一股阵痛——我现在认为那是注射利多卡因造成的。接着，他叫来了护士。‘我认为你得了蝇蛆病，’他说，‘我需要确认一下。’”

整个过程发生在罗伯特的后背，他看不到，也没有感觉。

“X医生叫喊着：‘啊，对了，在这里！’他用钳子递给我一大块圆锥形的带血的肉，肉尖有一只小蝇蛆在蠕动。”

“当时我一点也不神经质，”罗伯特告诉我，“我不是不愿意接受必要的外科手术，但显然没有征得我对手术的知情同
意。没有人问过我是否愿意从背上割下一大块组织，也没有 80
人讨论过治疗方案。相反，我怀疑X医生只是想采集一个样本。当他宣布‘现在我们取下另一只’的时候，我拒绝了。”

在拜访X医生之前，罗伯特已经开始怀疑自己感染了人肤蝇，所以他阅读了一些资料。他了解到，人肤蝇的伤口不会感染，通常会很干净地愈合。他还知道至少有两位生物学家饲养过人肤蝇蛆，一直养到它们化蛹。出于科学家的好奇心，以及对X医生擅自取走了寄生物感到恼火，罗伯特告诉X医生他要留下最后一只幼虫，并表示感谢。

“他生气地抗议，劝我不要这么做。但我已经下定了决心。科学战胜了恐惧。”

X医生气愤地缝合伤口。

“我要求把我的幼虫带回去。他提出不收手术费，只要我同意让他保留。现在我仍然后悔接受了他的提议。”

回家后，罗伯特把他的决定告诉南希。南希是一位很有成就的哺乳动物学家，和丈夫在同一个部门工作。她立即表示支持。于是他们开始了所谓的“人肤蝇观察”项目。他们当时并不知道（他们还有很多事情不知道），这些幼虫通常要花8周左右的时间才能成熟，而这对夫妇从法属圭亚那回来才不过2周，因此还剩下6周的寄生期。在此期间，幼虫会长得非常非常大。

“我的客人和我已经习惯了，”罗伯特告诉我，“大多数时候，幼虫都很安静，我几乎没有意识到它在那里。但似乎每隔几个小时，它就需要换一下姿势。可以这么说，它在自己的肉床上辗转反侧，让我短暂地感到不舒服。我认为这种感
81 觉源于人肤蝇幼虫用小钩环把自己固定在洞穴里，很可能是通过钩环在洞穴里上下移动。有点烦人的是，它会周期性地排出褐色的氨化液体，我估计是代谢废物。这个过程伴随着令人疯狂的刺痛。通常每天两次，一次是下午早些时候，另一次是午夜后的几个小时。”

随着幼虫长大，它的呼吸管也变大了。大多数时候，罗伯特和南希会用纱布绷带松散地盖住洞口，防止排出的液体弄脏衬衫和床单；否则他们就不处理，也不使用任何外用消毒剂。

罗伯特开始产生一种令人惊讶的情感。

“我和人肤蝇之间产生了某种联系。至少，我觉得自己是在培养一种独立的生命形式。我们的关系中有一种隐性契约：我没有试图赶走我的客人；我的客人则尽可能不引人注意，努力不让伤口受到感染。就像我对南希说的，这是我最接近怀孕的时候了。

“在寄生生活的最后几天里，幼虫变得十分安静，并且爬到离洞口很近的地方（南希能够清楚地看见它），所有的活动和排泄迹象都停止了。之后有一天，我在出汗后脱掉T恤，感觉T恤勾住了我背上的什么东西。我喊来南希，她看到幼虫慢慢地钻出来，一个钩环接着一个钩环，我的感觉是……没有感觉。也许幼虫已经麻醉了周围的组织；我想不出来其

从罗伯特·沃斯的背上钻出来的成年雄性人肤蝇停在蛹上（图片来源：戴维·格里马尔迪）

他的解释，因为完全没有感觉。”

南希在幼虫掉落时抓住了它，将它放在一个铺着湿纸巾的罐子里，又把罐子放在黑暗中。5周后，成蝇从蛹中羽化。现在，蝇和蛹都做成了标本收藏在美国自然历史博物馆中。
82 罗伯特告诉我，幼虫出来的伤口很快就愈合了，现在已经看不到。而X医生的切口却留下了一个持久而明显的疤痕。

为了更好了解罗伯特冒险大胆尝试饲养人肤蝇的故事，我联系了美国自然历史博物馆的无脊椎动物学家戴维·格里马尔迪，想要检查这个标本，并确认它的性别。格里马尔迪友好地同意了，还说这只雄性人肤蝇的标本很健康。他推断说，“它一定吃得很好”。

斩首而死

在接受《苍蝇的秘密生活》书评采访中，图书作者、双翅目昆虫学家埃丽卡·麦卡利斯特表达了对自己没有“招待”过人肤蝇的失望。这是一种为科学献身的精神。然而，如果麦卡
83 利斯特博士是一只蚂蚁，她应该会放弃招待一只蚤蝇的机会。

蚂蚁是地球上数量最丰富的生物之一。作为地球上最机会主义的生物，双翅目昆虫绝不会浪费开发蚂蚁的机会。其中最有成就的是蚤蝇，有200多种蚤蝇通过渗透到它们的远亲蚂蚁的生活中来谋生。蚤蝇科中最具威力的是蚁蚤蝇属（*Pseudacteon*），我们将看到，它们拥有斩首蚂蚁的习性，还

具备防治入侵红火蚁的潜力。

1985年，我在南非克鲁格国家公园进行为期一个月的蝙蝠研究时，第一次遇到了蚤蝇——它飞得很快，而且经常急停，所以拥有了这一名字*。（有些物种也叫卫星蝇，因为它们习惯在与猎物保持固定距离的情况下盘旋。）

在克鲁格国家公园，我有很多机会沉浸在我最喜欢的消遣之中，观察大大小小的动物生活。白天，我们可以在卢乌乌胡河红色的河水中寻找河马、巨鹭，偶尔也能看到鳄鱼。夜晚，庞大的黑蝎和鞭蝎在车道上巡逻，鬣狗和狮子的叫声远远地萦绕在营地上空。

几乎每天，数百只巨猛蚁排成一个纵列，悄无声息地穿过我们毗邻卢乌乌胡河的营地。几乎像是上了发条一样，半小时后，这些巨大的、盲目的社会性昆虫循着它们在外出旅行时留下的化学痕迹回来了。不过，这一次它们的颚里塞满了白蚁的白色身躯——它们刚刚对这些白蚁的巢穴发起了突袭。这些蚂蚁排着秩序井然的队列，仿佛是训练有素的士兵，但我发现，如果我吹气扰乱它们，它们就会愤怒地大叫着散开。几秒钟后，它们重新整装待发，继续无声地行军。

有一天，我注视着这条肃穆的队伍，发现一只灰色的小昆虫在离队列一英尺远的地方歇息。我仔细观察，认出旁观

---

* 蚤蝇的俗名是“scuttle fly”。在英文中，“scuttle”的意思是“疾走，快跑”。——译注

84 者是一只双翅目昆虫，似乎在密切地监视着蚁群。它可能是一只蚤蝇，但我当时不知道。多年后我才了解，蚤蝇以一种大胆的、依赖蚂蚁的方式抚养孩子。

全世界大约有4 000种蚤蝇，其中许多是拟寄生物。第一流的拟寄生物是胡蜂，但这种生存策略的优势并没有在双翅目昆虫的身上消失。仅仅在南美洲生存的28种切叶蚁中，就至少被70种已知的蚤蝇盯上了。1995年的一项研究发现，在哥斯达黎加的一个野外研究站，仅仅一个属中就有127种蚤蝇寄生蚂蚁，它们中的绝大多数只寄生一种蚂蚁。

双翅目昆虫通常在蚂蚁行进的路上追踪猎物。它们冲向猎物，往往会在蚂蚁的胸部产下一枚卵。一些双翅目昆虫使用的是尾部锋利的产卵器。如果有必要，孵化后的蛆会穿过蚂蚁头部和胸部之间的裂缝。蛆从这里向头部掘洞，那里面有大块营养丰富的肌肉，能够为蚂蚁的咀嚼式口器提供动力。小小的入侵者在蚂蚁的体内觅食，它们小心地避开神经组织，以免因破坏神经组织使蚂蚁丧失行动能力，从而失去食物来源。几周后，成熟的蛆释放了一种酶，可以溶解连接蚂蚁头部和身体的膜，导致头部脱落。无头的蚂蚁身躯磕磕绊绊地行走，被丢弃的蚂蚁头变成了一个保护囊。蛆在蚂蚁头中化蛹，大约两周后羽化为一只成虫。

在蚂蚁的头中居住期间，蛆会长到原来的几倍大，因此，蚂蚁的头必须足够大才能容纳蛆。科学家据此推测，小体形可能对蚂蚁有利，因为太小的蚂蚁很难成为双翅目昆虫的目标。但如果自然选择使蚂蚁的体形变小，双翅目昆虫可能也会变小。世界上最小的双翅目昆虫是2012年在泰国发现的纳纳宽扁蚤蝇（*Euryplatea nanaknihali*），其成虫只有0.4毫米长。“它太小了，甚至无法用肉眼看见，比一片纸的厚度还要短。”洛杉矶自然历史博物馆的布赖恩·布朗说。在一个收集昆虫的项目中，布朗在泰国岗卡章国家公园的一个马氏网陷阱（用细网眼捕捉昆虫，通过漏斗把昆虫装进有防腐剂的瓶子）中发现了它。我们还不能确定这种蚤蝇会不会捕食蚂蚁，但有一些明显的线索，比如，它尖锐的产卵器很适合完成这项任务，它最近的近亲在赤道几内亚斩首蚂蚁。 85

蚤蝇试图钻进一只蚂蚁的脑袋，唯一的原因并不是为后代寻找一个安全的避难所。在2015年的一项研究中，布朗领导的团队描述了一个残酷但令人振奋的实验：他们在巴西的野外用镊子碾碎蚂蚁，然后观察和等待。这些蚂蚁受到的伤害类似于它们与其他蚂蚁发生冲突时受到的伤害。几分钟内，一只或几只小蚤蝇到达现场，显然它们是被受伤蚂蚁散发的气味吸引过来的。找到受伤的猎物以后，蚤蝇绕着蚂蚁快速转圈，偶尔会冲进来扭一下蚂蚁的足或触角。蚤蝇似乎在评估受伤的蚂蚁是否容易接近，就像一只好奇的猫在犹豫地戳一个或许有生命的陌生物体。判断失误对蚤蝇来说可能是致命的，因为这些蚂蚁很容易就能用颚碾碎并吃掉它们。如果

蚤蝇认为蚂蚁已经彻底瘫痪，无法进行有效的自卫，那么大
胆的蚤蝇就会开始在受害者身上上蹿下跳。如果一切安全，
86 蚤蝇便用带刃的长口器在蚂蚁脖子上切出一条路。快完成的
时候，蚤蝇从蚂蚁身上下来，用前足抓住蚂蚁的颚，快速地
拖动，这么做通常能成功地把蚂蚁的头拆下来，方便拖到一
个更隐蔽的地方。在观看记录这一行为的视频时，我无法不
认为这些小蚤蝇具有意识。

你可能想知道这些勇敢的蚤蝇如何处理它们的蚂蚁战利品。只有雌蝇会进行如此病态的捕食——这一事实为我们提供了线索。在16个斩首者的例子中，没有一只的腹部有成熟的卵，而且它们不可能已经产下了幼虫，所以研究小组推测，是蚂蚁头壳里的成分使蚤蝇的卵成熟。

蚤蝇入侵蚂蚁的频率是怎样的？这取决于物种、地点和季节，而且差异很大。或许被入侵的蚂蚁超过三分之一，但我怀疑实际的比例有没有这么高，因为蚤蝇的渗透依赖于健康的蚂蚁种群。在2017年的一项研究中，科学家从巴西中北部的荒野收集了两种共89 699只蚂蚁，然后仔细检测这些蚂蚁是否携带寄生蚤蝇。在接下来的两周里，数千只蚤蝇开始从蚂蚁寄主体内羽化而出。第一种蚂蚁有1 042只被寄生（1.6%），第二种蚂蚁有1 258只被寄生（5.4%）。在非常罕见的情况下，也就是一共5例，两只不同的蚤蝇幼虫从同一只蚂蚁体内羽化。蚤蝇首选的羽化路径是最方便的路径：蚂蚁

的口器。目前人类还不清楚这些看不见的幼虫在寄主黑暗的体内是如何知道该往哪里迁移的，也许它们使用了某种化学线索。其他的出口还包括蚂蚁的腹部和足。蚤蝇羽化的时候，蚂蚁已经死了，但死亡时间并不长。一些受感染的工蚁在这些小小的外来者羽化的前一天还在心满意足地（在我们看来）
运输植物碎片。 87

护 卫

你可能会觉得，蚂蚁是任蚤蝇宰割的猎物；我向你保证它们不是。蚂蚁社会（包括数量庞大的切叶蚁）以组织和纪律著称，其中一些已经进化出了有秩序的防御机制，可以对抗蚤蝇天敌。

蚂蚁对于蚤蝇的寄生十分重要，足以引发各种各样的军备竞赛。蚂蚁展现出了它们令人惊叹的特点，一些受影响的种类并没有被动地接受蚤蝇的入侵。微小的蚤蝇像小型战斗机一样在空中盘旋，使蚂蚁感到恐慌。蚤蝇冲进去伺机在一只蚂蚁的脖子上产卵，而蚂蚁昂起头，威胁地咬着上颚。有人见过一种蚂蚁抓住蚤蝇，它把蚤蝇的头甩到背上，用颚碾碎这个不速之客。

2008年我在墨西哥访问，其间看到切叶蚁带着它们的植物战利品返回巢穴，并注意到一些小工蚁在大工蚁背部的树叶上休息。我后来才知道，科学家一直对这种奇怪而明显低效的行为感到困惑，直到1990年巴拿马史密森尼热带研究所的唐纳德·费纳和卡伦·莫斯才发现，最小的蚂蚁（搭便车的小工蚁）其实扮演着护卫的角色。

这种策略挫败了蚤蝇的通常做法：降落在一片树叶上，然后靠近载体蚂蚁的头部产卵；在某些情况下它们直接在蚂蚁张开的大颚里产卵。据说，这种小工蚁能够杀死任何胆敢
88 靠近的鲁莽的蚤蝇。一片碎叶上最多有4只护卫的小工蚁，它们都张着威胁性的巨颚，向寄生蚤蝇证明自己的凶狠。怀疑论者可能会说，小工蚁只是懒惰，但蚂蚁传奇般的无私和史诗般的能量粉碎了这种观点。

在长达1年的研究中，费纳和莫斯发现蚤蝇很少落在有小工蚁护卫的碎叶上；而那些降落在叶子上的蚤蝇，它们停留的时间会更短，产卵的可能性也更小。

自从了解了这些蚂蚁的“叶卫”行为，我一直在想，切叶蚁的防御能力是不是根植于基因中，又或者这是一种对寄生蚤蝇更灵活的反应。也许它会因地理区域而异，但我怀疑，无论切叶蚁出现在哪里，都有充满感激之情的蚤蝇试图开发它们。如果切叶蚁能够对蚤蝇的出现做出灵活反应，那么我们可能会预期，在没有蚤蝇的情况下，它们会搁置自己的防御。

2018年7月访问蒙特利尔昆虫馆时，我有机会略粗地探究这个问题。在现场展示中，有15 000只切叶蚁令人印象深刻。开放式的展品让人们可以很容易地把手伸进去触摸这些勤劳的昆虫。这些昆虫要么没有注意到附近好奇者的注视和

呼吸，要么已经习以为常了。这些蚂蚁靠得很近，我可以走过去，仔细观察从展品一端搬到另一端的碎叶。我看不到有小工蚁骑在上面。

我也没有发现这些蚂蚁中间潜伏着任何小蚤蝇。虽然它们很容易被忽视，但在一群离原住地数千英里的蚂蚁群落中，我们不太可能发现天然的寄生物。我决定去问年轻的讲解员加布丽埃勒，她刚刚为大约20名游客介绍了切叶蚁。 89

“你有没有见过小工蚁骑在由较大的同伴驮着的树叶上？”

“我听说这是一种抵御污染物的方法，但我不记得在这个蚁群中见过。”她回答说。

这个样本规模很难说是满足了严格测试的条件，但我把它当成一件支持下列假设的逸事：切叶蚁对寄生蚤蝇的防御行为是面对蚤蝇威胁的一种灵活反应。也就是说，只有在必要的时候，切叶蚁才会携带护卫。回到费纳和莫斯的研究，他们已经在10个蚁群中引入了寄生蚤蝇的实验，发现切叶蚁会调整这些“叶卫”的等级，有时候20分钟就调整一次，以应对蚤蝇的存在。

难道是寄生蚤蝇的劫掠促进了小工蚁的阶层进化？我向剑桥大学教授、研究寄生蚤蝇和切叶蚁之间关系的权威专家亨利·迪斯尼提出了这个问题。他回答说，关于这个问题，他没有听说过任何已经发表的推测。

研究蚤蝇对切叶蚁的寄生，不仅仅是出于科学好奇。尽管个头很小，但切叶蚁的数量非常庞大，是热带地区最放肆的植食性动物，因此被广泛定义为农业害虫。[*]芭切叶蚁属（*Atta*）的几个物种能在24小时内使一整棵柑橘树掉光树叶。
90 切叶蚁用树叶在地下真菌花园中种植食物，由于它们不能同时完成对付蚤蝇和收获树叶这两件事，所以蚤蝇的攻击大大减少了切叶蚁对其活动范围内的森林的影响。科学家正在研究如何利用蚤蝇促进森林再生。

蚤蝇也被用于对付入侵红火蚁，后者在北美洲南部行军，在当地没有双翅目天敌。1997年，昆虫学家从巴西引入了能斩首蚂蚁的蚤蝇。现在，美国东南部已经有5个物种成为火蚁的重要天敌。然而，引进外来物种的计划存在风险。引入以蚂蚁为目标的蚤蝇，会带来一个担忧：它们可能盯上那些没有造成生态破坏的本地蚂蚁。现在有记录表明，引入的蚤蝇也寄生了对环境无害的本地火蚁。

一些蚤蝇已经不满足于在野外攻击蚂蚁，转而袭击行军蚁的巢穴，在那里觅食或猎捕寄主。这种入侵很成功，以至于一个行军蚁群中可能会有数千只蚤蝇。这些蚤蝇似乎在模仿蚂蚁的行为，借助化学分泌物来完成它们的渗透壮举。但是，长得像寄主可能是这个计谋的重要部分，模仿相对无定形的幼虫比模仿成年蚂蚁更容易。一种没有足、没有翅膀的

---

* 我们应该记住，切叶蚁在链锯和推土机发明的数百万年前就已经在开辟道路了，它们为健康的雨林生态系统提供了许多好处，比如使土壤肥沃、透气和透光。——原注

成年雌性退足蚤蝇属（*Vestigipoda*）昆虫能够模仿蚂蚁幼虫，我们不敢相信，喂养和照料它们的行军蚁或许也不敢相信。

尽管蚤蝇最出名的是同蚂蚁的关系，但它们也有其他各种各样的猎物，它们并没有错过由蚂蚁家族中另一成功的远亲——白蚁提供的丰富机会。例如，雌蝇会欺骗白蚁工蚁离开 91
巢穴。白蚁工蚁刚刚羽化而出，蚤蝇就会在附近降落，用一根刺戳它。这根刺对白蚁施了一个神秘的咒语，它跟着蚤蝇走了很长一段路。在远离白蚁群的安全处，蚤蝇以某种方式固定住落单的白蚁，然后在它的腹部产一枚卵，盖上泥土，保护那昏迷且瘫痪的受害者。有一些专门寄生白蚁的蚤蝇，雌蝇没有翅膀，在进入白蚁群之前，与之交配的雄蝇会背着它们。

抓捕蜂鸟

我很钦佩蚤蝇攻击蚂蚁的胆识，但如果要推选双翅目昆虫中的劳斯莱斯，我会选择食虫虻科（Asilidae），也就是俗称的“强盗蝇”。这种空中捕食者身材魁梧、眼睛硕大、通常毛茸茸的，这些特征使它们成为双翅目中少见的鸟类捕食者。在很罕见的情况下，最大的食虫虻能够抓住并压倒小蜂鸟。就像狂蝇妈妈寻找合适的蚊子信使一样，食虫虻使用了一种伏击策略——先停歇在地面或低洼的植被上，再像导弹一样迅速弹开，捕捉碰巧经过的看起来合适的猎物。它们不从背后攻击，而是通过预测猎物的位置来完成拦截，类似四分卫扮演了外接手的角色。*但倒霉的目标绝没有触地时刻的庆祝，因为它可能在几秒钟内死亡（见彩色插图）。

食虫虻的穿刺性叮咬会注入毒素，使受害者迅速失去活动能力。随后，这些食虫虻会把它的颚当成吸管，吮吸液化的内
92 脏。昆虫的血液不像人类那样依靠血管流动，所以任何进入猎物身体的通道都能让食虫虻饱餐一顿。大多数食虫虻的眼睛下方有一撮硬毛。由于被捕获的猎物在麻醉唾液起作用前的几秒钟会短暂地挣扎，硬毛似乎有助于保护眼睛免受伤害。

食虫虻并不常见，但我曾在自然界中看到过许多。我住在佛罗里达州南部时经常去一个受保护的小型干燥灌木丛栖息地（博因顿比奇的西克雷斯特灌木自然区），在那里，食虫虻会季节性地大量出现。无论哪一天我走在小路上，都可能看到十几只甚至更多的食虫虻，它们大多停歇在被沙土覆盖的小路上。这些食虫虻很警惕，起飞之前很难被发现，但通常会在前方几码的地方再次着陆。有耐心的观察者可以像变色龙一样伪装自己，等走近一些再拍摄。

有一次，我碰巧注意到一只食虫虻停在一片离地2英尺高的叶子上，足以让我用双筒望远镜在它的逃离区之外观察它。我等了整整7分钟，它完全不动。这是一门耐心的艺术，尽管我和大多数人一样还有事情要做，但我还是一直等着。我见

---

* 都是橄榄球术语。四分卫是进攻组的一员，是全队的进攻核心。外接手是接传球的人，通常是比赛中最灵活的选手。下文的触地是橄榄球的一种得分方式。——译注

过食虫虻吃猎物，却从来没有见过现场的追踪和抓捕。

当然，食虫虻也有天敌，这或许可以解释某些种类的食虫虻的奇怪行为：吃蜜蜂或蜻蜓的时候，一只足悬在植被上。我不知道它们为什么这样做，但我怀疑这是一种防御蚂蚁的方式。蚂蚁总是四处乱窜，一条腿截断的可能性总要小于几条腿截断的可能性。

世界上最大的食虫虻是马达加斯加的马格南微茫食虫虻（*Microstylum magnum*），据测量，它身长5.7厘米（约2.24英寸），另一个大型竞争者的名字是巨撒旦食虫虻（*Satanas gigas*）。尽管外表令人生畏，但食虫虻并不会攻击人类。食虫虻以捕食比自己大的猎物而闻名，但我们人类的体形实在是太大了，不适合放进它们的菜单。我在一家运动酒吧与两位 93
研究食虫虻的专业昆虫学家交谈，询问他们是否被食虫虻叮过。特里斯坦·麦克奈特在亚利桑那大学昆虫系研究食虫虻，他支持昆虫学家特有的观点：

“让它咬我的唯一方法就是用手指夹住它，把它压在自己的皮肤上，但即使这样也不是永远奏效。”（这足以给食虫虻一个高尚的评分。）

喝了几口啤酒之后，他接着说：“不像被胡蜂蜇那样疼，可能是因为这并非防御性的叮咬。这只是一种制服猎物的叮咬，目的在于把唾液注入体内，唾液的作用是消化而不是刺痛。”

麦克奈特并不是唯一一位对昆虫叮咬的毒性感到好奇的

人。我通过电子邮件与他继续联系，他告诉我，他正在迫使各种食虫虻叮咬他，从而制作一个疼痛量表的双翅目延伸。这个疼痛量表主要是针对胡蜂和蜜蜂，由“刺痛之王”贾斯汀·O.施密特开发，他是亚利桑那州另一位好奇心旺盛的昆虫学家。

麦克奈特让我看了社交网站上的一篇帖子，描述了他遇到密歇根州最大的食虫虻——一种身长3.3厘米（约1.3英寸）的伟食虫虻属（*Proctacanthus*）昆虫的经历。

“它们绝不懦弱，”麦克奈特说，“我的结论是，被伟食虫虻叮咬的疼痛指数为2（在施密特疼痛量表中相当于蜜蜂的刺痛）。伤口像被针扎一样疼，然后迅速膨胀成4毫米的水疱，底部有10毫米的斑，以及令人发痒的灼伤。阵痛和隆起的水疱（在麦克奈特的照片中清晰可见）在35分钟内基本上消退了，但……整个晚上手臂又热、又红、又肿，一直持续到第二天。”我想，多亏了特里斯坦·麦克奈特这样的人，我们每
94 年才会有一个世界食虫虻日，就在4月的最后一天。

反　击

你可以想象，许多食虫虻的受害者是其他双翅目昆虫。和大多数目标一样，被攻击的双翅目昆虫也进化出了防御能力。我没有听说过关于防御食虫虻的研究，但果蝇拥有防御寄生蜂的能力。果蝇的幼虫经常被寄生蜂感染，后者用针状产卵器把卵注射到看似无助的蝇蛆体内。但蝇蛆并不会束手

就擒。在温哥华举行的一次昆虫学会议上，我观看了一段近距离拍摄的视频，视频中，身材娇小、颜色黑亮的寄生蜂用“注射器”穿过一层薄薄的糊状水果，刺向乳白色的蛆虫。作为回应，蛆采取了两种躲避行为：蜷曲和滚动。蜷曲就是迅速把身体卷成C形，滚动就是沿着身长扭曲身体，向右或向左倾斜。这两种行为都会给寄生蜂制造一个移动的目标，这时寄生蜂通常会放弃，转而寻找更容易捕获的猎物。

即使寄生蜂成功地捕获了猎物，对它来说也不是胜利。被感染的果蝇会产生一种叫“细胞包囊”的免疫反应，也就是果蝇的免疫细胞会形成一个多层的囊，把植入的卵包裹在一个坚硬的密闭外壳中。寄生蜂的卵与果蝇身体其他部分的功能非常疏离。在从幼虫到成虫的变态过程中，果蝇的内脏经历了戏剧化的重新排列，但仍然可以在腹部看到由寄生蜂卵变成的休眠的黑色椭圆块。在茧状坟墓里，发育中的寄生蜂可能死于毒素、窒息或物理陷阱。

这又是一场势同水火的军备竞赛，而拟寄生物并不会无动于衷地盯着双翅目的堡垒。小型生物世代跨度短，因而进化快，在动态的推动与反推动的过程中，适应性特征可能会 95
出现得更快。寄生蜂正在进化出抑制双翅目细胞包囊的化学毒力因子。

果蝇还有一种抗寄生蜂的方法。可能是因为它们习惯了食用发酵的水果，已经养成了对酒精的耐受性，而酒精是一种有用的对敌工具。刚喝过酒的蝇蛆不太可能受到寄生蜂的攻击，酒精甚至能杀死已经感染了果蝇幼虫的正在发育的寄生蜂。小果蝇似乎也知道这一点。埃默里大学的托德·施伦克研究了这一现象，他指出："被感染的蝇蛆积极地寻找含有乙醇的食物，这表明它们把酒精当成一种抗寄生蜂药物。这些小果蝇，也就是在果盘里的棕色香蕉上盘旋的果蝇，正在做一个复杂的决定——根据体内是否有寄生物，来决定摄入多少酒精。"

成年果蝇也参与到竞赛中来。被寄生的几种果蝇的雌蝇会优先将卵产在含有酒精的食物上，从而帮助自己的后代。未被感染的雌蝇则不采取这种"预防性亲属治疗"。雌蝇通过视觉（而非嗅觉）辨别寄生蜂，它们只在接触了雌性寄生蜂（最长4天内）的时候才会对酒精感兴趣，接触温和的雄性寄生蜂时则不会。

这种现象符合"自我药疗"的四个科学标准：

1. 故意接触有问题的物质，在这里是酒精；

2. 该物质必须对一种或多种寄生物有害；

96 3. 对寄生物的有害影响必然导致寄主的适应性提高；

4. 在没有寄生物的情况下，该物质对寄主有一定的伤害。

最后一条确保了果蝇对酒精的偏好不仅仅是一种饮食选择，让这一标准更加严格。目前已知的能够自我药疗的昆虫只有蜜蜂以及少数的蝴蝶和飞蛾。这种现象在脊椎动物中更普遍，以至于拥有了一个单独的名字：动物生药学

（zoopharmacognosy）——源自希腊语中的zoon（动物）、pharmakon（药）、gnosis（知识）。然而，还是有人质疑果蝇是否知道自己在做什么，以及为什么要这么做。

在果蝇身上，对拟寄生物的防御至少还有另一个有趣的发现。达特茅斯学院盖泽尔医学院的研究者发现，当成年果蝇受到寄生蜂的威胁时，会快速摆动翅膀向其他果蝇发送警告信号。果蝇非常害怕寄生蜂，以至于当它们发现对方的时候，会通过减少产卵来降低未来损失。即使从来没有遇到过寄生蜂的果蝇，在听到同伴发出的警告性哀鸣之后也会减少产卵。和果蝇亲缘较近的双翅目昆虫会发出稍微不同的警告声，就像鸟类会学习一起觅食的其他物种的警告声一样，果蝇也会学着识别临近物种的警告方言。“物种间的社会化可以缓解方言的障碍，否则信息就会在翻译中丢失。”研究作者巴林特·考乔说。

如果无法避免身边的捕食性胡蜂，何不索性模仿它们？数千种双翅目昆虫已经因为胡蜂和蜜蜂而进化出了“分身”的能力。除了要瞒过会叮咬它们的敌人，这种模仿能力还可以击退更大的捕食者（比如乌鸫或霸鹟），这些捕 97
食者害怕被蜇所以不敢靠近。很多模仿者并不满足于看起来像年老的蜜蜂或胡蜂。北美洲的双翅目昆虫能模仿黄胡蜂、白面长黄胡蜂、蜾蠃和姬蜂（见彩色插图中的一组对比照片）。恰当的行为会加强这种错觉。在厄瓜多尔时，斯蒂芬·马歇尔遇到了一种未被命名的食蚜蝇，它正在一片溅满蜜露的叶子上探索，旁边有一群几乎一模一样的无刺蜂。马歇尔指出，食蚜蝇会通过做一些像蜜蜂而不像双翅目昆虫的事情来增强模仿能力，比如在飞行中摆动后腿。

你可能已经注意到了，本章明显漏掉了一种寄生类双翅目昆虫。我指的这种双翅目昆虫有特定的饮食目标——血液。吸血双翅目昆虫对人类及人类捕食的其他生物非常重要，因
98 此值得专门写一章。

第五章　吸血者

灵魂缺乏耐心的人
该有多么可悲
他在打苍蝇的时候
也在狠狠地打自己

——佚名

双翅目昆虫是最具侵扰性的昆虫，因为它们喜欢分享我们的家园，入侵我们的身体（更别提它们还会传播致命的疾病，这一点我们将在第十章中讨论）。尽管已经取得了很多令人厌烦的成就，但最令我们讨厌的是它们窃取血液的特殊习性。双翅目昆虫的嗜血性不仅激发了诗人的灵感，也激发了我们击退、驱逐和杀死它们的欲望。

猎取人血的双翅目昆虫属于一种少有的生态类别：受益于人类的物种。人们普遍认为，现代人类在地球上的存在对大多数物种有害。城市扩张、气候变化、生物多样性丧失、第六次大灭绝迫近——这些都是人类世的负担。不过，人类的皮肤总

99 面积大于12 000平方千米（约4 633平方英里）*，为吸血生物提供了全球最大的单一物种摄食地，只有牛和山羊能与我们匹敌。

我想知道，在人类和双翅目昆虫的互动中，每天会发生多少次挥手、抽打、击打、吹飞、拍打，无论是出于愤怒还是随意。可以肯定的是，自从人类（包括我们的近亲直立人、能人和南方古猿等）在地球上行走以来，蚊子和其他吸血双翅目昆虫就一直困扰着人类。在1799年到1804年的南美洲探险中，亚历山大·冯·洪堡和他的同伴、法国探险家艾梅·邦普兰忍受着长期的叮咬，以至于皮肤肿胀、瘙痒。简单的呼吸就会把昆虫吸进嘴巴和鼻子，所以他们不停地咳嗽和打喷嚏。负责收集植物的邦普兰躲在当地人的“奥尔尼托”（用作烤箱的无窗小室）里，高温和烟雾总好过待在外面被蚊虫叮咬。

你不需要成为探险家就能知道吸血双翅目昆虫有多么烦人。大多数人都遇到过狡猾的蚊子，许多人也听说过蚋、蠓、斑虻和虻。它们是如何在大胆且看似危险的生活方式中取得
100 成功的？我们来看一看。

胜利女神

“胜利女神”这个名字源自D. H. 劳伦斯1923年的一首诗

---

* 人体皮肤的平均表面积大约是1.75平方米。70亿人的皮肤表面积就是122.5亿平方米。1平方千米等于100万平方米，所以地球上人类皮肤的面积为超过12 000平方千米。1平方英里相当于2.59平方千米，所以地球上人类皮肤的面积超过4 633平方英里。——原注

《蚊子》。这个标签很合适。目前已被描述的蚊子大约有3 568种，分布在除南极洲以外的所有大陆。在任何时刻，地球上的蚊子大约有110万亿只，也就是说平均每个人对应着大约15 000只蚊子。在访问蒙特利尔昆虫馆时，我了解到仅仅在魁北克就有57种蚊子！幸运的是，它们中的绝大多数不吸人血；而即使吸人血的蚊子，也只有雌蚊才吸血。考虑到蚊子无处不在，这只能算是小小的安慰。

“蚊子”（mosquito）一词源自西班牙语，意思是“小蝇”。在与蚊子的对话中，劳伦斯猜测它的长腿能帮助它更轻柔地着陆：“你落在我的身上时像空气一样轻，/站在我的身上时仿佛没有重量……”虽然有许多体形更小的双翅目昆虫，但蚊子的纤细身躯可能是为了以最小的力度降落在猎物身上。身体轻盈还有一个好处：当油箱装满之后，能减少压舱物。

总的来说，蚊子非常成功地实现了这一目标。一篇宣传宝洁公司家用灭虫器Zevo的文章称，美国每年大约有160万加仑的血液被蚊子吸走；不过我要提醒的是，广告商都以夸张著称。*得出下面这个结论的人既可以说是勇敢，也可以说是愚蠢：在阿拉斯加的内陆地区，面积为56平方英寸的人体 101
前臂区域每小时可以被蚊子叮咬280次。这只是估计，他们一定是从时间较短的采样过程中推断出来的——听到这里你

* 我们不应该急着得出结论，认为这些灭蚊器是有效的防蚊设备。你需要知道，研究已经多次发现它们不仅无效，甚至可能有反作用。——原注

可能会松一口气。下面这个事实会让你更放松一些：除非身体某处被20万到2 000万只蚊子叮咬，否则你不会死于失血。那相当于身体的每寸皮肤都被叮咬几百次。

雌蚊是如何做到的？它们的吸血尖端是进化工程的一个奇迹。可见的口针中间隐藏着一组刀刃、针和管，它们协调工作，穿透你的皮肤，撕裂你的血管，注入含有血液稀释剂的唾液，吸血，然后完成任务，撤回所有的设备飞走了。按蚊属（*Anopheles*）的成员用一对往复的锯片穿透皮肤，相对滑动的锯片就像一对电刻刀。

无论人们多么憎恨蚊子的行为，都可能对这样的动物怀有几丝钦佩，因为它们的任务就是接近一只有知觉的、高度警惕的大型哺乳动物，用针刺它并在它的身上吸血。蚊子的飞行速度通常只有每小时3英里，这对它们没有帮助。蚊子还会发出极其恼人（我们假设对其他寄主也是如此）的嗡鸣。（提示：在第八章中讲双翅目昆虫的交配习性时会更详细说明这一点。）如果有一天蚊子发明了消音器，那一定是个伟大的日子。

地球上的蚊子数量庞大，这表明其吸血的生活方式显然是成功的——尽管存在危险。它们的成功可能主要归功于它们会繁殖大量的后代，而不是成虫的长寿。根据一项研究，在韩国的一片稻田里，每平方英尺的水里可能有超过1 390只库蚊属（*Culex*）的幼虫。我很自然地注意到，这导致了一种令人担忧的可能性，即从理论上来讲，一片稻田繁殖的蚊子

可能比长出的米粒还多。我们要感谢食蚊鱼、泰国斗鱼等以 102
蚊子为食的动物在稻田和有蚊子出没的其他地方大肆劫掠。

蚊子的庞大数量也得益于它们在临时的水生栖息地产卵的习性。蚊子的水生幼虫以前只能生活在临时形成的水坑和相对罕见的树洞中，现在，它们很容易就适应了生活在轮胎、水桶、花盆、啤酒罐等盛水容器中，甚至还包括领洗池。塑料垃圾也极大地扩展了这些昆虫的繁殖空间。

除了偶尔出没的掠食性甲虫，这些生态位几乎没有捕食者。蚊子也有耐干旱的卵，它们喜欢在保留着前几代幼虫气味的土壤上产卵。这种气味能够持续很多年，有活力的卵可以在干旱的年份累积，然后在潮湿的年份一次性孵化。

相比于繁殖幼虫的能力，更麻烦的是它们追踪我们的能力。蚊子使用了一系列线索，因此对我们的运动、体温、气味、汗液中的水蒸气和呼吸中的二氧化碳都很敏感。（我尝试过在树林里徒步时屏住呼吸。结果很不确定，效果顶多是暂时的。）蚊子也吸食刚死不久的动物的温血。蚊子甚至有特殊的感觉结构，可以探测到寄主发射的红外光谱。红外光昆虫陷阱正是利用了它们的这种能力。发出的红外光被水反射，从而帮助蚊子识别潜在的繁殖区。

无论蚊子如何找到人类，我们中的一些人似乎比其他人更容易被找到。也许你曾听到某个人带着骄傲和埋怨的语气
说，他们特别招蚊子；也许你认为自己就是一块“吸蚊石”。 103

根据1966年的一项研究，男性似乎更吸引蚊子。也有证据表明，蚊子会被穿深色衣服、运动、出汗和喝啤酒的人吸引。所以下次在蚊子横行的地方，你要穿白色的衣服，鼓励你的伙伴多做运动，运动完再多喝一杯啤酒。

有一种观点不知为何流传了起来：醉酒的人的血液可以让蚊子喝醉。几乎没有证据支持这一说法，或许是因为最终进入蚊子体内的酒精含量微乎其微。这些叮人的小虫还会把杂质分流到一个单独的消化囊中，由体内的酶把杂质分解。

无论是男人还是女人，无论喝不喝酒，“吸蚊石”都应该果断地抽击蚊子。最近对专吸人血的埃及伊蚊的一项研究发现，它们会记住被猛击时的狂暴体验和相关的气味，并在之后寻找更安全的猎物。研究者使用小型飞行模拟器、迷你风洞以及人类、老鼠和鸡的气味对这些昆虫进行测试。

当偏爱的猎物（无论有没有吸引力）不可得，会发生什么？研究表明，在必要的时候，专吸人血的蚊子会把注意力转向狗或牛等动物；可一旦有机会，它们就会被吸引回人类身上。蚊子对寄主的挑剔合情合理，因为对于一些寄生性双翅目昆虫来说，以什么样的寄主为食很重要。偏好鸟类的致倦库蚊（*Culex quinquefasciatus*）的营养需求可以通过吸鸟类或哺乳动物的血液来满足，而只吸鸟类血液的蚊子比只吸哺乳动物血液
104 的蚊子有更高的繁殖力（产卵）和生育力（繁殖成效）。

蚊子幼虫——孑孓的进食方式与地球上最大的动物须鲸

相同。它们都是滤食动物，过滤进食物，并让过滤后的水回流。孑孓也像鲸鱼一样用头顶的呼吸管在水面上呼吸，它们目光敏锐，对危险的警惕性毫不亚于成年蚊子。许多好奇的博物学家观察发现，一看到头顶有移动的物体或影子，孑孓就会潜到水底。

只有雌蚊才有吸血的口器，对它们来说，吸食血液主要是为卵提供蛋白质来源，而不是为了自己的营养。雄蚊寻找花蜜和其他植物糖分，一些雌蚊也用这些糖补充饮食。有些种类的雄蚊的确会接近人类或其他温血动物，但它们不会吸血，只是在等待饥饿的雌蚊与之交配。否则，大多数种类的雄蚊都会聚集在一起。

科学家更感兴趣的不是蚊子带走的红色物质，而是它们注入我们体内的液体。蚊子的唾液含有抗凝剂，有利于虹吸；如果没有血液稀释剂，吸血就不可能完成——血液稀释剂可以防止蚊子的口针淤血。你可能没有注意到，随着蚊虫叮咬的季节一天天过去，我们大多数人对蚊子唾液的反应越来越弱。这是一种免疫反应：暴露越多，反应越少。

蚊子的内脏中有许多宽敞的憩室，这是一种有分支的囊袋，可以让昆虫一次性摄取并储存大量的食物。你的不速之客可能会在进食的时候挤出一滴或几滴浅红色的尿液，其中大部分是水，以获得更浓缩的血液。一只蚊子能够吸相当于体重2到3倍的血液，但即便如此，血液含量也不过是五千分

105 之一毫升（一茶匙的千分之一）。如果蚊子侥幸逃脱了，请放心，你可能为蜥蜴或蜘蛛提供了下一顿美餐。[*]

蚊子叮咬后的瘙痒源于留在犯罪现场的唾液蛋白。如果蚊子只给我们留下唾液，其实并不会造成任何问题。蚊子的刺吸式口器很小、很干净，几乎不会只通过唾液污染就传播流感病毒或艾滋病病毒。严重的蚊传病毒已经进化出了避开蚊子消化道的特殊方法，这些病毒在唾液腺中繁殖，通过蚊子的叮咬传播。我们之所以如此密切地研究蚊子，并不是因为叮咬本身，而是因为它们传播的致命疾病。有不少专门研究蚊子的期刊。在康奈尔大学图书馆，我发现了《蚊虫分类学》《蚊类新闻》《美国控蚊协会期刊》以及一本收录了从1896年到1956年论文的影印合集。

关于蚊子，我发现最令人费解的一点是，尽管我们似乎有压倒性的优势，但它们依然能战胜我们，或者至少能够成功从我们的手中逃生。半夜被一只困在房间里孤身作战的蚊子折磨得痛苦不堪时，我会直接放弃抵抗。我抓不住攻击者，也不愿意开灯让自己失去睡意，或者展开一场凶狠的追杀。
106 我一直等着蚊子落在我的皮肤上，大吃一顿。等它满足了，对我没了兴趣，我就可以安心睡觉了。也许吧！

---

* 蚊子有很多天敌，包括水黾、水生甲虫、蜻蜓、蚂蚁、鸟类、蝙蝠、蜥蜴和青蛙。它们也有属于自己的寄生虫，比如被饥饿的孑孓吃掉的线虫。这些小寄生虫很快就会长到寄主的4倍长，并从内部耗尽寄主的身体。从寄主的体内离开后，它们给寄主留下一个空壳。——原注

叮人的小虫

除了蚊子已经取得的众多胜利，吸血双翅目昆虫中还有不少奇迹，有些比蚊子小得多。其中最多样化的是蠓，它在北美洲有各种更常见的昵称，包括沙蚊、“看不到”（no-see-ums）和朋克（punky）。世界上已知的蠓超过6 200种，其科名Ceratopogonidae源自希腊语中的keratos（角）和pogon（胡须），指的是雄性竖立的触角羽毛。当雄性没有向雌性求偶时，雄性触角扁扁的，看起来就像是毛茸茸的角。

但吸引我们的不是有角的雄蠓，而是嗜吸人血的雌蠓。在一项关于新热带蠓的研究中，已知的266种库蠓属（*Culicoides*）物种中有70种吸人血。幸运的是，只有少数几种是重要的害虫，比如蛉库蠓（*Culicoides phlebotomus*）、穿透库蠓（*Culicoides insinuatus*）和伪魔库蠓（*Culicoides pseudodiabolicus*）。

在所有的叮咬昆虫中，蠓的食性是最多样的。那些追踪脊椎动物的蠓拥有很宽泛的食谱，包括许多哺乳动物、鸟类、爬行动物和两栖动物，以及至少一种鱼——在空气中呼吸的马来西亚弹涂鱼。其他的蠓则寻找更小的食物，包括蜻蜓、豆娘、草蛉、飞蛾或蝴蝶的翅脉，或者螽斯、竹节虫、大蚊、蜘蛛、蝽或毛毛虫的其他部位（见彩色插图）。和蜱虫一样，蠓的腹部吸血后会膨胀到正常大小的许多倍，它们的足、头

107 和胸看起来像是粘在长毛的爪上。

在一次线上采访中，阿特·勃肯特（我们稍后会更了解他）展示了一幅照片，照片中的蜻蜓翅膀上点缀着大约170只蠓。勃肯特认为，这些小型吃白食者从大型昆虫寄主那里得到的不仅仅是一顿饭。

“我认为蜻蜓可能是蠓的有效传播媒介，”勃肯特告诉我，“有些蜻蜓能从出生的池塘飞到100千米（约62英里）远的地方。这对于在水生栖息地繁殖的小蠓虫来说简直就是特价机票。”

至少它们的目标能够多活一天。有些蠓捕食与自己体形相当的昆虫时，会采用更致命的方法。一只雌蠓会飞到一群非叮咬性的雄蠓之间，抓住一只，然后往它体内注射一种溶解酶，吸出它的内脏。另一些则更直接地同种相残，雌性会在交配的时候吃掉配偶。“致命女郎”会在交配过程中刺穿雄性，通常是刺穿雄性的头部，再注射酶来使雄性液化，然后吸干它。当“致命女郎”扔掉旧情人的干瘪外壳时，它的生殖器仍然被雄性的生殖器紧紧地锁住，结果形成了一个有效的屏障，阻止了未来的求偶者。说好的海誓山盟呢?!

大多数蠓会在逃跑前花2到5分钟吸血。有些会慢一点，需要5到12分钟。按照这个速度，它们似乎更有可能被发现，从而直面死亡。但许多种类的蠓体形极小（它们被称为“看不到”并非没有原因），很难被发现。很多蠓可以穿过毛发和皮毛，加拿大小说家玛格丽特·阿特伍德证实了这一点。阿特伍德的昆虫学家父亲在魁北克省北部和安大略省北部工作，她这样描述自己早年在荒野中度过的时光：

> 在树林里，穿裤子并不是为了扮成男孩子，而是因
> 为你如果不穿裤子，如果不把裤子塞进袜子里，你的腿
> 上就会招来蚋。它们在你的身上钻个小洞，再注入抗凝 108
> 剂。整个过程中你感觉不到它们的存在。当你脱掉衣服，
> 才发现自己浑身是血。

不幸的是，这种麻痹作用是暂时的。随着时间推移，蚋和其他蠓的叮咬就会留下硕大无比、瘙痒异常的疤痕。对于北方人来说，好的一面是，温带的蠓并不会像它们的热带表亲那样传播致命的疾病。蚋不一定嗜血；雌雄两性的蚋都会摄食花蜜、花粉以及蚜虫等昆虫分泌的蜜露。但在加拿大的蚋季，你感受不到这一点。

和它们的近亲蚊子一样，蚋一直生活在水里，直到羽化为会飞的成虫。生活在溪流中的幼虫用钩子附着在丝线上，而丝线贴在岩石上，捕食者也潜伏在这里。一些蚋的幼虫有一个巧妙的逃生选择：它们把自己悬挂在固定的丝线上，暂时漂向下游，从而躲避捕食者。一旦安全了，它们就会顺着丝线爬回去。

蛹没有这样的逃生机制，它们粘在水下的岩石上，许多就此成为肉食性舞虻幼虫的猎物。一些舞虻幼虫甚至会把空的蚋蛹当成自己的化蛹室。没有被发现的蚋成虫会兴高采烈地漂浮在一个气泡中，直到气泡射出水面并裂开，一只有翅膀的成虫羽化而出。

蛙　蠓

109 一种特殊的蠓选择了一个奇怪的目标：蛙（见彩色插图）。在谈到蛙和双翅目昆虫的时候，通常我们会认为双翅目昆虫是蛙的大餐。但对于蛙蠓［蛙蠓科（Corethrellidae）］来说，蛙在双翅目昆虫的餐桌上——尽管不是致命的。

如果你想了解蛙蠓，阿特·勃肯特是最好的人选。我在于温哥华举办的加拿大昆虫协会和美国昆虫协会的联合会议上认识了他。勃肯特对双翅目昆虫的热情根深蒂固，他从13岁就开始捕捉和饲养蠓的幼虫。他说，正是这个兴趣使他在寻找未来女友时站在一个错误的起点。

勃肯特的正式工作是皇家不列颠哥伦比亚博物馆和美国自然历史博物馆的研究员，但他也做一些没有报酬的独立工作。勃肯特对自己选择的领域有一种富于感染力的热情，在谈论双翅目昆虫的时候，他显得兴致勃勃。他和妻子安妮特都是勇敢的探索家，安妮特陪伴（并资助）了他的大部分野外旅行。1993年，他们带着三个孩子坐上一辆挂着小拖车的老式沃尔沃旅行车，从不列颠哥伦比亚开车前往哥斯达黎加。孩子们在当地学校上学的时候，勃肯特花了9个月时间在野外研究蠓，尤其是蛙蠓。安妮特几乎为勃肯特的所有论文提供了技术支持；其中一篇论文描述了2001年前往西澳大利亚州的一次为期7周的考察，目的是寻找一种罕见的蠓。当几只小蠓在安妮特的眼皮和脸颊上用餐时，他们近距离地拍下了这一幕。

现在，蛙蠓已经有113种被描述（我开始研究本书时只有97种）。根据有限的采样和新种率，估计至少还有500种未被发现。它们主要分布在热带地区；最北的分布地加拿大只有1种，而最南的分布地包括阿根廷布宜诺斯艾利斯和新西兰。

20世纪70年代中期以前，世界各地只有几十个蠓虫标 110
本，人们对它知之甚少。当时，美国昆虫学家斯特吉斯·麦基弗正在佐治亚州展开实地研究时突发奇想，采用了完全不同的研究方式。

人们早就知道，有一种食蛙蝙蝠通过窃听蛙的叫声来寻找猎物。由于预感蛙蠓可能也会做同样的事情，麦基弗在田野里播放了预先录制的蛙叫声。“他收集了成桶的蠓。”勃肯特告诉我。通过在陷阱（一个吹向网的电风扇）上方播放录制的蛙叫声，一个晚上就可以收集到许多标本。在第一次尝试中，麦基弗和一位同事在30分钟内捕获了566只蠓。突然间，生物学家有了一种工具（盒式磁带录音机），能够收集和记录一个世纪以来始终默默无闻的一群蠓。这种蛙叫陷阱只抓到过雌蠓。显然，那些不吸血且难以捉摸的雄蠓，要么是听不见，要么就是对蛙的叫声不感兴趣。

一旦通过“来电显示”发现了合适的蛙，蠓就会偷偷接近猎物。蛙每次鸣叫时，蠓都会短暂地飞起来，然后当蛙沉默时它就着陆，在下一次鸣叫时继续起飞。它的股骨中段相对较厚，有利于跳跃。只要进入蛙附近一英尺左右，蠓就从探测蛙的叫声转换成探测蛙呼出的二氧化碳。如果蛙在陆地上，蠓就会朝它飞过去；如果蛙浮在水中，蠓也会上下浮动飞行，优雅而随意地掠过水面，直到落在寄主身上。一旦吸饱了血，这只大腹便便的蠓就会摇摇摆摆地离开蛙的身体，它太重了，根本飞不起来。它必须从腹部的血液中过滤出足够多的水分，然后才能轻盈地起飞。

我们不知道蠓通过什么机制听到蛙的叫声。一个很大的可能是，它们通过江氏器完成这一切——这是一组位于蠓的
111 羽毛状触角根部的神经元，能对单根毛的偏转做出反应。人们认为这些器官可以探测到由声音引起的微妙空气振动。蠓的触角非常敏感，能对小于千分之一度的偏转做出反应，每厘米移动大约经过了6万次偏转。

除非被蠓淹没，否则它们的叮咬一般不会对蛙造成危险。一项研究估计，一只小蛙可能在一小时内因为大量的蠓叮咬而失去总血量的近三分之一。一些蛙蠓，也可能是所有的蛙

蠓，会在蛙之间传播锥体虫——这是一种原生动物，就像蛙蠓一样，与蛙存在一种古老的联系。亲缘较近的锥体虫在非洲使人患昏睡病，在南美洲使人患查加斯病，但我们不知道这种寄生物对蛙来说是不是致命的。

然而，蛙并没有被动地接受虐待。受到攻击时，它们会轻拂、摩擦或猛击身体上的蠓。蛙的皮肤还会分泌多种化学物质，其中一些几乎可以肯定是为了阻止吸血双翅目昆虫进化出的结果，主要是为了阻止蠓。勃肯特认为，成群的蛙也可能会迷惑蠓类。一些雄蛙忍住不叫，在发声者附近站岗，希望拦截接近的雌蠓。有些蛙的叫声超过了4 000赫兹，高于蠓的听觉敏感度。还有一种对付蠓的策略是远离蠓繁殖的地方，包括有蠓生活的高海拔地区。当蛙的部分身体淹没在水里的时候，直接引吭高歌也可以减少脆弱表面的暴露。

一个更近期出现的适应性可能是迁往城市定居。生活在城市的雄蛙已经发展出了相对复杂的叫声，对雌蛙更有吸引力。对蛙来说，发出这样的叫声是一个两难的选择，因为这对蠓也更有吸引力。但在城市环境中，叮咬性的昆虫和肉食性的蝙蝠要少得多。当这种城市蛙被科学家迁到乡村时，它们会通过简 112
化叫声来降低在敌人面前的脆弱性。而乡村蛙迁到城市后，却无法使叫声变得更生动。

蛙并不是唯一会唱求偶歌曲的动物；蛙蠓也有自己的“歌”，它们通过快速振翅发出声音，从而吸引配偶。这提出了一个关于起源的问题：蠓是先进化出了求偶歌曲，然后把听觉技能应用于探测蛙，还是它们从窃听两栖动物过渡到吸引配偶？选择一个器官来执行次要功能在自然界中是普遍存在的现象，就好比我们的舌头最初是为了品尝东西而进化，然后才开始具备更强大的语言功能。对许多哺乳动物来说，尾巴既是信号装置，又是苍蝇拍。各种鱼类会把鱼鳔当成发声器官，而它进化的目的是协助漂浮。相比于用来窃听蛙，蚊子中有几个科的物种以及蠓会更广泛地把声音用来交配。我的直觉是，蠓听配偶的声音早于听蛙的叫声，而这个寻找配偶的技巧后来被用于寻找蛙。

叮咬恐龙

对双翅目昆虫来说，吸血不是什么新鲜事。各种证据表明，至少从白垩纪早期开始，蛙蠓就已经在猎食会叫的蛙。最古老的蛙化石记录大约出现在2亿年前的侏罗纪早期，而最早的蛙蠓化石可以追溯到1.27亿年前的一块黎巴嫩琥珀。蛙蠓的
113 姐妹群（幽蚊和蚊子）中丰富的化石记录以及关于双翅目昆虫和蛙的解剖证据表明，这些蠓与其寄主的关系至少已经持续了1.9亿年。

也许从那时开始，这些小虫子就一直在追踪更大的猎物？它们会追踪恐龙吗？勃肯特向我描述了他对保存在琥珀中的蠓的一项调查，结果与电影《侏罗纪公园》的情节颇为

相似。

在20世纪70年代的研究中，加拿大农业及农业食品部的昆虫学家安东尼·唐斯注意到一个规律：相比于猎取较小猎物的蠓，那些猎取大型动物的蠓的上颚（口器的切割附件）有细密的牙齿，下颚须（与嘴相连的一对类似触角的感觉附件）的感觉毛更少。这些感觉毛的作用相当于二氧化碳探测器。

“可以推测，它们不需要很多感觉毛就能够嗅到巨兽的气味，”勃肯特告诉我，“而嗅出小老鼠或小鸟的气味就比较困难。在7 800万年前的加拿大琥珀中，吸饱了血的蠓并不罕见。”勃肯特补充说：“我检查过的一些蠓化石中很少有感觉毛——这充分表明它们追踪的是巨兽。当恐龙主宰大地的时候，没有别的大型哺乳动物会缓慢前行，因此这些蠓很可能就是鸭嘴龙和霸王龙的天敌。”

保存下来的血液有生命力吗？这里的核心问题是DNA有没有被保存下来，也是电影《侏罗纪公园》上映时的一个热门话题。电影改编自迈克尔·克莱顿1990年的书，它的前提就是，保存在琥珀中的吸血双翅目昆虫胃里的DNA能够永世存活。令人失望的是，后来的研究表明，即使在理想条件下，DNA也会在100万到200万年内完全分解。

也许还有其他方法可以让恐龙有血有肉地复活，但吸血 114
双翅目昆虫似乎不可能发挥什么作用。

为事业而被咬

蚊、蚋和蠓可能是吸血双翅目昆虫中最臭名昭著的成员，但它们并没有垄断市场。除此之外，还有体形更小的咬虫，以及体形更大或行动更快的咬虫。一些吸血双翅目昆虫已经深深地融入了寄生的生活方式，变得不那么像双翅目了。

为了本书的研究，我决定做一个小小的牺牲，让一只虻叮咬我。我有很多次感觉到被虻咬了一口，可是我一旦发现它的身影，就不允许它继续用餐。这种短暂的邂逅让我明白了，虻叮咬的疼痛与它的大小成正比。所以我想，虻很难成功地在人类身上取食，因为我们的皮肤很敏感，我们的手能够在身体表面的任何地方随意拍打。难怪它们很容易受惊，常常刚降落就起飞，如果冒犯者的手靠近，它们通常也会迅速离开。

一个炎热的7月天里，我终于在安大略省奥里利亚北部找到了机会。那只长着翅膀的攻击者相对于虻来说很小，但大小仍然是盘旋在我头顶的斑虻的2倍。这只虻开始在我的右小腿上活动时，我发现了它。等到它的口器往我的脂肪里钻了大约1毫米的时候，我感觉到了疼痛，但没有想象中那么疼。吸了大约2分钟后，它收回口器，移动了1厘米，然后又开始钻孔。第一个伤口上出现了一个小血斑。它在第二个位置喝
115 饱了，又去了第三个位置，我就这么看着、等着。它的腹部

快速抖动着，眼睛在太阳直射下闪烁着斑斓的绿光。它从尾部喷出一团液体，就像蚊子浓缩血液时所做的那样。第二处伤口的血开始从我的腿上滴下来，它厚脸皮地准备钻第四个洞时，我放弃了，把它轰走了。

总而言之，这是一段平凡的经历。从1到10，我认为被它叮咬的疼痛指数大约是4。它没有留下瘙痒的痕迹，所以我认为其不愉快程度小于被蚊子叮咬。

一周后，我在安大略湖里浮潜，在岸边休息的时候，我抓住了一次机会，招待了另一种常见的有翅膀的吸血者：厩螫蝇（见彩色插图中的一组对比照片）。任何想要磨炼反应能力的人都应该花时间跟这些狡猾的叮人小虫待在一起，我推荐去牧场——厩螫蝇就是因此得名，或者去仲夏的海滩，这些都是它们经常出现的地方。厩螫蝇的外表和它们的近亲家蝇类似，无论是雄性厩螫蝇还是雌性厩螫蝇都会吸血。它们用一个刺刀状的硬喙取食，尖锐的喙尖排列着牙齿。厩螫蝇的速度惊人，相比之下，家蝇显得很迟钝。厩螫蝇反应迅速，很难被打死，（部分）是因为它们不像蚊子那样把口器深深插入猎物体内。相反，它们锯齿状的喙尖停在猎物的皮肤表面，可以瞬间逃脱。如果遇到一只厩螫蝇，你可能会有更多的机会欣赏它，因为被它咬一口不会引起剧烈的疼痛，而最猛烈的拍打也几乎不能阻止它们再次攻击。

这只特别幸运的厩螫蝇不受干扰地进食，与虻一样，它带

来的疼痛逐渐减轻。也许这是一种心理作用：当我们鼓起勇气去承受疼痛时，疼痛就会减轻；如果突然发现一只厩螫蝇
116 把口器插进我们的身体，疼痛就会被放大。然而，人类对烫伤痛的研究发现，当我们预料到疼痛时，疼痛会增强。我希望有一天某些寻根究底的双翅目昆虫学家能来验证我相反的假设。

如果要举出与这种速度极快的厩螫蝇相反的例子，我会提名2018年我在怀俄明州布里杰国家森林的格林河附近参加5英里徒步时遇到的一个物种。我和我的同伴遇到了许多喜欢吸血的灰黑色双翅目小虫。后来我辨认出它们是合鹬虻，属于鹬虻科（Rhagionidae）。最令我震惊的是，这些嗜血的伙伴几乎完全无视我的防御。当时，出于对生命的敬畏，除非受到持续的攻击，否则我不会杀害昆虫。但它们坚决不离开，因此过了一会儿我开始消灭一些。我惊讶地发现这很容易做到，我可以漫不经心地用拇指和食指捏住一只，既不需要隐蔽，也不需要速度。我立刻就对此充满兴趣，用同样的方法小心地把还在不停扭足的它们捡起来。当它们在我的皮肤或衬衫上小跑、寻找觅食的好地点时，我也可以用指尖轻轻地夹住它们。我允许一只合鹬虻把它的喙伸进我的肉里放了几秒钟。我发现，用手指推它并不会让它松开，必须强力将它驱逐。我想知道，它们对待生死的“无为”态度是否是整个物种的特点，抑或是出现在这个特定地点和特定日期的虫子不知怎样地被吓呆了。于是我请教了一贯乐于助人的吸血双

翅目昆虫专家阿特·勃肯特。

“鹬虻很笨，”他说，“你不需要拍打，只用一根手指就可以慢慢把它们压死。我认为这源于它们的本地寄主（鹿）不会或不能拍打它们。但我的观点不一定对。”几个月后，勃肯 117
特给我发邮件说，他刚从新西兰回来，体验了“新西兰南岛西海岸可怕的蚋（当地人称之为“沙蝇”）”。勃肯特在邮件中说道：“它们也像木头一样呆，这可能是因为它们在进化过程中没有受过哺乳动物的攻击。（在13世纪晚期人类到来之前，新西兰没有大型哺乳动物。）在毛利人[*]杀光恐鸟之前，恐鸟一定散发着恶臭。”

拍打一只蝙蝠蝇或一只虱蝇并不困难，但前提是你要遇到它们。这不太可能，因为它们的生活方式很隐蔽。我在野外研究蝙蝠的时候，只看到过一两次蝙蝠蝇。

许多蝙蝠蝇不会飞，还有些蝙蝠蝇没有翅膀。毕竟，当有翅膀的寄主能替你飞行时，你又何必自己费力呢？只有经过详细的研究，这些奇怪的昆虫才能被识别为双翅目昆虫。斯蒂芬·马歇尔解释说：

“雄性和刚羽化的雌性是外观正常、翅膀完整的蝙蝠寄生物，但（一些）雌性一旦找到寄主，就会经历非常离奇的转变。在达到合适的寄主之后，雌性就会开始挖洞，完全钻进

* 新西兰境内的原住民。——译注

蝙蝠的皮肤下，失去翅膀和足，同时腹部膨胀得很大，彻底包裹住头和胸部。只要被裹进了蝙蝠的皮肤下，雌蝇就会变成一个吸血袋，里面装着正在发育的幼虫。很难辨认出它是一只昆虫，更不用说认出它属于双翅目了。”

只有雌性蝙蝠蝇身体的末端才能伸出蝙蝠的皮肤，让“蝇”能够把一只在子宫中成熟的大型幼虫排出去。肥胖的蛆掉下来，落地后几乎立即化蛹，几周后羽化出来，完成生命周期。在母亲的精心养育下，一只蝙蝠蝇的幼虫最终在属于它的寄主的肉里度过一个看起来十分沉闷的成虫期，这真是
118 证明了进化的奇怪转折。

大多数虱蝇的近亲生活在鸟类的羽毛之中。然而有一种长4至6毫米（0.2英寸）的羊蜱蝇，它们没有翅膀，在舒适的羊圈中度过整个生命周期，吮吸有蹄寄主的血液。和没有翅膀的蝙蝠蝇一样，雌性羊蜱蝇在唯一的幼虫身上投入了大量的精力，这只幼虫在母羊子宫的“乳”腺进食。由于绵羊饲养的全球化，羊蜱蝇几乎遍布世界各地。杀虫剂和检疫措施似乎是它们最近在美国及加拿大的大部分地区销声匿迹的原因。

潜在的好处

我们对吸血双翅目昆虫的反感并不奇怪。尽管如此，假设这些空中抽血者继续存在，它们除了为无数成年和幼年的

动物提供食物，还带来了一些别的好处，这些好处的价值可以说是不可估量。

吸血双翅目昆虫最微妙的一个益处其实基于这样一个事实：血液是一个信息宝库。举例来说，血液里的这些信息可以用于破案。吸血双翅目昆虫和嗜尸蝇类都从它们赖以生存的动物组织中摄取DNA。在吸血之后的三天半内，我们仍然可以从大腹便便的蚊子身上提取人类DNA。虽然恐龙DNA的痕迹早已从保存在琥珀中的餍足的蚊子和蠓的内脏中消失，但从蚊子身上提取的人类DNA仍然可以与谋杀嫌疑人的血液样本相匹配。因此，在犯罪现场发现的蚊子，无论死活，都可能蕴含有价值的法医证据。我们将在第十一章中深入探讨法医昆虫学这一领域。 119

双翅目昆虫吸的血对野生动物学家也有帮助，他们能够从中检测到威胁野生动物的病原体。在科特迪瓦的塔伊国家公园采集的498份双翅目昆虫样本中，有156只（31%）含有哺乳动物的DNA。其中只有8种昆虫含有适合扩增和测序的哺乳动物DNA样本，但研究人员能够从中检测并识别出10种灵长类动物和啮齿动物的DNA。大多数样品中存在腺病毒（会引发人类一系列疾病的病毒，最明显的是出现类似感冒的症状），这表明该病原体在这个地区相当普遍。其中一个样本可能包含一种新的啮齿动物腺病毒。这种方法可以提前发现可能导致原始地区野生动物大规模死亡的病原体。目前，该方法并不划算，但DNA技术的进步或许会改变这一点。

这让我想到了吸血双翅目昆虫一个鲜为人知的好处。

通过控制人类在生态敏感地区的生存活动，双翅目昆虫能够防止栖息地和生物多样性的丧失。采采蝇就是一个例子。*非洲的殖民时代以及后来养牛业的起落都与采采蝇有关。采采蝇传播了人类的昏睡病以及折磨着家牛的那加那病（但已经进化出耐药性的本地物种没那么严重）。环保主义者有时把采采蝇称为“非洲最好的狩猎监督官”。对于保护非洲南部的生物多样性来说，采采蝇至关重要，因此南非的环保主义者对一项（试图）消灭采采蝇的提案表示质疑，认为这一提议违反了宪法。

120 当然，有害疾病的幽灵本身并不值得庆祝，相对温和的吸血双翅目昆虫也是有效的环保主义者。当苏格兰的蠓大量繁殖的时候，当地的人口密度和道路数量都显著减少。另一种蠓在新大陆热带地区的红树林沼泽繁殖，使开发商远离这里。

一只不起眼的吸血双翅目昆虫可以对一个生态系统的命运施加如此大的影响，我发现这莫名地令人满意。我们通常不会认为昆虫处于食物链的顶端，但我们会想到，吸血双翅目昆虫可能降落在一只狼或一只老虎身上，并以它为食。翻阅托马斯·马伦特2006年出版的摄影集《热带雨林》时，我

---

* 已知的采采蝇物种有23种。——原注

看到一只正在潜行的黑凯门鳄，它只有眼睛和鼻孔露出了水面。仔细观察才发现，这种露着牙齿的爬行动物既是捕食者，也是猎物。五只蚊子停在凯门鳄的眼皮上，它们鼓起的肚子泛着红光，显然是刚刚已经吃饱了。

血液无处不在，而且营养丰富，难怪昆虫——尤其是双翅目昆虫——找到了这种掠夺资源的方式。但对于这些奉行机会主义的六足食客，血液并不是唯一能得到的可怕食物。动物会排泄，会死亡。在这个过程中，它们留下了一席“美味佳肴”留待享用。 121

第六章　废物处理者与回收者

一只苍蝇会对另一只苍蝇说什么？
“请问，这坨屎有谁要吗？”

如果说双翅目昆虫有一个方面堪比那令人讨厌的、有时甚至很危险的叮咬习性，那一定是它们与肮脏和腐烂的联系。我们可能会问，为什么任何生物都能找到粪便或腐肉之类我们觉得非常恶心的东西呢？我们的厌恶可能已经进化成一种机制，从而让我们尽量减少与潜在的病原库接触。但不可避免的生物废物也提供了一个安全舒适的庇护所，含有易获取的、有价值的营养和卡路里，所以对于很多动物（和植物）已经进化到能够利用它们的事实，我们不必如此惊讶。

我觉得很讽刺的是，人们常常因为动物喜欢粪便和分解物而贬低它们。厌恶是一回事，但为什么要鄙视？我们当中有多少人停下来思考过双翅目昆虫在保持世界清洁方面所扮演的重要角色？想想看，美国人平均一生会产生约11 400千克（约25 000磅）粪便，大约是三只成年河马的重量。再乘以几十亿，可以推算出全球每年约有15亿吨人类粪便*。这还不包括 123
沉积的非人类粪便。我不知道你是怎么想的，但我首先想到的是："谢天谢地，有机废物会分解。"是谁分解了它们？是很多小生物。如果没有粪食性的双翅目和鞘翅目昆虫（甲虫），这个世界很快就会堆满有机废物，我们将生活在一个更污秽、更有害的地方。从进化的角度来看，以排泄物为食不仅是一种很好的策略，而且是给所有重视卫生的人的礼物。

尸体也是一样。在没有狗或秃鹫等食腐脊椎动物的地方，分布在尸体内外的无脊椎动物绝大多数是双翅目昆虫，它们可以吃掉一半以上的尸体。用加拿大双翅目专家斯蒂芬·马歇尔的话来说，值得注意的是，"每一种生物，包括你我在内，最终都会死亡和分解，而且我们很有可能会与原始的泥土重新混合，以微生物为食的蛆虫会加速这一过程"。

为屎工作

我的一个熟人得知我正在写一本关于双翅目昆虫的书，他递给我一枚纽扣，上面是一幅关于苍蝇的漫画和一行字：为

---

* 如果一个人一生产生的粪便是25 000磅，那么目前全球所有的人一生所产生的粪便即为875亿吨［25 000 × 70亿 = 175万亿（磅），175万亿 ÷ 2 000 = 875亿（吨）］；假定全球人类平均寿命为60年，那么一年产生的人类粪便约为15亿吨。——原注

屎工作（WILL WORK FOR SHIT）。除了间接提到的“最低工资”，粪食性昆虫的确以令人钦佩的热情追求它们的技艺。

不管喜不喜欢，你肯定会在户外遇到在粪便上出没的苍
124 蝇。无论生活在多么干净的社区，粪便都很常见，因为总有一两个不讲公德的人在遛狗时不清理干净。即使清理了，警觉的双翅目昆虫也总能找到可乘之机。几年前，我住在佛罗里达州南部的一套公寓里，邻居家的大狗帕迪会在后院的草坪上拉屎。狗主人布里奇特十分尽职，她准备了便袋，但很有礼貌地等我们聊完才开始处理。我们来到草坪，找到了帕迪为巩固当地生态所做的最新尝试，这时已经过去了4分钟。发现狗屎并不难，但它的外观不是我们所想象的棕色，因为上面沾满了数百只反吐丽蝇，金属色的躯体闪着蓝黑色的光。布里奇特拿着便袋蹲下来，它们立刻飞走了。这些昆虫寻找奖品的速度实在是令我们震惊。

固体废物的数量与产生它们的生物的数量成正比。因此，它们不会是一种稀缺资源。然而在人类世，两个因素可能正在减少粪食者的生态位。第一，人类竭尽全力地把粪便隔离起来，并在粪食性生物无法触及的地方进行处理。第二，人类不断扩张的全球生态足迹正在导致生物多样性丧失，这意味着粪食者能找到的食物更少。

一些数字有助于了解蝇处理粪便的效率。中国科学院成都生物研究所和南京大学的两名生物学家把180块人为确定尺寸

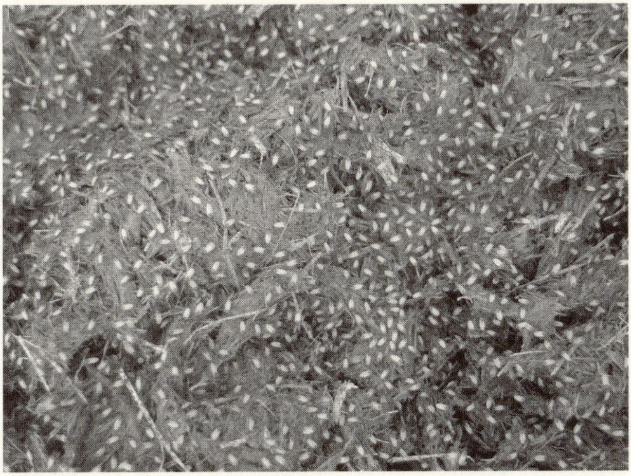

在马里兰州，数百只小粪蝇正在享用一块新鲜的马粪（作者拍摄）

的新鲜牦牛粪［直径17.6厘米（约7英寸），高4厘米（约1.6
英寸）］放在中国西部的一片高山草甸上，每一块重约1千克
（2.2磅），干重为0.25千克。其中的45块覆盖了能阻拦蝇的筛
孔网，并在长达32天的时间里追踪粪便的重量变化。有了这 125
些巧妙的网，他们能测量蜣螂（排除掉蝇）对这45个粪块的
影响，以及蝇和蜣螂给另外45个粪块带来的综合效益。蝇和
蜣螂都不能进入第四组粪块。值得称赞的是，蜣螂的得分超过
了蝇，在长达1个月的研究中，它们专属的那组粪块减少了三
分之二。相比之下，蝇专属的那组粪块只减少一半。而蝇和蜣
螂都不能靠近的45个粪块，干重只下降了十分之一。

我在非洲和亚洲都见过蜣螂的活动，目睹了它们以惊人的速度降落在新鲜粪便上的场景。有一次，在南非克鲁格国

126 家公园的河边森林里，为了监视捕捉蝙蝠的雾网，我不得不紧急上了个“厕所”。令我吃惊的是，我还没有来得及掩埋粪便，几只硕大的蜣螂就已经过来了，商量如何分配我的粪便。在其他地方，比如某条柏油路上，我注意到一大堆大象的粪便在三个小时后已经变成了散落的沉积物。这种提前到达和清除粪便的模式能够解释，为什么在成都生物研究所的研究中，蜣螂头两天就消灭了近三分之二的牦牛粪便。相比之下，蝇处理的牦牛粪便是在11天内持续减少的。

家蝇很勤奋地分解粪便，它们的繁殖能力对此也有帮助。一只家蝇通常产2至7次、共50至100枚细长的卵（25枚卵首尾相连长约1英寸），但卵的总数是可以变化的。一只家蝇一生的产卵纪录最高为21次，共计2 387枚卵。卵需要6至30个小时孵化。让半吨重的厩肥与正在产卵的雌蝇接触4天，根据随机抽样的结果，估计这堆粪中共有约40万只蝇蛆。幼虫经过三次蜕皮，最长达半英寸，然后转移到干燥的地方化蛹。每个阶段的时间取决于不同的条件：幼虫，3至14天；蛹，3至10天。成虫的平均寿命是30天，最高可达70天。

吃粪便并不意味着数量庞大。许多双翅目昆虫，包括一些粪食性的种类，都是罕见而隐蔽的。挑剔的食客只选择特定寄主的粪便。例如，在澳大利亚，一些蝇只出现在袋熊的粪便上，而没有翅膀的蝙蝠蝇只喜欢新西兰特有的短尾蝠的粪便。另一种吃蝙蝠粪便的蝇只在肯尼亚的一个洞穴中被发现过。

这让我想起了一个真实的故事，一位双翅目研究者选择了一个特定寄主——他的同事——的粪便，为此差点打了一架。因为热带地区的粪便消失速度很快，这位有献身精神的双翅目 127
昆虫学家只好努力寻找足够的粪便做研究。在一次采样探险中，他并没有请求同行的双翅目昆虫学家为这项事业做贡献，而是偷偷跟踪他们到如厕的灌木丛。等人走了，他就会搜集粪便，放进捕蝇器里。这个计划持续了几天，直到其中一名高级专家发现了这一点。这名专家很生气地尖叫，情绪激动地说了一大段话，要求结束这种恶作剧，并补充说："如果你想要我的屎，尽管说就好了。"向我透露这个消息的昆虫学家还说，这是对"关心某人"（give somebody shit）的最新诠释。

一只活动的麻雀

我们要感谢双翅目昆虫，它们为我们清理了许多东西，排泄物并不是其中唯一一种。和粪便一样，尸体也为生物提供了进餐的机会，而双翅目昆虫是主要的受益者。如果你检查一具腐臭的动物尸体，很可能会看到几十只蠕动的蛆正忙着把尸体转变成更多的双翅目昆虫。

有一次，我在我住的连栋房屋后面的木板上看到一只死鸟。邻居的喂鸟器引来了许多家麻雀，这可能是其中的一只雌雀，不知如何就死了。我在那里住了很多年，偶尔有鸟撞到我家后窗——尽管我们已经在玻璃上粘了猎鹰的剪影。

熟悉的腐肉气味表明这只鸟至少已经死了一天，但令我
128 感到惊讶的是，它的身体还在移动，仿佛仍有呼吸。直到我轻轻地把鸟抬到一个塑料袋上，才发现是它的皮肤和羽毛下的蝇蛆导致了这种运动。这让我想起了一段延时摄影影片，讲述一只死老鼠的快速腐烂和重新出土，一拨又一拨的蛆虫在它的皮毛下来回扫荡。

这个过程很有规律。首先是成蝇，然后是蝇蛆发展的不同阶段，伴随着尸体的一系列分解过程：新鲜、肿胀、腐烂、腐烂后、残留。由于可以预见不同阶段的尸体上会出现哪些特定的物种，这些双翅目昆虫是确定死亡时间的重要助手（参阅第十一章）。

使木板上的鸟尸体“重获新生”的蛆可能是丽蝇或麻蝇。丽蝇大约有1 100种，其中大多数与腐肉有关。丽蝇（blowfly）的名字源自动词blow的古老含义，意思是“产卵”。丽蝇以其鲜艳的金属色而著名，包括众所周知的反吐丽蝇和丝光绿蝇，尽管它们也露出了闪耀的紫铜色和紫色。这些成蝇的华丽外表掩盖了它们童年时期的病态环境。

麻蝇大约有2 500种。它们不像近亲丽蝇那样穿着招摇的衣服，而是通常呈灰色或棕色，肌肉发达的胸部还点缀着漂亮的细条纹。麻蝇和丽蝇的另一个区别是，麻蝇不产卵——它们直接产下幼虫，幼虫立即开始进食。尽管它们也会被称

为“肉蝇”，但大多数麻蝇物种不会在尸体上繁殖，至少不会在脊椎动物的尸体上这么做。 129

嗜尸生物群

由于这种与尸体打交道的习性，丽蝇和麻蝇被归为“嗜尸生物”。嗜尸生物群是一群相互作用的生物体，其生活与动物的分解过程有关。食腐双翅目昆虫主要出现在分解的早期，此时的软组织很容易液化，便于食腐双翅目昆虫获取腐肉中的丰富营养。这是一个激烈的竞技场，幼虫阶段的进化目的是快速化蛹。成千上万只蝇蛆的狂热活动所产生的热量进一步推动了高代谢率，只需要三次蜕皮就可以获得富有弹性的外表皮。肥胖的蛆和相对没有防御能力的蛹很快就成为肉食性甲虫、蚂蚁、胡蜂、虎头蜂和寄蝇的可口目标。稍后，其他的蛆虫和甲虫幼虫也加入进来，专门处理尸体的干燥部分，比如肌腱和干瘪的皮肤。

有一种研究无脊椎的嗜尸生物的方法，即把一具刚死不久的尸体放在一个隐蔽的地方，用半透水的屏障防止食腐动物进入，然后随着时间推移收集繁殖者。在巴西东南部的一座森林里，巴西的一个研究团队就是这样做的。在每个季节里，他们把8只刚杀死的啮齿动物（4只大鼠、4只小鼠）放在有阳光的铁笼子里和阴凉的铁笼子里，四个季节一共用了32只啮齿动物。科学家定期回来，收集和识别在尸体上繁殖的昆虫。

研究团队总共收集到了6 514只在腐尸上繁殖的节肢动物（820只成虫和5 694只幼虫），主要为四类：双翅目、膜翅目（主要是蚂蚁）、鞘翅目昆虫与盲蛛目节肢动物。双翅目占
130 据绝对优势，达到总数的95%以上。到目前为止它们也是多样性最高的，共有15科44种；相比之下只有4种蚂蚁、2种胡蜂、1种蜜蜂、1种甲虫和1种盲蛛。在这个竞争激烈的腐烂世界里，这些小型“野兽”行动很快。在温暖的春夏季节，最多不超过6天的时间，动物的尸体就会腐烂到不再有节肢动物光顾。

委内瑞拉的一项研究也发现了双翅目昆虫的类似优势。卡拉沃沃大学的两名研究员把4千克（约9磅）牛内脏（肝和肺）放在城市中的一个敞口塑料容器里。4天后，他们从腐烂的内脏中收集到了1 046只成年昆虫。绝大多数（97%）属于11种双翅目昆虫，剩下的3%是3种鞘翅目昆虫。奇怪的是，调查人员只统计了成虫的数量，但照片显示，和以前一样，幼虫的数量远远多于成虫。

成百上千只饥饿的蛆同时吃一具腐烂的尸体，这虽然是一种竞争性的觅食情境，但它们也有合作。一群蛆的消化酶结合起来，加上它们的口钩产生的综合效应，可以使腐肉分解得更快。聚集在一起的蛆还能产生巨大的热量，比环境温度高30摄氏度（54华氏度）——这对于“冷血”动物来说非

常了不起。热量可能来自所有蠕动的幼虫之间的摩擦，也有可能源于新陈代谢和微生物活动。

尽管有合作，尸体仍然是一个度过青春期的危险场所；较大的食腐动物可能会以蛆为食，所以这些蛆最好快进快出。这可能解释了为什么待产的双翅目昆虫倾向于在其他雌虫已经产过卵的地方产卵，以及为什么一些丽蝇的卵会散发吸引其他双翅目昆虫的信息素。食物的高温对它们自身也有好处：加快生长速度，从而减少暴露在捕食者和拟寄生物面前，并 131
能防止周围温度突然下降。

不可避免的是，一些幼虫在准备散开之前就已经被掠夺了——这是双翅目昆虫的另一个生态效益。鲍勃·阿姆斯特朗向我解释说，这一点对雏鸟而言可能会格外有益，毕竟它们不擅长探索更有挑战性的食物来源。鲍勃现居阿拉斯加州的朱诺，是阿拉斯加渔业及狩猎部的渔业生物学家和研究主管，也是阿拉斯加大学的副教授，教授渔业和鸟类学课程。鲑鱼产卵后会留下大量的尸体*，其中许多都布满了蛆虫。鲍勃一直在观察和拍摄这些蛆，到目前为止，他已经发现了12种以蛆为食的鸟类，包括麻雀、鸫、鹡鸰和鸭子。就鲍勃所知，这经常发生在幼鸟羽翼刚丰的时候，大多数还是雏鸟。“我怀疑这个年龄的鸟儿在获取食物方面相当无能，”鲍勃告诉我，“蛆提供了

* 鲑鱼是一种洄游性的鱼类。成年的鲑鱼会游到自己的出生地繁殖，并在繁殖数周后死亡。——译注

一种易捕获且营养高的食物来源。”鲍勃给我发了一段短视频，内容是西北鸦的雏鸟和成鸟正在啄食珍珠白色的蛆，它们巨大的喙一次能啄好几只。鸟类的餐桌礼仪很不整洁，许多蛆要么被丢弃，要么被留下来继续完成自己的回收任务。

我以前住在佛罗里达州南部的公寓，有一次我在公寓后面的人行道上发现了一只死去的蜥蜴，那时我就明白了食腐双翅目昆虫在死亡动物身上繁殖的效率。我发现那只蜥蜴已经死了好几个小时，它的身体侧面有一个裂口，可能是被一只鸟啄的。近百只丽蝇在这具5英寸的尸体上成群结队地穿过，几只小蝇也兴奋地飞来飞去。当我走近不到4英尺的时候，这些虫子就像紧张的秃鹫一样嗡嗡地飞了起来。我停了
132 下来。不到10秒之后，它们又成群地降落。

我把蜥蜴拖到离小路大约2英尺的地方，放在一丛灌木的下面。在这里，嗜尸生物能够相对不受干扰地工作。然后我等着，看看双翅目家族多久会回来用餐。我天真地以为它们会把注意力完全转移到蜥蜴的新位置。的确，1分钟后，被转移的尸体上聚集了越来越多的丽蝇。我注意到第二群丽蝇——大约50只——又回到了溶解的尸体在人行道上留下的湿漉漉的痕迹。对此我并不是很惊讶。我没有料到的是，在拖行尸体的那条看不见的线上，竟然也有秩序地落着一排丽蝇。

这些双翅目昆虫对腐肉气味和味道的敏感让我敬畏。给我留下深刻印象的不只是它们检测系统的精确，还有它们反

应的迅速。几个月之后，就发生了帕迪的粪便引来附近丽蝇的事件，所以我想知道，狗屎上面的丽蝇是不是蜥蜴身上的丽蝇的后代。我观察过动物和自然界的各种表现，看过许多死亡和排泄的场景。我对大量动物暴尸街头的悲惨命运感到畏惧，也曾把许多死去的动物拉进路边的沟里，以便食腐动物能够相对安全地工作。在这些经历中，双翅目昆虫几乎无一例外地出现了，它们提醒着人们，在生态系统的营养物质的有效循环中，昆虫扮演着至关重要的角色。

堆　肥

相比于腐烂的尸体和新鲜的粪便，我们的感官不那么讨厌堆肥，也不太会抗拒一种特别有价值的双翅目昆虫。如果你的院子里有堆肥，那么你很可能会遇到黑水虻（*Hermetia illucens*），它们以堆肥冠军的身份闻名（见彩色插图）。它 133
们的幼虫是大型食碎屑动物中最常见的。当我在马里兰州和1 000英里以南的佛罗里达州生活时，注意到这些食碎屑动物正在堆肥中繁殖。除了黑水虻的幼虫，我记得我在堆肥中看到的唯一一种类似大小的蛆是鼠尾蛆，它们长大之后会变成管食蚜蝇。鼠尾蛆的名字源于尾部一根长长的呼吸管，这根呼吸管可以伸长到令人难以置信的15厘米（约5.9英寸），使它们在淤泥中翻腾时能够呼吸。

我把堆肥放了几个月，看到了很大的（接近半英寸）、有些扁平的黑水虻蛆在腐烂的物质里蠕动。不久，一些蛆慢慢地爬到边缘，冒险出去寻找适合化蛹的地方。（在佛罗里达州，我挽救了许多因闲逛而进入泳池的蛆，有些已经淹死了，但还有一些可能在水里支撑了几个小时。）到了仲夏，当我看到1.6厘米（约0.63英寸）的细长黑水虻栖息在我的堆肥边上时，我很快就知道它们是什么。

黑水虻所属的水虻科在全世界有2 800个已知的物种，其中大多数幼虫以腐烂的蔬菜为食。成年以后，它们会成为有用的传粉者。这些漂亮的双翅目昆虫有一对指向前方的修长触角，它们起源于新大陆，但现在已经传播到所有大陆，遍布世界各地。

一只雌性黑水虻大约可以产600只幼虫。每只幼虫每天可以吃一克堆肥，是自己体重的几倍，难怪这些昆虫能在饲料市场上卖到每吨330美元。利用黑水虻幼虫处理有机废物，把有机废物转化成有价值的、富含蛋白质的动物饲料和
134 生物燃料，已经成为一种全球产业。南非开普敦一家名为“AgriProtein”的全球公司的分支机构已经制定出了一套“一箭双雕”的策略，利用黑水虻幼虫回收城市废物，然后在化蛹之前把它们变成富含蛋白质的饲料。到目前为止，美国联邦法规禁止把它们用作牲畜饲料，但北美洲的企业家并没有放过这个商机。加拿大Enterra饲料公司成立于2007年，总部位于不列颠哥伦比亚省。据报道，该公司正在艾伯塔省南

部建立一座18万平方英尺的工厂，计划用水果、蔬菜等食物残渣养殖数十亿只黑水虻。这些幼虫一旦养肥，就会成为鸡、鱼或牲畜的饲料。在边境线以南，2009年成立的美国公司EnviroFlight目前有四条产品线：EnviroBug（全烘干幼虫）、EnviroMeal（烘干幼虫磨成的粉）、EnviroOil（用机械从干幼虫中榨出的油）、EnviroFrass（生产的残渣，包括幼虫肥料、外骨骼和剩余的饲料成分）。该公司的目标市场是肥料市场，以及家禽、水产养殖、宠物、珍奇动物（例如动物园中）、幼畜（有待合法化）的饲料。

Enterra公司的运营副总裁维多利亚·梁指出，数十亿人类以动物为食的做法在本质上不可持续（从动物的角度来说也是残忍的），但用黑水虻的卵喂动物的做法是可持续的，因为“我们可以在没有耕地的条件下养殖”。此外，这么做“不需要额外的水，因为昆虫需要的所有水都来自饮食中的回收水果和蔬菜”。考虑到传统畜牧业用地占所有农业用地的60%至80%*，消耗了人类使用的一半以上淡水**，相比之下，黑水虻 135
产业具有显著的优势。Enterra公司宣称其产品“相比于牛肉、

---

* 根据globalagriculture.org的数据，专门用于生产牲畜饲料的牧场和耕地几乎占所有农业用地的80%。来源：https://www.globalagriculture.org/report-topics/meat-and-animal-feed.html（访问于2020年5月5日）。根据联合国粮食及农业组织的数据，超过四分之一的土地被用于放牧，超过三分之一的耕地被用于种植饲料作物。——原注

** 将动物产品的消费量减半可以使美国对水的饮食需求减少37%，该数据来自《国家地理》近期的一份报告：“Thirsty Food: Fueling Agriculture to Fuel Humans”，https://www.nationalgeographic.com/environment/freshwater/food（访问于2020年5月5日）。——原注

猪肉、鸡肉、鱼粉、豆粕、椰子油和棕榈油等资源密集型替代品，是一种高效率、低环境影响的营养来源”。

我联系了Enterra公司和EnviroFlight公司，希望得到一些公司官网上没有的关于行业方面的进一步说明。除了产量、转化率和产品分配等基础知识，我还想知道，有多少比例的蛆可以最终变态为成虫从而繁殖后代，种虻需要怎样的繁殖环境。我对把活蛆变成死蛆的过程也很好奇。它们会被全部丢进烤箱活活烤死吗？需要先冷藏或冷冻吗？会添加别的东西吗？我向他们解释说，我的书里将包括昆虫是否有知觉的争论。

我没有得到答案。Enterra公司的代表给我打了电话，请我用邮件把问题发给他，但他没有回复我的后续邮件和语音信箱。EnviroFlight公司的代表也邀请我发送问题，并在阅读后回复我，她“不能分享关于流程的信息，因为涉及知识产
136 权”。这种沉默对幼虫而言可能不是好事。如果蛆有知觉（参阅第三章），这个行业在未来可能需要一些公关策略。

为了搜集工业生产的黑水虻幼虫的相关信息，我做了最后的努力，给得克萨斯农工大学昆虫学家、EVO转换系统有限责任公司的CEO杰弗里·汤柏林发了一封电子邮件。EVO是一家涵盖黑水虻产业各个方面的合伙公司。

“这些幼虫是先经过冷藏或冷冻，还是被活生生地扔进烤箱？”我问。

汤柏林回复说："这因公司而异。所以合适的答案是'都有'。"

这样看来，至少有些幼虫可能被活活烤死。一段来自EVO网站的视频显示，在一家工厂里，明显还有生命的幼虫被倒进沸腾的油中。当然，在这种情况下，这样的小生物不到一秒钟就会死亡，但一切都令我感到不安。根据卡尔加里大学出版社2018年发表的一篇文章，数百万只黑水虻可以长成种虻，这或许对大规模生产的黑水虻来说是一种安慰。

黑水虻的用途十分广泛。在牲畜食物链的另一端，它们广泛应用于家禽饲养设备的堆肥。它们也对腐烂的尸体感兴趣，因此成为破案中的有用辅助。

在供人类食用而饲养的动物中，有不少双翅目昆虫被用作或被考虑作为饲料，黑水虻并不是唯一一种。关于把家蝇作为牲畜的饲料，甚至作为水产养殖中鱼粉的替代品，目前已经有详细的研究。2017年的一篇论文把家蝇描述成一种潜在的家畜饲料来源，文中提到了这么做的两重好处：首先，幼虫可以在粪便上饲养，从而减少废物处理*；其次，由此产 137
生的昆虫可以作为富含蛋白质的动物饲料。在庞大的水产养殖行业（目前几乎占人类消耗的鱼类的半壁江山），家蝇幼虫可以在一定程度上减轻水产养殖给野生鱼类带来的沉重负担。

---

* 牲畜每年产生超过3.35亿吨粪便（以干重计），无法安全地用作农田作物的肥料。——原注

2010年的计算表明，水产养殖业消耗了73%的鱼粉和71%的鱼油。

准备小吃一顿

双翅目昆虫对堆肥和其他各种食物的热爱可能导致了一种奇怪的行为。如果你对昆虫稍有兴趣，就肯定会注意到苍蝇降落在你的胳膊或桌面上后会摩擦前足，就像一位小小的美食家在准备用餐。这种行为看起来非常有目的性，让人联想到人类食客，以至于我几乎以为它会伸手拿餐巾纸，先潇洒地把纸展开，再折进衣服里。

它们为什么这么做？这个问题人类已经思考了很久。乔安妮·劳克·霍布斯在1998年出版的《渺小中的无限声音》里探讨了人类和昆虫的关系。霍布斯写道，加利福尼亚州的教团印第安人认为，苍蝇搓着“双手”是为了祈求宽恕，因为它说了刺耳的话，导致一些人的死亡。位于今天南加州的卢伊塞诺人有一个古老的神话，在领袖的悼念仪式上，一只
138 苍蝇通过在双手之间摩擦一根棍子来生火。反吐丽蝇不停地转动它的“棍子”，直到现在也没有停下来。

下面是科学记者尼古拉斯·德马里诺提供的现代科学解释：

> 双翅目昆虫摩擦肢体是为了清洁。考虑到这些昆虫非常喜欢污秽和污垢，这一行为似乎违反了直觉，但梳

洗身体实际上是它们的主要活动之一。它们清除物理和化学碎屑，清理自己的嗅觉感受器——这些对于飞行、觅食、求偶以及双翅目昆虫的一切都很重要。

我认为这是双翅目昆虫清理自己味蕾的一种方式。

对人类而言很不幸的是，双翅目昆虫不会使用水或肥皂洗手。而且它们的口味多样（包括桃子、肉饭和粪便），因此获得了一个当之无愧的恶名：传播不健康微生物的病媒。

双翅目昆虫的活动性对摆脱恶名毫无帮助。对有标记的双翅目昆虫的研究已经表明，它们总是在移动；在被释放几天后，其中一只出现在21千米（13英里）外。我在飞机上见过一些流浪的家蝇和果蝇，它们以每小时600英里的速度跨越海洋；当然，肯定有一些偷渡者成功地在目的地下了飞机。这让我好奇，在长途飞行之后，比如从纽约到内罗毕，一只苍蝇会经历什么？一切都是外国的气味！它会感到困惑吗？

不用说，这些偷渡者身上携带着偷渡的微生物。研究表明，苍蝇的肮脏程度是蟑螂的2倍。20世纪40年代，夏威夷农林委员会的两名美国昆虫学家戴维·T. 弗拉威和诺埃尔·L. H. 克劳斯测量了家蝇身上的细菌，他们让研究对象走过营养
丰富、涂有动物胶的盘子，研究几天后出现的满是细菌的白 139
色痕迹。弗拉威和克劳斯计算出，平均每只家蝇携带125万个细菌，其中一只特别不卫生的家蝇携带了660万个。

米勒斯维尔大学生物学教授约翰·华莱士告诉我，他的同事、美国农业部的约翰·迪尔使用了类似的方法来证明危地马拉路边摊的苍蝇污染。许多交通繁忙的地点都设立了临时摊位，检查车辆中是否有违禁品（通常还会喷杀“害虫”剂）。大量的炸玉米饼、肉馅玉米卷饼、蛋糕和派吸引了饥饿的苍蝇。年轻的科学家会在附近的厕所里撒上白面粉，然后等着主角的出现。很快，展示的食物上就会出现苍蝇微小的脚印。这个策略很有效，将苍蝇在厕所与炸玉米饼之间的移动明显联系了起来。当地人努力改善这种情况，采取了覆盖食物、使用粘蝇板之类的消极防控措施，从而减少交叉感染。

尽管有证据表明双翅目昆虫是战绩卓著的污秽病媒，但在2014年奥尔金杀虫公司的调查中，有61%的受访者表示，他们会放弃食用蟑螂接触后的食物；而只有3%的受访者表示，他们会放弃食用苍蝇接触后的食物。我认为这是因为蟑螂体形较大，且倾向于快跑（而不是飞），激起了我们对它的偏见。

我发现值得注意的是，双翅目昆虫似乎不会因为自己的饮食习惯而生病。想想看，在冠状病毒出现之前，我们人类就被教导要注意卫生，被告诫饭前便后要洗手。每年有数百万例已报告的（和未报告的）食源性疾病的案例。看到关于菠菜和番茄中暴发大肠杆菌的头条新闻（蔬菜被动物粪便
140 污染，因为蔬菜没有结肠，而大肠杆菌是因为结肠而得名），

我们可能会惊讶于双翅目昆虫已经对它们臭气冲天的食物选择的适应性。苍蝇和蛆从来不会胃痛吗?

我们知道，双翅目昆虫很好地适应了粪便和尸体上的大量细菌。例如，有重要的证据表明，尸体内部或表面的细菌不仅不能阻止幼虫的发育和化蛹，反而会促进这一过程。具体表现为两种方式：幼虫直接以细菌为食；幼虫食用细菌释放出的营养。蛆在不断咀嚼的同时，也会分泌或排泄能够杀死特定细菌的抗菌分子。

虽然食腐的习性可能令人恶心，但或许我们应该对双翅目昆虫心存感激，因为它们在清理令人不悦的粪便中扮演了重要的角色。然而，不幸的是，这种感激很少发生。我不止一次听到人们对双翅目昆虫的这种习性表示厌恶：在可食用残渣表面“呕吐”使其液化。在我看来这有失偏颇。首先它们不是真的呕吐；其次，我们谈论的也不是排泄之前摄入的食物，当然也没有伴随任何恶心的感觉。我甚至不确定，相比于我们把食物放进嘴里然后用唾液濡湿，双翅目昆虫的这种方式是否更恶心，或者是否在本质上更不自然。

那些仍然觉得完全被冒犯的人，可以这样想，一种恶心的生活方式也许注定不会持续。在食蚜蝇的生命周期中，从幼年到成年的转变在美学上可能最具对比性。作为蛆，它们通常生活在污水处理池的有机淤泥中。然而，作为大自然对 141

这种不光彩的青春期的奖励，它们成年之后会在漂亮的花朵上啜饮花蜜，用轻薄的羽翼优雅地盘旋。当然，在这里，任何救赎的概念都是拟人化的废话；食蚜蝇的蛆可能具有审美意识，一大桶人类污水对它们来说肯定是一种美味，就像人类看到一碗新鲜的三豆辣椒一样。

感谢上帝。我很难想象，如果没有双翅目昆虫来清理其他生物在排便或死亡时不可避免留下的烂摊子，这颗星球会是
142 什么样子。

第七章　植物学家

> 昆虫……也是我们最大的敌人，但我们不应该过分强调这一点，除非同时强调它们带来的好处——鲜花、水果、蔬菜、衣服、食物、纯净空气、美。
>
> ——查尔斯·霍华德·柯伦

我们倾向于把双翅目昆虫和污秽、腐烂联系在一起，却忽略了一个更重要的联系：双翅目昆虫与开花植物的关系。除了生活在动物体内（包括人类体内）的有益细菌，开花植物与其传粉者之间的契约可能是地球上最重要的互利共生关系。互利共生是指两种或多种生物通过相互联系而彼此受益，它提供了一些迷人的例子，有力证明了大自然的机会主义天赋。植物与其传粉者之间的互利共生非常成功，这在漫长的岁月里导致了双翅目昆虫和植物之间近乎奢侈的特化。在迄今为止对昆虫传粉者的互利共生关系的研究中，科学家在很大程度上忽略了愉悦感可能发挥的重要作用。但本书前面概述的关于昆虫认知和知觉的新证据暗示，迈克尔·波伦的贴切描述——“植物的欲望”——已经深入到自然界的各个生态位。

143 许多双翅目昆虫以植物组织为食，其中一些被我们列为严重的害虫，但有多少人会停下来考虑它们作为传粉者的重要作用？在双翅目已经得到描述的150个科中，至少有71个科包含成虫时在花上觅食的物种。

色彩缤纷的花朵给我们带来了感官上的愉悦，但花的进化主要是为了吸引昆虫——昆虫提供传粉服务，从而换取甘甜的花蜜。全身沾满了细小花粉粒的昆虫飞到另一朵花上，努力地吸收下一轮花蜜，同时不可避免地留下一些花粉粒，又捡走一些新的花粉粒。这是一种“昆虫食物与植物性爱”的交换。

世界上有25万种开花植物，其中大约21.8万种依赖传粉者的服务，这些植物的80%是人类定义的食用植物。在这些食用植物中，仅依靠风或水传粉的不到7%，仅依靠鸟类传粉的不到4%，仅依靠蝙蝠传粉的不到2%，剩下的接近90%都是由昆虫传粉。[*]传粉非常重要，所以哪怕这是昆虫的唯一好处，也足以让它们名列最重要的动物种群之首。戴维·麦克尼尔在2017年出版的《昆虫传》中说得好：“对人类来说，虫子几乎和空气一样重要。”

---

* 这些百分比是由以下数字粗略得出的：当今地球上的开花植物大约有13 500个属（其中大多数有许多代表性物种），大约874个属完全由风或水传粉，大约500个属完全由鸟类传粉，大约250个属是完全由蝙蝠传粉，剩下的近11 900个属主要由昆虫传粉。——原注

以美元计算，在全球范围内，昆虫为食用植物授粉的商业价值接近2.5万亿美元。[*]瑞典昆虫学家安妮·斯韦德鲁普- 144
蒂格松最新（2019）的估计是5 770亿美元。但美元价值显然是以人类为中心的计算方式。我们也承认，所有非人类生物通过相互依存的活动构建了健康的生态系统，给它们自己带来了不可估量的好处。

被忽视的传粉者

作为传粉者，蝇的光芒一直被它的近亲蜜蜂遮盖。在大多数评估中（到目前为止），就传粉能力而言，膜翅目（蜜蜂和胡蜂）排在蝇（双翅目）、甲虫（鞘翅目）以及蝴蝶和飞蛾（鳞翅目）之前。上述所有类群都是传粉的主要贡献者，而且在许多地方，蜜蜂处于次要地位。例如，在北极和高山地区，天气条件抑制了蜜蜂的活动，双翅目往往是主要的传粉者。“大多数人只注意到了蜜蜂，”阿特·勃肯特在不列颠哥伦比亚的家中通过视频电话告诉我，“但如果仔细观察，就会发现花丛里有更多的小昆虫。它们是该气候条件下的主要传粉者。”

举一个典型的例子。2012年5月至7月，在法国梅康图尔国家公园的高山草甸上，一个研究团队对19种开花植物的传粉者进行了一项为期6周的研究。他们发现，近三分之二的传

---

* 蒙彼利埃大学的经济学家尼古拉·加莱在2008年计算出，全世界的昆虫传粉的经济价值为平均每年2 160亿美元。参阅：MacNeal 2017。——原注

粉者是双翅目昆虫，超过一半的传粉者来自舞虻科。研究团队得出的结论是："在高海拔地区，双翅目昆虫广泛地取代了蜜蜂成为主要的访花昆虫。"

类似的情况也发生在高纬度地区。北极短暂的夏季里到处是昆虫，其中大多数访花昆虫属于双翅目。2010年7月，科学家在加拿大努纳武特的一片北极地区观察5种开花植物，
145 发现食蚜蝇和家蝇占全部传粉机会主义者的95%。在2016年的一项研究中，欧洲和加拿大的科学家把粘蝇板藏在格陵兰岛东北部的花丛中，他们发现，家蝇的一种近亲*Spilogona sanctipauli*[*]是北极地区花朵的主要传粉者，这与40年前加拿大北极地区的一项研究结果相呼应。

一些在寒冷气候中生存的花会积极地招揽双翅目昆虫。它们能提供一个比环境温度高5摄氏度（9华氏度）以上的温暖庇护所，以此来吸引双翅目昆虫。这个温度使双翅目昆虫的飞行肌肉保持温暖，保证了蝇在阻碍大多数蜜蜂的环境中也能正常通勤。

北极的其他花朵使用臭气来吸引自己的双翅目盟友。鲍勃·阿姆斯特朗给我发来了他在阿拉斯加州的朱诺附近拍摄的一段精彩视频：他把微型摄像机安装在离一株深紫红色的黑贝母几英寸的地方——当地人把这种花称为"茅坑百合"

---

* 到目前为止，它还没有俗名。我提议叫"北极食蚜蝇"（arctic flower fly）。——原注

或“夜壶女士”。数十只反吐丽蝇蜂拥而至，在花丛间穿梭。当它们在膨大的花药下面活动时，明亮的金属蓝腹部在阳光下闪闪发光，多毛的背部很快就被金色的花粉彻底覆盖，场面十分华丽。

在世界的其他地方，无论海拔高低，无论你在哪里，访花的双翅目昆虫的多样性可以与蜜蜂和胡蜂相媲美，有时甚至超过了它们。在澳大利亚，访花的双翅目昆虫的种类几乎是蜜蜂和胡蜂的2倍。新热带地区的情况正好相反。

双翅目昆虫甚至可能是最早的传粉者？“这是一种古老的互利共生关系，”阿特·勃肯特告诉我，“蠓的化石记录可以追溯到9 700万年前的新泽西州琥珀中，当时正是开花植物的多样性开始蓬勃发展的时候。花的爆发与双翅目昆虫的爆发只是
一种巧合吗？也许是的。或者不仅仅如此：这两种生物有许 146
多适应辐射*，它们因彼此的存在而受益？很可能是这样！”

无论双翅目昆虫是不是最早的传粉者，改进的昆虫检测技术正在说明其传粉的多样性和绝对数量。在欧洲的一项研究中，科学家在24小时内从瑞士阿尔卑斯山麓的花朵上收集了1 762只昆虫。该样本包括了10个目中的316个物种；它们总计出现在94种植物上。超过一半的昆虫（974只，或55%）属于双翅目，有130个不同的物种；而蜜蜂和胡蜂只有61种。

---

* 指从原始的一般物种演变至多种多样、各自适应独特生活方式的专门物种的过程。——译注

埃克塞特大学的生态学家贾森·查普曼利用雷达追踪黑带食蚜蝇独特的空中特征。他估计，每年有多达40亿只黑带食蚜蝇在英格兰南部和东欧之间迁徙数百千米。它们造访数十亿朵花，春天向英格兰南部输入30亿到80亿颗搭便车的花粉粒，秋天输出的花粉粒则多达190亿颗。同时，它们的捕食性幼虫吞噬了6万亿只蚜虫，重达6 350吨。这些黑带食蚜蝇的影响也体现在食物链的上游：它们提供的营养加起来有3 500万卡路里，有助于养活无数的鸟类、哺乳动物、爬行动物、两栖动物和鱼类。

一种意想不到的模式出现在传粉的双翅目昆虫中。直到最近，人们还认为一个特定的蝇科，即食蚜蝇（食蚜蝇科），在协助植物繁殖方面占了很大的比例。但事实证明，瑞士阿尔卑斯山中访花的大部分双翅目昆虫不是食蚜蝇。在这项研究中，双翅目样本的三分之二不是食蚜蝇，共计85个物种、643只。

上述研究不会成为头条新闻，蜜蜂是唯一传粉者的迷思正在流行文化中不断得到强化。在2018年英国自然电视节目
147 《根》中，有一系列关于昆虫访花的简短插图。当镜头扫过繁茂的花朵时，双翅目昆虫比任何其他昆虫都要多，但节目中只提及了蜜蜂和甲虫传粉者。

参观蒙特利尔昆虫馆时，我也看到了类似的情况。该馆与规模更大的蒙特利尔植物园相邻。尽管昆虫馆规模很小，但它

却是北美最大的昆虫博物馆。如果你是一只双翅目昆虫，你就不会知道这一点。在大厅里，一个背光显示屏上展示了41种昆虫的照片，尽管它包含一个“明星传粉者”的部分，但在通常的公认对象——蜜蜂、胡蜂、熊蜂——之间，找不到一只蝇。（当我在多伦多国际机场打下这段话的时候，一只果蝇正精力充沛地在我的啤酒杯周围跳来跳去，似乎在怂恿我。）

双翅目昆虫不仅被蜜蜂掩盖光芒，而且也被误认为是蜜蜂。尤其是许多食蚜蝇，它们已经进化出了类似于蜇人表亲的体形和黄黑相间的腹部，因而可以吓跑潜在的捕食者，同时无须投资昂贵的毒液。它们的拟态非常令人信服（见彩色插图），以至于许多昆虫学学生误把它们收藏在膜翅目中。北美双翅目协会的通讯《蝇时代》的第57期（2016年10月）收录了一张照片和一段简短的说明，照片拍的是一罐蜂蜜，蜂蜜的标签上有一幅漂亮的照片，一只“蜜蜂”正坐在一朵粉花上。该公司没有注意到，这只昆虫不是蜜蜂，而是拟态的食蚜蝇，从它的内脏里永远不会流出蜂蜜。之前一期的《蝇时代》里收录了一条来自一张主流报纸的简讯，感叹致命的蜜蜂病毒导致蜜蜂的数量减少，但配图却用的是一只管食蚜蝇属昆虫。昆虫学家F.克里斯·汤普森诙谐地指出，蜜蜂显然越来越少，以至于报纸
找不到一张关于它们的照片。但有时情况会反过来。就在那张 148
配图的下方，汤普森提供了威廉·戈尔丁的代表作《蝇王》的一个版本的封面，上面的配图是一只巨大的昆虫停在一个胖胖

的小学生身上。这只昆虫有四只翅膀和一根刺，显然不属于双翅目。正如亚里士多德在2 400年前创造双翅目这个名称时所指出的，“两只翅膀的昆虫尾部都没有刺”。

美味的

除了蜂蜜之外，你最喜欢的一些食物可能也多亏了有双翅目昆虫的活动。许多我们喜爱的水果，包括苹果、梨、草莓、杧果、樱桃、李子、杏、覆盆子和黑莓，至少部分是由食蚜蝇传粉的。在为本书做研究的时候，我了解到我以前在马里兰州的波托马克河畔骑自行车时经常吃的泡泡果就是由双翅目昆虫传粉。这种美味的水果太容易腐烂，拥有奶油冻般的细腻风味，无法商业化种植。双翅目昆虫还为药草和蔬菜传粉，包括茴香、芫荽、葛缕子、洋葱、欧芹和胡萝卜。总的来说，有100多种作物是双翅目昆虫的常客，主要依靠它们传粉来获得丰富的果实和种子。

巧克力虽然不是一种主食，但考虑到它拥有“世界上最受欢迎的可食用物质”这一美誉，因而在人类文化中的地位牢不可破。巧克力由可可树的豆荚制成，而可可树是世界上最难传粉的植物之一。我们要感谢美国昆虫学家艾伦·扬，他花了几年时间在哥斯达黎加研究这种传粉机制，让我们看清了它的原理。可可树是一种自交不亲和的树种，无法自己
149 受精，因此需要昆虫才能成功传粉。可可树的树干和较低的

树枝上会开出一便士大小的浅粉色花朵，除了一种食蚜蝇之外，已知只有非常小的蠓能给它传粉。扬在2007年的书《巧克力树：可可的自然史》中解释说，每朵花有五片花瓣指向内部，留下一个很小的开口，只有体形相称的小昆虫才能挤进去。扬亲切地描述了这些蠓虫，说它们“如此之小，就像是不可见的尘埃在可可树的阴凉灌丛中飞舞”。马克·“虫博士”·莫菲特拍摄的标本显示这是一种脆弱的小生物，有着纤瘦的足和修长的触角，身体像一串珍珠那样分节，向后蜷曲在长着宽大翅膀的身体上。

人类的鼻子无法嗅到可可花的香气。但是，当扬和威斯康星大学的同事向蠓虫提供了浸有可可花花油的棉球时，这些小虫蜂拥而至。可可树开出大量的花，但即使有蠓虫的帮助，也只有很少一部分能结出成熟的可可豆。腐烂的树叶下提供了潮湿的环境，成为幼虫的理想栖息地。如果你有兴趣更详细地了解这种传粉机制，我推荐你去读一读扬的书。

波罗蜜的传粉没有那么著名，但同样值得人们关注。波罗蜜在西方迅速流行，部分是因为已经熟悉了其美味的亚洲移民的需求。今天，它在世界各地的热带和亚热带地区都有种植。

我在佛罗里达州南部生活时认识了波罗蜜，这是我吃过的最有趣和最美味的水果之一。我在当地市场上买了一个，
又从一位朋友那里买了第二个，这位朋友的院子里有几棵热 150

可可树的花很复杂，蠓是已知的唯一一种能给它传粉的昆虫。巧克力正是由可可树的果实制成的（图片来源：vineyard VR）

带水果树。波罗蜜是世界上最大的树生水果，一颗果实可以超过120磅，几乎全部都可以食用（纤维状的基质是一种流行的素食肉类替代品）。我所吃的波罗蜜大小中等，每颗重约23磅。当粗糙带刺的表皮开始松动，飘出甜美气味的时候，我便知道这种水果已经可以吃了。我看了几个关于如何处理波罗蜜的视频——需要一把大刀，上面涂满椰子油，以免像乳胶一般拥有强黏性的汁液毁坏了刀子。我花了一个小时才把包裹在纤维组织中的大块金色果肉取出来，每块果肉里都有一颗金灿灿的、橄榄大小的可食用种子。这次美味的丰收足
151 以让我享受好几天，努力是值得的。

与果实形成鲜明对比的是，波罗蜜的花很小，很不起眼；

一直到最近，它的传粉机制仍然是一个谜。数以千计的雄花和雌花在一棵树上长成独立的复合果块，叫“合心皮果”。要使合心皮果膨胀成可食用的果实，花粉必须从雄花转移到雌花上。

早期的一些研究试图弄清楚波罗蜜的传粉情况，但结果模糊且矛盾。除了风，几种双翅目昆虫被认为是可能的候选者。好在有来自美国六所机构的七名研究人员的仔细调查，现在我们知道，传粉是波罗蜜花、一种真菌和一种双翅目昆虫（某种小型的瘿蚊新物种）三方互利共生的结果。真菌在雄性合心皮果上形成一层网状薄膜，这对双翅目昆虫（包括成虫和幼虫）来说是有吸引力的食物来源。

研究人员做了一系列调查，包括：收集波罗蜜花中的昆虫；在合心皮果附近放置不同网孔大小的网来排除潜在的传粉者；测试单独的双翅目昆虫触角对波罗蜜花发出的三种主要气味的敏感度；测量双翅目昆虫对Y形管的两臂的偏好，其中一臂连接着开花的波罗蜜合心皮果，另一臂连接着空气。通过这些调查，科学家确定一种新命名的瘿蚊，学名为*Clinidiplosis ultracrepidata*，是波罗蜜传粉的主要参与者。如果你碰巧不了解*Clinidiplosis*属，我很乐意告诉你它包含104个已知种（到目前为止）。在英语中，ultracrepidate一词是指超越自己的领域，因为该新物种正是在波罗蜜上搭长途便车。这项研究是在佛罗里达进行的，对于这种水果、真

菌、双翅目昆虫的三方互利共生关系能够从波罗蜜的原生环境亚洲地区完整地迁移到如此遥远的栽培环境中的情况，该
152 项目的研究人员也表示钦佩。

密切配合

对于那些很难进入的波罗蜜花和可可花来说，只有小虫能为它们传粉。传粉昆虫与花朵之间往往有很好的配合，这非常合理。“花希望自己的访客不断地造访同物种的其他花，”马克·德鲁普告诉我，“这就是为什么同一物种的花外观高度一致（除了被园丁操纵外），而不同物种的花又非常不同。如果昆虫在单次觅食活动中造访不同物种的花，许多花粉就无法被传播到正确的地方。花把昆虫从通才教成了专才。”

传粉者倾向于造访同一物种的花，即便是在有更丰富蜜源的地方也是如此，这种现象被称为“定花性”。传粉者“出轨”的时候，它们不会受到任何惩罚，但花会受到影响，因为它无法利用其他物种的花粉。在传粉忠诚度的进化过程中，植物倾向于拥有专门特征、有利于为其服务的特殊昆虫。更具体地说，由于传粉者通常追求的是花蜜，植物通过逐步提供只有一种昆虫能驾驭的花蜜路线，来推动昆虫–传粉者协同进化。正如我们将看到的，植物已经进化出了各种策略，来迫使双翅目和其他昆虫保持对物种的忠诚。

植物的基本方法是模仿昆虫用于觅食和求偶的感官线索，

比如气味、视觉、行为等。这样，除了一两种特殊的昆虫，其他昆虫很难接触花朵，从而提高了传粉忠诚度。

查尔斯·达尔文曾描述过一种花，它的花蜜库必须穿过一根狭长的2英寸花管才能到达，对此他说了一句十分著名的预言："一定有一些拥有同样长舌头的昆虫未被发现。"在 153
达尔文去世后很多年，这种昆虫才被发现。南非的长喙虻（*Moegistorhynchus longirostris*）就像它的文学伙伴匹诺曹一样，拥有类似于鼻子的喙，这实际上是所有已知的双翅目昆虫中最长的口器——一个类似于舌头的饮水管（见彩色插图）。这个奇特的附肢从它的脸部伸出4英寸之多——是其身长的5倍，而这种虫子的身体不过和蜜蜂一般大。当它在飞行过程中向后折叠时，喙的一半便被拖在身体后面。

和其他长喙类双翅目昆虫一样，长喙虻是一群不相关的植物——或者说是一个植物共位群，包括天竺葵、鸢尾、兰花和紫罗兰——的唯一传粉者。超过120种花已经与它的长喙协同进化出了较长的花管，使它有进入花蜜库的特权。作为回报，这些花从近乎独家的传粉服务中受益，这种服务可以最大限度地减少配送错误的风险。

每一种植物的花药，也就是雄性生殖结构，都长在一个特定的位置。这样一来，每种花的花粉就会沾在传粉者身体上的某个独特但一致的位置，这个位置因植物而异。双翅目昆虫成了更有效的信使，比如说它可以同时携带3种植物的花粉，分别在它的头部、足部和胸部。

这种特化也存在风险。如果长管花开始消失，有长喙的双翅目昆虫仍然可以从其他短管花那里获取花蜜，但反过来就不成立了。如果长喙类双翅目昆虫减少，其他短喙昆虫将无济于事。在非洲南部的部分地区，湿地繁殖栖息地的丧失正在导致长喙虻的减少，这反过来又会造成长喙虻共位植物
154 群无法产生种子，因为它们在当地的传粉者已经灭绝。

欺骗和操纵

花与传粉者之间的互利共生关系并不总是互惠的。大自然是一位伟大的创新者，总是在寻找捷径。对于花和传粉系统来说，双翅目昆虫并不总是有益：有些食蚜蝇和水虻会在不帮助传粉的情况下从蝎尾蕉中窃取花蜜，成为采花大盗。窃取花蜜的双翅目昆虫的蛆侵扰花朵后，传粉的蜂鸟不太可能再来光顾。

更多时候，是植物在操纵昆虫。不提供酬劳的花很擅长欺骗昆虫传粉者，以至于这些特征在几乎所有主要的开花植物群中都得到了进化，包括大约三分之一的兰花，也就是多达10 000个物种已经做到了这一点。

你可能听说过，兰花会展示类似于雌蜂腹部的丰满花朵，这对雄蜂来说简直不可抗拒。蜜蜂被这种植物色情吸引，疯狂地努力与花交配，有时甚至会留下精液。在这个过程中，

它会被贴上一层花粉（稍后我们会看到，这种行为有时充满了暴力）。你可能很好奇，自然选择为什么会偏爱浪费精子的雄性，但精子的生产成本相对较低，所以浪费精子在自然界中并不罕见。

一些兰花的诱惑策略以双翅目昆虫为目标。南美洲的一
种兰花非常像雌性寄蝇，它的柱头利用了视错觉的形式，位
于“假腹部”的顶端附近，其反射阳光的方式与雌蝇的生殖
孔相同。雄蝇会与花“交配”，并在交配失败的情况下给花传 155
粉。其他的花则更倾向于机会均等。南非一种灌木的花瓣上
的黑斑既吸引雄性管食虻蝇，也吸引雌蝇。

有一个庞大的兰花亚族，其中超过5 100种主要由双翅目昆虫完成传粉。绒帽兰属（*Trichosalpinx*）大约包含110个物种，分布范围从墨西哥和中美洲地区到南美洲北部。这种花最明显的一个特征是长着带有细密流苏的深紫色唇瓣，经过精巧的校准之后，只在有翅传粉者的重量和动力之下才移动。然而，这种结构还有另一种运动方式：由于下唇瓣连接着薄而有弹性的韧带，它可以随着气流振动。

哥斯达黎加的一个研究小组发现，一种特殊的雌蠓专门拜访绒帽兰属的花并为之传粉。蠓以不规则的“之”字形飞行并接近花朵，落在侧萼片上。它立即走到唇瓣上，开始从上到下检查有毛缘的表面。在找到合适的位置后，它就用肉质的口器寻找并吸食花朵表面的渗出物。当小蠓虫接近花的

平衡点时，它的体重触发了一个快速的杠杆运动，把唇瓣往上抬起大约35度，使昆虫猛烈地撞击花茎。如果几只蠓同时到达触发点，杠杆装置就会因为过重而失效。

蠓为了自由而挣扎，一旦它的背部剐蹭到花茎的顶点，它要么移走花粉团（一个装花粉的囊袋），要么把已有的花粉团放在柱头上。任务完成后，唇瓣回到原来的位置，从而允许蠓飞到另一朵花上，或者仍然停留在同一朵花上。

对蠓来说，这并不是一件没有风险的事情。在一些情况
156 下，昆虫无法释放花粉团获得自由，它会因此被困住，随后死在花中。你可能会好奇，经验丰富的蠓是否会被这种粗暴的对待方式吓到，并开始逃避这些兰花。毕竟，只有当昆虫再次回到同一种花上，才有可能成功传粉。也许这对它来说是一种很有趣的体验：坐着过山车，喝着免费饮料。

被推搡的蠓似乎并没有完全被花朵接纳。研究人员在扫描电子显微镜下仔细检查这些花，没有发现蠓产卵或孵化幼虫的痕迹。这一结果可能对两种生物都有好处。

你或许记得，蠓是吸血者，所以兰花并不是用甘甜的花蜜引诱它们。相反，兰花似乎是在模仿双翅目昆虫的感官线索——蠓利用这些感官线索接近脊椎动物寄主。一个线索是，蠓从兰花的唇瓣中吸收的分泌物是蛋白质，而不是糖——当雌蠓吸血的时候，它追寻的正是蛋白质。另一个线索是这些花只吸引雌性，而不吸引雄性——雄蠓不吸血。

然而，一种更微妙的模仿形式可能在起作用。有些蠓实行偷窃寄生，即偷窃另一个捕食者的食物。人们曾经发现它们粗鲁地啃食悬挂在蜘蛛网上的猎物。鼓励这种行为的植物被称为“kleptomyiophiles”，即“偷窃蝇的爱好者”。兰花可能通过模仿其猎物的特征来吸引蠓。有毛缘的唇瓣由于振动或风而运动的情景可能会带来一种视错觉，即猎物被困在蜘蛛网中无法动弹。这些运动可能有助于散播诱人的花香，这在其他兰花中也有记录。最开始，花可能通过模仿无脊椎动物寄主的气味来吸引蠓。一旦蠓靠近，短距离的线索就会启动：触觉（唇瓣的有毛表面）、视觉（紫色）和力学线索（唇瓣的运动），后者可能 157
类似于毛虫或蜘蛛的身体表面。这些花能产生少量的蛋白质，表明它们具有“食源性欺骗”。这些少量的蛋白质是一种信号，也是一种挑逗，引诱雌蠓进入花中，把它们引向传粉点。

协同进化的契约并不仅限于两个物种。例如，桃金娘蝇与线虫以及桃金娘科的植物寄主协同进化出了一种很特殊的关系，既是寄生，也是互利共生。这种契约关系中大约包括了30种双翅目昆虫，每一种都是一个线虫物种的寄主，该线虫的整个生命周期都围绕着它的寄主。交配的线虫渗透到在桃金娘体内进食的雌性桃金娘蝇的蛆，在蛆的血淋巴中产卵。成熟之后，卵就会孵化出线虫幼虫；当成年桃金娘蝇在桃金娘的芽或茎中产卵时，线虫幼虫会被转送到植物寄主上。到目前为止，这听起来像是线虫对桃金娘蝇的寄生。但这里还有一个转折——线虫一旦进入桃金娘，就会促使植物形成一个虫瘿——虫瘿既是保护室，也是下一批孵化的蛆的食物来源。这些资源对线虫也有利。因此，桃金娘蝇窝藏了似乎对寄主生命无害的微小线虫。作为回报，它们得到了一间带客房服务的豪华酒店套房，而且完全不急于退房：虽然成虫只能活几个小时，但一些幼虫却可以在舒适的房间里住3年之久。

腐臭的诱饵

花朵色彩鲜艳、香气甜美，长期以来激发了莎士比亚和歌德等诗人创作的灵感。当然，花并不是为了人类而存在——尽管花商可能会提出异议。在纯粹的生物学背景下，
158 花的进化是为了促进配子在个体之间的转移，从而实现异花受精。不太正式地讲，花代表了一种进化机制，利用第三方辅助植物性交，这里的“第三方”主要是指昆虫。

我们可以进一步驳斥这种以人类为中心的花卉理论：我们的感官厌恶一些花。昆虫——尤其是双翅目昆虫——的生计依赖于死亡或腐烂的动物以及动物的排泄物，它们的多样性和丰富性为开花植物提供了一种操纵昆虫的方法。在模仿腐肉、粪便和腐烂真菌的植物中，虚假奖励是一个用来喂食、产卵或孵化幼虫的地点。这对双翅目昆虫来说是一场代价昂贵的骗局，因为植物实际上并没有为它们的繁殖提供合适的场所。这些植物模仿者结合了一系列碳氢化合物、含氧发酵

化合物以及含氮和含硫的挥发物，产生独特的恶臭气味。这种欺骗必须有足够的说服力和诱惑力，骗过昆虫至少两次以上，因为花粉必须在一朵花上采集，然后放置到另一朵花上。一般认为，这些花的主要目标是待产的雌性，但雄性也是有用的授粉者，因为当它们徘徊着寻找大腹便便的配偶时，也会拜访这些花。雄性也许能称心如意，但雌性的后代却会因为营养不良死在花上。对雌性的欺骗也不完全是一种利用，因为许多花都会提供某种形式的营养奖励。

长期以来，模仿臭烘烘的腐烂物的外观和（尤其是）气味的能力催生了一种植物家庭手工业。在通常的花-昆虫传粉机制中，花提供花蜜，奖励携带花粉的昆虫；但模仿腐肉的植物——比如提供虚假性承诺的植物——不一样，除了感官上的诱惑，它们通常不提供任何补偿。然而，视觉、嗅觉和感觉（可能适用于带纤毛的疣状表面）令双翅目难以抗拒，某些欺骗性的植物还会提供较高的温度，诱使许多昆虫产卵， 159
孵化出的幼虫却找不到食物。试想，如果你是一只饥饿的反吐丽蝇，肚子里装满了成熟的卵，你怎么可能忽略附近3英尺高的大王花上飘来的变质牛肉气味的诱惑呢?

这种植物利用“信息化学物质”模仿腐肉的技能已经十分精湛，以至于它们的气味不仅能反映昆虫对各种腐烂有机物的视觉偏好，甚至还能反映腐烂过程的不同阶段。某些大王花物种更倾向于吸引雌性双翅目昆虫——因为相比于雄性，拥有产卵欲望的雌性更有希望成为传粉者。一个来自马来西亚和南非的研究团队研究了5种珍稀大王花——它们可以重达7千克（超过15磅），而且不会破坏茎和叶子。研究团队只观察花丛中的雌性丽蝇，测量了肯氏大王花气味中最重要的分离物对放在飞行通道里的同等数量的雄性和雌性的吸引力，结果发现积极反应的雌性与雄性之比是4∶1。

这些臭烘烘的模仿者还使用了一些视觉技巧来加强欺骗性：模仿腐肉或粪便的花往往是深栗色、绛红色或屎黄色，通常在浅色背景上长有对比强烈的深色斑纹。绛红色是肉的颜色，而斑点或线条可能类似于开放的伤口。气味线索和视觉线索由此共同发挥作用。实验采用了南非某种花的模型，而气味由真正的花提供。实验表明，有气味的黑花吸引到的双翅目昆虫明显多于有类似气味的黄花。当科学家在通常只有夜行性天蛾光顾的花中加入腥臭味时，这些花很快就吸引来了嗜腐的双翅目昆虫。所以至少对某些花来说，诱人的气
160 味可以吸引双翅目昆虫。嗜腐双翅目昆虫的传粉机制的进化可能就是从产生腥臭味开始，然后是视觉适应（颜色、图案和形状），从而优化同一物种间花粉的输出和安放。

关于植物中受双翅目昆虫启发而产生的腐肉拟态，一个附注是，这些花普遍非常巨大。在苏门答腊雨林中，巨魔芋（*Amorphophallus titanum*，希腊语中的意思是“形状不规则的巨大阴茎”）的一朵花能长到10英尺高；而已经得到充分研究

的白星芋高达1英尺，能模仿死去的有蹄动物的肛门区域。人们提出了可信的理论来解释这些大花现象，包括：这些花的数量往往很少，而且在森林中很分散，需要吸引与它们距离较远的传粉者，而丽蝇的远程嗅觉能力正好符合这一要求。

双翅目昆虫与真菌的关系和其与植物的关系并不完全一样。双翅目昆虫并没有忽略多样性高且同样成功的真菌界，它们中有许多物种在真菌上进食、栖息和繁殖。真菌蚊蚋恰如其名，它们种群庞大，有5 000多个被描述的物种，还有更多等待被发现。类似双翅目昆虫与开花植物的关系，双翅目昆虫与真菌的关系往往也是互利的，与真菌接触的双翅目昆虫可以成为孢子的有效传播者。一些真菌非常依赖它们的真菌蚊蚋伙伴，以至于就像某些水果及其传粉者的关系一样，这些真菌的孢子只有在通过真菌蚊蚋的肠道后才能生长。

双翅目昆虫、花和真菌之间的关系，概括了地球生命的一个基本方面：相互依存。这些生物在共享的空间里已经协
同进化了数百万年，彼此之间的联系往往就像锁与钥匙一样 161
密切。

进行有性繁殖的生物体也是如此。除了极少数的例外，生殖需要同一物种的两个个体配对，然后把基因互补结合起来。双翅目昆虫已经想出了一些创造性的方法来产生更多的
后代。 162

第八章 爱 人

双翅目昆虫喜欢做爱。

——埃丽卡·麦卡利斯特（英国双翅目专家）

双翅目昆虫的性爱有点像虐恋。正如对食物不可抗拒的需求助长了它们受到的植物诱惑，对繁殖不可缺少的需求也催生出大量的奢侈行为。当我为这本书做研究的时候，我注意到双翅目昆虫生活中许多最有趣的方面都围绕着它们的生殖习惯。因此，我很难决定本章保留哪些内容，以及该把哪些内容丢弃在庞大的废纸堆中。

许多双翅目昆虫和其他昆虫的成年阶段很短，几乎完全用于繁殖。好些成虫甚至懒得吃东西，它们在更加漫长的幼虫阶段摄入大量的食物，并以此为能量产生卵子或精子。至于那些进食的成虫，不少就像吸血的雌蚊一样，是为了滋养正在发育的卵，而不是滋养自身。长大以后，我了解到蜉蝣目之所以叫"Ephemeroptera"，正是因为它们的成年期转瞬即逝[*]，往往只有1天时间用于交配。脆弱的拟网蚊是一个更极端的例子，其成虫阶段非常短。它们从在水下出生，到经历交 163
配、产卵和死亡，整个过程不到2个小时。这彰显了大自然母亲对生育的重视程度：她在一只成年双翅目昆虫的身上投入如此多的进化复杂性，包括所有的肢体、感官和嗡嗡作响的身体系统，但其唯一的目标就是与配偶结合。

双翅目昆虫如何求偶

莎士比亚笔下受挫的罗密欧感叹："食腐的苍蝇比罗密欧更会求爱。"我想，莎士比亚一定对昆虫学很有研究，因为许多双翅目昆虫的求爱技巧的确会让大部分男人自叹不如。由于双翅目物种的多样性，其求偶的方式也有很多种。雄性食虫虻在停歇的爱人面前盘旋，以展示自己醒目的饰品，比如后足上的长流苏，或者银色的生殖器。一些长足虻的求偶行为包括有力地挥舞翅膀和色彩鲜明的足，有时还会进行惊人的后空翻和其他体操表演。如果你想知道是什么促使一只雄性为雌性表演体操动作，那就把它归结为雌性的挑剔。几代独具慧眼的"女士"塑造了雄性的演出，它们喜欢有运动天赋并精心表演的求偶者。

广口蝇和斑蝇在它们的多感官求偶过程中结合了视觉、

---

* "Ephemeroptera"源于希腊文，意思是"仅一天的生命"。——译注

触觉、味觉，甚至还有嗅觉和听觉。斑蝇之所以得名，是因为它们拥有醒目的花纹翅膀。这两只翅膀各自独立，每一只都可以大力地扭转和弯曲，这种运动被双翅目昆虫学家称为“桨动”。如果信号显示没有问题，化学反应也是对的，那么交配的双方可以长时间地“接吻”，锁紧唇部并交换唾液。有
164 时，雄性会把唾液转移到雌性的背上，并在这里吸食；还有些雄性会摄取雌性产生的肛门液体。一些雄性瘦足蝇会使腹部两侧充气，这可能是在用香味激发自己的各种诱惑力。雄蚊可以交配8次，它的精液中含有一种叫“配偶素”的信息素，其作用是抑制雌蚊进一步寻找配偶。

不过，放心吧，雄性并没有掌控局面。雄性舞虻可能因香味而受益，但它们选择了送礼作为求偶策略。这么做很合理。成年雌性舞虻的胃口很好，大量进食可以促进产卵，并且它们的配偶也在菜单之中。雄性舞虻会用一份礼物来点缀它们的婚前空中舞蹈——一只刚捕获的昆虫，体形可以和雄性本身一样大。雌性不会与没带礼物的雄性交配。在一些双翅目物种中，雄性会原封不动地把礼物交给配偶；雌性一边进食，一边与雄性在空中交配。另一些雄性则用丝线把捕获的猎物包裹起来，这些丝线源自前足肿胀的根部附近的空心毛发。当雌性拆礼物的时候，这种伎俩为雄性争取了宝贵的交配时间。但雄性并不会毫无保留地奉献自己的爱意，有些雄性会吃掉猎物的大部分，只留下丝质气球内的碎片。有一

两个物种采取了大胆的措施：只提供包装，里面没有猎物。其他雄性则试图给爱人奉献蓬松的种子或其他不可食用的物体。雌性会不高兴吗？双翅目中许多种类的雌性不会捕食，而是以花蜜或花粉为食，因此，人们认为求偶礼物可以为雌性提供它的孩子发育所需的基本蛋白质。

有了这样丰厚的礼物，再加上有可能顺便吃掉雄性，因此争夺配偶可以是双向的，雌性也会争夺雄性。为了引诱合适的雄性，一些雌性舞虻使出了化装的技巧。它们让腹部膨胀，看起来就像是装满了成熟的卵——这是雌性的裙撑，对 165
性唤醒的雄性来说简直是不可抗拒的景象。

吸引配偶并不是求偶表演的唯一功能。由于许多种类看起来长得一样，特定的求偶动作也有助于甄别。与错误的物种交配并不会为任何一方产下后代，所以物种身份信息识别工具在进化中非常受欢迎。[毕竟摇蚊属（*Chironomus*）有647种；想象一下如果智人属有647种，人类会发生什么。]

作为对果盘非常感兴趣的常见小型家庭访客，果蝇的求偶舞就说明了这一点。每种果蝇都有一套多步骤的复杂舞序，动作包括倾斜翅膀，向前抽动一只或两只翅膀，向侧边伸出翅膀，以及快速拍打翅膀，从而产生不同音调的嗡嗡声。所有步骤必须按照正确的顺序进行，并达到符合要求的熟练程度，否则整个舞蹈就会终止，调情就得从头开始（或者退几步）。在求偶舞阶段，一方或者双方可能会经常停下来，休息或梳理足、翅膀和触角。在早期阶段，表现得不冷不热可能是一个很好的约会策略，因为这有可能是果蝇生命中唯一一次性接触，赌注很大。如果舞跳得很好，动作就会加强，最终导致身体接触。雄蝇用腿和脚拍打并抚摸雌蝇的身体，如果一切进展顺利，雄蝇就会开始亲吻它的爱人，用柔软的口器有节奏地按压雌蝇的背部和腹部。有时爱抚会加重，将轻吻身体升级为舔舐生殖器。交配通常持续2个小时。性爱之后，夫妇双方通常会休息和梳理，说不定偶尔也会看看电视？

166 求偶果蝇的翅膀产生的音调不仅仅是视觉表演的副产品。事实上，这有可能是雄蝇翅膀运动的主要目的。这些“歌曲”有两种形式，一种是像蚊子一样的鸣鸣声，一种是像猫叫的节拍声，它们都是伸展和拍打单只翅膀产生的声音。这些声音极其柔和，我们必须放大100万倍才能听到。普林斯顿大学的研究人员在2016年发现，雄性果蝇会根据它们与雌性果蝇的距离来调整求偶歌曲的声强。当恋人在更远的地方时，它们会“唱”得更大声——就像如果我们知道和我们交谈的人在街上更远的地方，我们就必须大声喊。这种能力很有用，可以最大限度地降低为雌蝇“唱歌”的能量成本，因为雌蝇的选择通常要求雄蝇“唱”很长时间。在别的物种当中，只有人类和鸣禽知道通过调整音量来补偿与接收者的距离。

我相信许多人和我一样都很好奇，蚊子究竟为什么会发出响亮的哀鸣。如果一个生物长着能拍苍蝇的尾巴或有一双致命的手，那么雌蚊靠近它的时候理应保持沉默。亚里士多德把苍蝇的声音描述为“与有意义的语言相反”，并得出了错误的结论，即苍蝇“没有声音，没有语言”。

仔细观察后，就会发现这种疯狂的行为是有意义的。事实证明，蚊子的哀鸣（由每秒振翅600下产生）并不是为了烦扰寄主。关于其实际功能的一个线索是，在许多种类中只有雌蚊才会发出这种声音。另一个线索是，雄蚊通过多毛的触角接收声音，触角在接收到同种的正确音调后会完全协调地做出振动。雄蚊毛发根部的感觉细胞将振动转化成神经冲动并送入大脑，刺激它们飞去寻找配偶。

我们还可以这样驳斥亚里士多德：和果蝇一样，蚊子可 167
以控制翅膀的振动。尽管雄蚊倾向于更快地振翅从而产生音调更高的哀鸣，但在婚飞期间，雄蚊和雌蚊都会主动调节它们飞行时的音调。

蚊子的声学保真度也不免有误差。在一些物种中，未成熟雄蚊的翅膀音调与成熟雌蚊的翅膀音调相似，导致了一些尴尬的配对。一位昆虫学家告诉我，音叉可以吸引蚊子。在一个著名的案例中，一座发电站中的机器被数不清的蚊子堵住了，都是被机器产生的特殊高音所吸引的雌蚊。

可以说，刚羽化的雄蚊是还没有进入青春期的男孩。它的生殖器官需要一天时间才能成熟，这个过程包括一个180度的旋转。还好，青春期前的雄蚊不仅阳痿，而且失聪。要想听到它的女孩的情歌，小雄蚊的触角毛发必须勃起；而这只有等到生殖器旋转完成之后才能进行。这张时间表避免了性无能的雄蚊与已经准备好的雌蚊结合，那将是令人沮丧且毫无益处的事情。*

蚊子的表亲蛙蠓同样使用求偶歌曲，雄蠓也会用多毛的触角辅助倾听。一个来自斯里兰卡、美国和巴拿马的研究小组发现，不同性别的蛙蠓快速振翅产生的音调与谐波是不同
168 的。一旦雄蠓和雌蠓配对，两只蠓就会调整振翅的节拍，以配合对方的音调。如果一只雄蠓被另一只雄蠓骑在身下，它会调整自己的音调，这可能是驱赶顽固的求偶者的方式，相当于在说“滚开！”。科学家还认为，蛙蠓之所以能够通过窃听追踪蛙，就是因为它们的求偶功能依赖于声音。

在美国西南部最新发现的一个长足虻物种中，求偶歌曲可能导致了一个显著的身体特征。在所有28个被检查的标本中，每只雄性*Erebomyia exalloptera*（还没有指定的俗名）的左翅都比右翅大6%，每只翅膀在靠近翅尖的地方都有不同的形状。以前我们没有听说过有翅膀的动物会长着不对称的翅膀。毕竟，有什么东西比直线飞行还重要呢？答案是性。这

---

* 反过来说，至少有一种情况是，对雌蚊来说性行为发生得很早。当它们刚准备从蛹中羽化而出的时候，就已经被成年雄蚊强奸了。在新西兰的盐沼暗蚊（*Opifex fuscus*）中，雄蚊在水面巡逻，当蛹浮出水面的时候就立刻赶到现场。雄蚊抓住蛹，把它撕裂。如果也是雄性就放走；如果是雌性，就与之交配。不幸的雌蚊在成年后的第一时间就怀孕了，它对这件事情没有发言权。——原注

些脆弱的长足虻身长约为4毫米（0.2英寸），它们在亚利桑那州峡谷小溪边的岩石悬崖下的黑暗洞穴里求偶，其求偶行为包括扇动翅膀来产生独特的声音，所以不对称的翅膀很可能是一种声学产物。盘旋的雄性会接近并拍打岩石上的每一个黑点，如果那是雌性，雄性就会降落在它的身后，并接近到大约1英寸以内。然后雄性水平地伸出翅膀，用一连串短促的动作扇动它。如果雌性没有离开，受到鼓励的雄性就会继续扇动翅膀，同时把自己置于雌性腹部的上方，并试图交配。

为什么进化会青睐不对称翅膀这样的身体劣势？有人会认为，飞行受损的惩罚会超过任何可能的求偶优势。但以色列杰出的生物学家阿莫兹·扎哈维在1975年发表的一个理论为这个迷题提供了可能的答案。根据扎哈维的“累赘原理”，

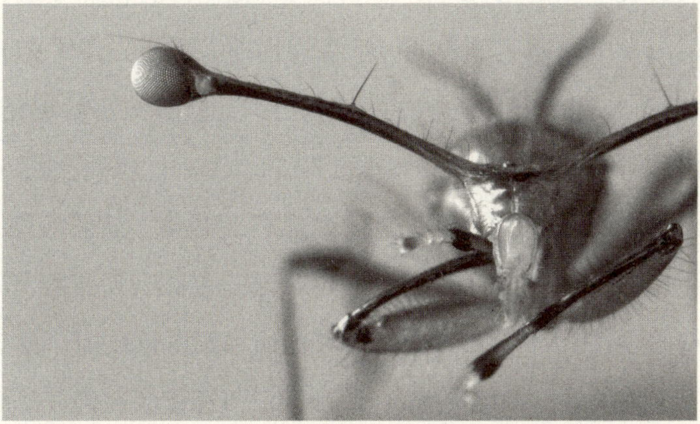

这只来自厄瓜多尔的雄性突眼蝇的眼柄长得出奇，这是几代雄蝇激烈竞争的结果。对挑剔的雌蝇来说，体形对于吸引注意力很重要（图片来源：罗伯·内勒）

169 雌性会选择有最大不利条件的配偶，尽管有些矛盾，但这表明它在基因上会比没有负担的雄性更好。换句话说，按照这种想法，身有残疾却能在困境中生存并完成生殖准备的雄性在生存游戏中一定很成功，而这是值得拥有的基因。

应对竞争对手

如果一只性饥渴的雄性双翅目昆虫想要繁殖后代，它面临的唯一障碍并不是辨别雌性，其他雄性也在争夺同样的奖品。争夺交配权——通常发生在雄性之间——在动物中很普
170 遍，在双翅目昆虫中也很激烈。

雄性果蝇会进行长达5个小时的争斗。科学家已经非常细致地研究了这些小虫，甚至为它们的竞争策略分配了所谓的"行为模块"。这些行为模块读起来就像是综合格斗手册。按照逐渐升级的顺序排列，大致是这样的：接近，其中一只俯身向另一只移动；翅膀威胁，其中一只迅速向对手举起翅膀；猛扑，其中一只扑向竞争对手；拳击，其中一只用后足站立，用前足击打对方；扭打，两只果蝇相互翻滚；击剑或踢腿；追逐和抓握。以上这些都是比利时研究人员利斯贝特·茨瓦茨和同事在2012年记录的。和脊椎动物的身体攻击一样（但不同于人类之间的组织较量），虚张声势和仪式化的表演通常足以解决争端，所以很少有导致受伤的更暴力行为出现，比如拳击和扭打。

如果竞争的双方知道自己在优势等级中的地位，也可以避免暴力攻击。这种等级制度的前提是，果蝇能记住之前的对手。哈佛医学院的一个病理学家研究小组已经在果蝇身上记录了这一点。他们将成对的雄蝇放置在会引发战斗的环境中，然后把它们分开。30分钟后，雄蝇与熟悉的或不熟悉的对手重新配对。相较于不熟悉的配对，熟悉的配对更少打架，据说这是因为每只果蝇都知道自己的地位。从前的失败者与不熟悉的胜利者及熟悉的胜利者之间战斗的方式不同，但它们从来没有赢过对手，哪怕是没有战斗经验的雄蝇也不例外。胜利者与胜利者，失败者与失败者，以及无战斗经验者之间的配对显示，失败者在后来的战斗中被削弱了，不太可能在等级制度中晋升。依据战斗排名，雄性果蝇似乎正在学习并 171
记住它们在其他雄蝇中的社会地位。

需要提到的是，雄性双翅目昆虫之间的攻击并不都是为了争夺雌性，争夺食物是另一个原因。攻击行为也不仅仅发生在雄性之间。雌性也会争夺食物，尤其是包含酵母的食物，这是养育幼虫的宝贵食品。

对于这样的小生物来说，雄性争夺雌性的竞争可能非常复杂。想一想华尔兹蝇（*Prochyliza xanthostoma*）的例子吧，这是一种来自北美洲的骨尸酪蝇，其完美的椭圆形翅膀下有迷人的彩虹色腹部。在早春的融雪期，死于冬季的动物尸体刚刚暴露出来，它们便在尸体上或尸体附近争夺领土。它们用后足站立，把前足张开，握住对方的前趾，这一行为可能有助于它们评估相对体形大小——这是预测比赛结果的常见因素。在长达2分钟的时间里，它们用前趾和触角进行格斗和拳击，并把拉长的大脑袋抵在一起，就像是发情的鹿，只不过速度更快。这种双翅目昆虫之所以叫华尔兹蝇，是因为它们会在求偶时进行十分协调的侧向运动。求偶的高潮是雄蝇做了一个少儿不宜的奥运会体操动作。雄蝇和雌蝇面对面，前足接触，然后雄蝇在一瞬间翻上雌蝇的身体，同时旋转180度，试图落在雌蝇的背上。如果雄蝇得分，就会立即启动生殖器锁，开始持续6分钟的交配。

雄性粪蝇对性对象没有那么挑剔。我们看到，它们不仅会跳到其他雄蝇的背上，也会跳到其他双翅目昆虫的背上，甚至还包括它们用于纵欲的百合花上的灰色斑点。异性跨骑一旦成功，就会开启一场精心设计的求偶仪式，雄蝇和雌蝇会来回摇晃长达15分钟。不接受的雌蝇很快就会制止这种行
172 为。但在同性跨骑中，扑过来的雄蝇意识到错误后不会很快下来；相反，它通常会努力骑在不情愿的伙伴身上，而伙伴为了让它离开，所做的努力可能就像一匹脱缰的野马。曾在英国沃里克郡研究粪蝇的肯·普雷斯顿-马弗汉姆认为，上面的雄蝇保持不动，不是因为它们自欺欺人地以为能够骗过身下的同伴，而是因为它们处在一个更好的位置，能够更方便地扑向下一只落在百合上的雌蝇。同性跨骑的另一个作用是，可以锻炼异性跨骑的技巧。擅长与其他雄性搞好关系的雄性

毛里求斯的雄性指角蝇正在对峙

（图片来源：斯蒂芬・马歇尔）

这只蠓“插入”草蛉的翅脉，吸食血淋巴（昆虫的血液）

（图片来源：斯蒂芬・马歇尔）

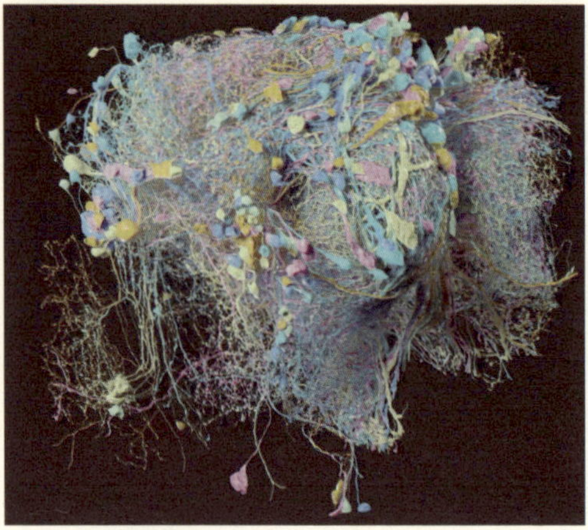

果蝇的大脑包含2.5万个神经元，它们可以形成2 000万个连接。图为局部细节

（图片来源：珍妮莉亚研究园区/FlyEM团队）

一只大眼睛的雄性双翅目昆虫，它的接眼式视觉使它几乎可以从任何角度发现雌蝇（或敌人）

（图片来源：卡塔·舒尔茨）

食虫虻的确可以捕捉比自己大的猎物，不过图中这只来自新加坡的食虫虻正在捕食一只小小的表亲

（图片来源：Vin Psk 摄影）

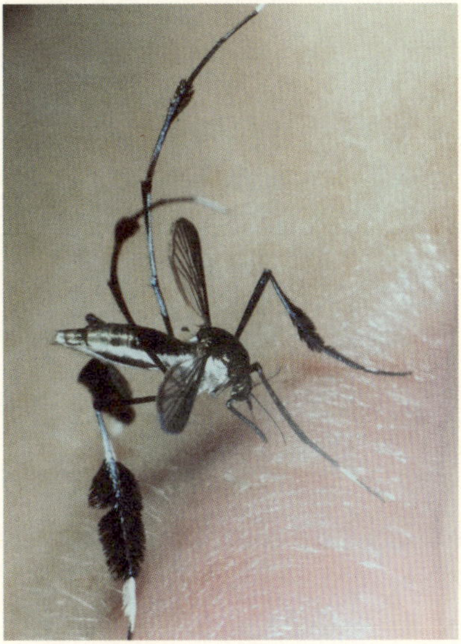

在厄瓜多尔，一只足上有毛茸茸装饰物的蚊子飞到别人的嘴唇上进食

（图片来源：斯蒂芬·马歇尔）

这只来自巴拿马的雄性南美泡蟾多情的叫声吸引了两只蛀蠓

（图片来源：西米娜 · 伯纳尔）

一只蚤蝇盘旋在加拿大的一群入侵红火蚁上空，伺机冲进去产卵

（图片来源：约翰 · 阿博特和肯德拉 · 阿博特）

一只南非长喙虻伸展它极长的喙，从协同进化的花朵上获取花蜜

（图片来源：安东·波夫）

在安大略省拍摄的这只拟熊蜂管蚜蝇是非常重要的传粉者

（图片来源：斯蒂芬·马歇尔）

左边是来自厄瓜多尔的水虻（无刺），右边是同一地区的胡蜂。前者通过模仿后者而获益

（图片来源：斯蒂芬·马歇尔）

细腰大蚊在飞行过程中伸出有条纹的足，这可能会迷惑捕食者，让对方只攻击它的一条腿，从而放过身体的其余部分

（图片来源：卡罗利娜·斯图尔曼）

一对鹬虻演示了双翅目昆虫常用的尾尾相连式交配体位
（作者拍摄）

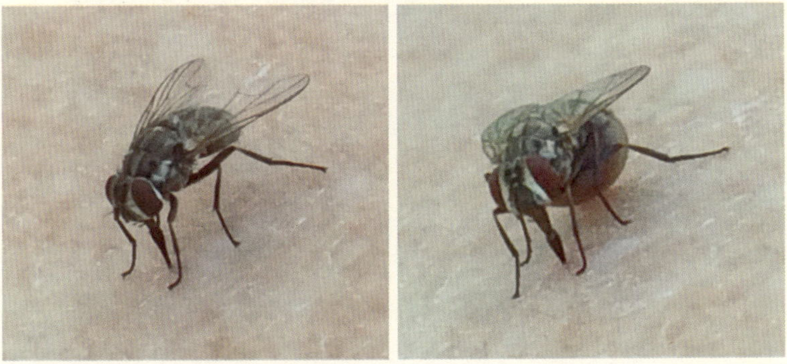

安大略省的一只厩螫蝇叮咬作者之前和之后
（作者拍摄）

图为堆肥冠军黑水虻。把它们的幼虫作为动物和人类的高蛋白食物，是一个不断发展的产业

（图片来源：约瑟夫·穆瓦桑－德塞尔，魁北克省农业渔业食品部）

在古巴，十几只名副其实的“揩油蝇”正在肆无忌惮地吸食被一只猫蛛抓住的蜜蜂的液化组织

（图片来源：斯蒂芬·马歇尔）

果蝇，更有机会与雌蝇交配。

雄性双翅目昆虫有很多策略来减少与其他雄性的竞争，战斗和支配性跨骑只是其中两个。粪蝇会守护着它们选择的配偶，赶走其他求婚者；毛蚋的交配时间很长，使雌性无法被其他雄性跨骑；果蝇则会转移一种化学物质，使雌性无法接受其他配偶。

即使最殷切的求婚者也可能被挑剔的雌性拒绝。雌性果蝇有一种策略，让求偶的雄蝇不太可能怀疑自己会被抛弃：用后足踢雄蝇的头。或者它会采取一种不那么直截了当的方法：就像产卵时那样，它让自己的产卵器（兼做阴道）向外伸，使雄蝇无法进入。向外伸的器官中会飘出几种挥发性的碳氢化合物。易于接受的雌蝇的香味可以成为一种春药，但在这种情况下，它的香味意味着拒绝——这是果蝇女士利用信息素让多情的雄蝇离开。

被拒绝的雄蝇不仅会收到信息并且离去，而且会失去爱
欲。哪怕把被拒绝的雄蝇放在易于接受的处女雌蝇身边，它们 173
通常也不会感兴趣。这种性欲下降可能会持续几小时或几天。科学家在几十年前首次观察到这种现象。研究人员不愿意将其归结为沮丧或灰心等情绪，他们选择的术语是“求偶条件化”。

双翅目昆虫的性爱

所有的求偶和竞争都是为了最终的回报：性。如果一只

雄性双翅目昆虫求偶失败，或者被它的竞争对手打败，那么它的基因将无法延续，成为繁殖的死胡同。无论一只不合格的雄蝇可能带有怎样的基因缺陷，自然选择的实际效率确保了这些缺陷不太可能出现在下一代。

首先，我们要把最基本的解剖学知识弄清楚：昆虫的阳茎是一个插入器官，本质上就是阴茎；交配器在昆虫中则相当于阴道，这种平行关系不仅仅是语言上的。2010年，三位专家对昆虫阴道的描述与哺乳动物的阴道惊人地相似："阴道是一根细长的肌肉管，内部衬有薄的角质层……当阴道空虚的时候，阴道壁会形成许多褶皱。因此，如果阴道中有精包（含有精子的胶状物），或者母体内有发育中的卵或幼虫时，阴道可以大大延长（在交配期间和交配之后）。"

昆虫的生殖器在形状、大小和结构上有显著的多样性。有能挠痒的毛发，有能抓紧的抱握器，有充气式结构，有互锁装置。一些石蛾的阳茎上有一个阳茎端突，是一个据信可以吸引雌性交配的钩状突起。还有一种斑蝇长着一根盘绕的阳茎，完全伸展时与身长相当。

174 关于双翅目昆虫交配的图书有很多。此外，还有一本书专门论述蜂虻科（Bombyliidae）的蜂虻的生殖器。有一次我拜访一家学术图书馆，翻阅了一本178页的食虫虻爱好者的论文集，标题是"论食虫虻科的生殖器"。

这种对双翅目昆虫的私处的迷恋，与其说是窥阴癖，不如说是系统化：生殖器的独特复杂性往往是区分近缘物种最可靠的特征。这对双翅目昆虫很重要，对研究双翅目昆虫的科学家同样很重要。双翅目昆虫种类繁多，近缘物种在表面上可能类似于同卵双胞胎，而阳茎上一个特征性的突起或者交配囊上一个独特的褶皱，或许就能为鉴定物种成员提供一个关键的线索。对双翅目昆虫来说，让一只多情的雄性知道自己的求偶对象是同物种的雌性非常重要。时间和资源不应该被浪费在没有实际繁殖前景的随性联络上。

可能正是因为这个原因，双翅目昆虫进化出了复杂的生殖器、视觉装饰和连接结构，它们靠这种连接结构获得并保持与爱人的连接。例如，鼓翅蝇亚科（Sepsinae）是食腐双翅目中一个类似于蚂蚁的亚科，其中375种奇特的雄蝇通常有明显的腹部刷毛和前足修饰，它们中的一部分提供触觉和视觉刺激。纳里尼·普尼亚莫蒂和她在新加坡国立大学的同事在实验室里培养了27种鼓翅蝇，视频记录显示，每种都有自己的交配风格，可以用于区分种类。例如，雄蝇可能用它的后足或中足摩擦或拍打雌蝇的各个部位，用口器“亲吻”雌蝇的头顶。在这些神秘的行为中，许多是非接触式的，比如雄蝇会蜷缩它们的跗节（相当于我们的脚趾），或者雌蝇反复将前足举过头顶。

成功的求偶会带来成功的结合。这时，它们的生殖器才真正发挥了作用。对一些双翅目昆虫来说，180度旋转生殖器
的策略迫使一方趴在另一方的背上，这样生殖器才能保持咬 175

合。这解释了人们会遇到的一种奇怪的景象（我在马里兰州的一次徒步旅行中就遇到过）：一只雌虻的背像钟摆一样悬挂着，足朝外，只用生殖器连接着自己的配偶，当时它的配偶正停歇在一个路标上。不要在家里尝试这么做！

这说明了双翅目昆虫的生殖器的大小、强度和活力：其中一方可以悬空，只靠性器官连接。大多数双翅目昆虫的首选结合体位似乎是狗爬式：双方都面向前方，雄性从后面插入。还有尾尾相连式：双方面朝相反的方向（见彩色插图），要么以相同的方式向上，要么呈180度。如果双翅目昆虫也有《印度爱经》，它一定不会收录传教士体位，因为这对有翅膀的生物来说显然不切实际，它们可能需要随时逃离危险。当然，会有一些尴尬的情况出现，比如不情愿的雌性努力挣脱雄性，结果双方都短暂地仰面躺下，脚悬在空中。

176 双翅目昆虫的交媾能持续多久？毛蚋（lovebug，俗称蜜

对一些双翅目昆虫来说，成功的生殖器互锁需要一个伴侣旋转180度，这会导致一些尴尬的姿势。图为在马里兰州拍摄的一对虻。（作者拍摄）

月蝇）是美国南部地区很知名的蠓，它们之所以得名，是因为它们保持了双翅目昆虫连续交配的记录：56个小时。（昆虫连续交配的记录由一种竹节虫保持，其马拉松式的结合长达79天，这个时间跨度比许多昆虫的整个成年期还长。而且我怀疑，这比大多数人累积的性交时间更长。）

所有为性爱付出的似乎都得到了回报。自20世纪40年代从中美洲向北迁徙以来，毛蚋的活动范围以每年20英里的速度向东扩展。它们在1949年抵达彭萨科拉，1957年抵达塔拉哈西，1966年抵达盖恩斯维尔，1975年抵达佛罗里达州南部。这些多情的虫子与汽车挡风玻璃的联系并非偶然——它们可能被溅到挡风玻璃上，使人们很难或几乎不能安全驾驶。公路产生的紫外线和汽车尾气中的一种未知成分吸引着它们。有人曾在1 500英尺的高空中看到一对正在交配的毛蚋。

当一只雄性毛蚋骑上一只心甘情愿的雌性毛蚋时（通常是在它赢了一场与十几只雄性求婚者的摔跤比赛之后），它会以常规的方式进行一系列操作：爬到雌性的背上，将自己的复杂生殖器与爱人的复杂生殖器结合起来。三个肌肉发达的、互锁的抱握器和抱器瓣展开，形成了牢固的连接。一旦对接完成，雄性就会旋转180度，从而首尾相连。两只毛蚋以这种体位开始飞行，在此过程中，雄性和雌性都会拍打翅膀。这让佛罗里达大学和美国农业部的科学家思考，雄性的努力是帮助了飞行还是阻碍了飞行。他们设计了一个简单且巧妙的方法来解决这个问题：比较单身雌性的飞行速度和有配偶的雌性的飞行速度。结果分别是每分钟44米和每分钟51米（约每小时1.6英里和每小时2英里）。看来，要么是雌性毛蚋因
177 性行为而增加动力，要么是交配中的雄性可以倒退着飞。

其他科学家已经确定，雄性毛蚋在大约12小时内就已经把所有的精子转移到配偶体内。那么它为什么要持续交配达到一天甚至更久呢？最有可能的一种解释叫“精子优先”现象，即最后交配的雄性使大部分卵子受精。延长交配时间是一种反“绿帽子”的策略，雄性采取了一种非常直接的方法阻止其他的雄性进入：留在配偶体内。

移动的生殖器

人类，尤其是越来越多的女性双翅目昆虫学家，开始意识到关于双翅目昆虫生殖器的研究大部分都集中在雄性身上。“相比于雄性的结构，雌性生殖道的外部和内部在很大程度上是一个‘黑箱’，我们仍然所知甚少。”慕尼黑巴伐利亚州立动物研究所的两位研究雌性双翅目昆虫生殖器的领军人物纳里尼·普尼亚莫蒂和玛丽昂·科特巴写道。平心而论，外部器官（雄性）比内部器官（雌性）更容易研究；但细致的解剖加上显微镜，可以有效地研究内部结构。在2010年的一项研究中，普尼亚莫蒂、科特巴以及新加坡国立大学的鲁道夫·迈尔描述了41种鼓翅蝇的雌性生殖器的快速进化。

雌性双翅目昆虫需要快速进化交配结构，唯一的原因是，雄性也在快速进化自己的交配结构。毕竟，如果一个性别朝某个方向进化，而另一个性别没有跟上，这有什么好处？跨性别的变化必须同时发生，因为自然选择会淘汰那些生殖器不能被雌性所容纳的雄性，就像手和手套的关系一样。

但雌性拥有雄性所没有的生殖选择。首先，滥交扩大了 178
雌性双翅目昆虫的选择范围，它们可以选择把哪些精子分配给自己的卵子。正如普尼亚莫蒂和她的团队指出："研究表明，雌性双翅目昆虫可以在不同的储精囊中储存来自不同雄性的精子，并控制由哪个储精囊的精子给卵子受精，从而影响父亲的身份。"这项技能令人印象深刻。但它们如何做出选择，它们会青睐精子的哪些品质，仍然是一个谜。

普尼亚莫蒂和她的同事确定了雌性生殖道正在迅速演变的两个特征。其中之一是背骨片，这是阴道壁的一个硬化区域，含有接收和储存精子、与雄性阳茎相互作用的管道开口；第二个是精子储存器官腹生殖托，可能也是受精发生的地方。"这两个结构都是鼓翅蝇科交配后性选择的潜在目标。"也就是说，雌性可能控制着由哪只雄性或哪几只雄性使卵子受精。

同时，雄性似乎试图用刺激性策略影响雌性的选择。例如，雄性的插入器官在雌性的背骨片上摩擦，似乎是一种影响雌性的交配后选择的求偶信号。有没有可能，雄性利用快感来动摇雌性，让雌性优先选择自己的精子？我遇到的昆虫学家都对这种解释不置可否，但我们不应排除这种可能性。顺便说一句，雄性和雌性鼓翅蝇都有很大的生殖腺，能释放出一种类似于柠檬和百里香混合的香气，因此有人建议称它们为“香蝇”。

科学家如何才能看到一对交配的双翅目昆虫内部发生了什么？一个研究了5种采采蝇的团队使用了三项技术：（1）速冻
179 了交配的采采蝇，然后解剖；（2）人为刺激雄性；（3）用一种可以实时记录雌性体内情况的新型X射线技术观察交配的采采蝇。科学家承认，他们的数据“几乎可以肯定只是一个不完整的结论，无法概括这个从前隐蔽的复杂世界”。

在一次私密的午餐谈话中，我的一个朋友被问到他是否会在做爱的时候说话。“除非只有我一个人。”他回答说。双翅目昆虫不是如此。接下来要谈到“交配对话”。最近一项关于采采蝇“内部求偶”的研究发现，雌蝇会在交配时向雄蝇发出信号。在2017年的一篇论文中，丹尼尔·布里塞尼奥和威廉·埃伯哈德描述了雌蝇的两种明显信号：翅膀振动和身体摇晃。当雄蝇用强有力的生殖器有节奏地挤压雌蝇的腹部时，雌蝇会振动自己的翅膀。其结果通常是雄蝇的交配时间变短。这种协调表明，雌蝇振动翅膀是向雄蝇发出信号，让它中止活动，但不会强行把它赶走。雌蝇的身体摇晃通常是由雄蝇特别强烈的身体挤压引起的。

雄蝇使用肌肉发达的生殖器“在雌蝇生殖道深处和外表

面的内侧褶皱中进行戏剧性的、呆板的（该种特有的）、有节奏的运动”，从而延长它们在交配对话中的脚本。这些运动似乎并不能帮助雄蝇更紧密地固定在雌蝇身上。那么，它们是为了什么？也许是为了取悦？研究者的结论是，即便保守地估计，“在交配的某些阶段，雌性（采采蝇）可能在身体的多达8个部位感觉到了来自雄蝇生殖器的刺激”。

有快感吗？

我已经提出过：双翅目昆虫有可能享受性生活吗？关于 180
这一点，我建议你看看罗伯·柯蒂斯制作的在线视频，记录了两只广口蝇（signal fly，因为像信号旗一样挥动翅膀进行交流而得名）在一片叶子上交配的场景。雌蝇浑圆诱人的腹部装满了未受精的卵，雄蝇从背后接近雌蝇，小心翼翼地骑上了它。雌蝇立即停止梳洗。它们的生殖器似乎活了过来，开始充气、伸缩和弯曲。一旦生殖器互锁，雄蝇就会反复做推挤腹部的动作，两个参与者都会用后足抚摸伴侣的腹部。每隔一段时间，雄蝇就会往雌蝇身上倾倒，开始“接吻”，并在其中一次“接吻”中交换体液。如果你能忘掉它们是昆虫的事实，那么这些动作其实就像人一样，这一点非常令人不安。

它们享受吗？为什么不呢？毕竟，性是成年双翅目昆虫的头等大事，它们也许只能存活几个小时，其主要甚至唯一的生活目的就是繁殖后代。从纯粹遗传学的角度来说，双翅目昆虫的基因完成自我复制的重要性并不亚于人类的基因，所以我们可以期望大自然确保它们有很高的交配动机。有什么比愉悦更好的动机呢？

2012年的一项研究显示，性可能是双翅目昆虫的奖励。这项研究揭示了双翅目昆虫的行为中非常像人类的一个方面。由于喜欢腐烂、发酵的水果，果蝇在自然界中会遇到大量的酒精，而且它们对酒精有一定的耐受性。但和人类一样，它们会把“欢乐时光”限定在一小时内并因此获得好处。当血液中的酒精含量达到0.2%（人类的法定驾驶限制通常是0.08%）时，它们就会烂醉如泥。

雄性果蝇与雌性果蝇配对时，这些雌蝇要么接受雄蝇，
要么因为已经交配而拒绝雄蝇。后来，当它们在含酒精与不
181 含酒精的溶液之间进行选择时，性受挫的雄蝇会选择更高的
酒精含量。这类似于我们在对自己感到失望时求助于酒。

但要真正弄清楚双翅目昆虫是否享受性爱，一个有用的方法是，把目标对准性行为中一个容易观察的方面，这个方面明显应该是有益的（至少对于人类如此）。比如说观察雄性的射精情况？

为了把射精与性爱中其他潜在的愉悦元素分开，以色列巴伊兰大学的加利茨·舒赫特-奥菲拉领导的一个研究小组对雄性果蝇进行了基因改造，使其腹部的神经元能被红光激活。这些神经元会产生一种能够刺激射精的化学物质——黑化诱

导神经肽。雄蝇进入红光照亮的空间大约30秒后就出现了性高潮，接下来它们每分钟射精大约7次，时间长达3分钟。[*]

当研究人员把普通果蝇和转基因果蝇放在一个没有灯光的房间里时，它们会随机分布。但是，当他们把这些果蝇放在一个一半黑暗、一半红光的房间里，转基因果蝇开始表现出对红灯区[**]的强烈偏好。普通果蝇（和雌性果蝇）没有表现出偏好。这些结果表明，因为有性高潮，转基因果蝇很享受射精。值得一提的是，转基因果蝇并不是被红光吸引，因为果蝇看不到红色。它们能看到光，只是看到的颜色不是红色。

为了支持这一结论，研究人员进一步深入实验，训练果蝇将两种不同气味中的一种与导致射精的黑化诱导神经肽联系起来。当果蝇在一个同时有两种气味的环境中接受测试时， 182
它们会接近与射精有关的气味。没有激活黑化诱导神经肽的对照组果蝇也接触到这两种气味，却并没有表现出这一偏好。

研究小组还发现，与未射精的对照组果蝇相比，已射精的果蝇会避开掺有酒精的食物。“如果奖励系统已经饱和，乙醇（酒精）就不再被当成奖励。”舒赫特-奥菲拉说。这补充了舒赫特-奥菲拉合作撰写的一项早期研究，该研究发现，没有性生活的果蝇比成功交配的果蝇更容易求助于酒精。

科学记者安迪·科格兰巧妙地总结了这项研究。“雄性果

---

* 我们可以认为，这种事情也许并不完全是愉悦的。——原注

** 这个双关要感谢科学作家埃德·扬。——原注

蝇似乎和男人一样享受射精……它们的‘性高潮’似乎满足了它们对酒精等其他奖励的渴望。”果蝇还能创造出与其他刺激的积极联系，比如气味。正如舒赫特-奥菲拉指出，“这种性奖励是非常古老的机制，从简单有机体一直维持到现代人类”。

如果你是一只果蝇，活跃的性生活还有一个好处：长寿。2015年的一项研究发现，当受挫的雄性果蝇暴露在雌蝇的信息素之下，却没有交配的机会时，它会变得紧张，并容易因失去脂肪而饿死。没有性生活的果蝇寿命更短。密歇根大学的研究员斯科特·普莱彻总结说：“性受挫是一个健康问题，这也许不是一种迷思。”

读到这项研究的时候，我忍不住感到惊讶：显然没有人研究过雌性果蝇的性奖励。伦理学家马克·贝科夫在一篇博客中也指出了这一点。生育对雄蝇和雌蝇来说同样重要，哪怕雌蝇不可能像雄蝇那样产生大量的后代（因为即使最小的卵子也比最大的精子大得多），但对雌性果蝇来说，性仍然是实现个
183 体繁殖成效中不可或缺的部分。雌性果蝇享受吗？它们可能有性高潮吗？雄蝇的性高潮比雌蝇的性高潮更容易观察到，但正如我们所见，雌蝇的性行为并不是我们无法企及的。

目前我们了解的情况并不是特别鼓舞人心。有一些证据表明，交配会抑制雌性果蝇的性欲。美国和加拿大的研究人员在2019年发现，先前交配留下的精子和精液中的蛋白质会降低雌蝇的接受能力，同时刺激产卵和排卵。此外，交配的

感官体验也抑制了雌蝇对后来雄蝇的兴趣——这就是所谓的“交配效应”。所以，似乎雌蝇和雄蝇都可能影响雌蝇只交配一次的倾向，而这恰好有利于双方的繁殖成效。这不能完全说明雌蝇不享受性爱，但它们似乎会避免再次进行性行为。

理由也很充分。生殖衰老在人类中是有据可查的现象；在女性生命历程的第四个十年中，她们的生育力会急剧下降。生殖衰老也出现在雌性果蝇身上（当然也包括雄性果蝇），它伴随着繁殖力、生育力、后代寿命以及雌蝇接受能力的下降。假如果蝇可能经历性欲减退的事实让你发笑，不要笑得太厉害。与脊椎动物（包括人类）的快感有关的多巴胺系统，似乎影响了雌性果蝇对性的接受能力。

无论你怎样看待双翅目昆虫的繁殖，无论你是否认可它 184
们会享受性爱，你至少可以对这样一个事实感到高兴：这些都是近期的前沿科学。现在的科学家愿意研究双翅目昆虫是否享受性爱，那么未来几年就可能有新发现，那将十分有趣。如果昆虫的确能从性爱中得到快感，那么世界上的快乐就会比我们想象的要多。

我们不要忘记双翅目昆虫最初是为了什么交配——生育。在这里，我们也遇到了一些意外，下面就是一个例子。由于双翅目昆虫的多样性，它们的生育方式也各有不同。我记得我从中学图书馆借了一本关于蛇的书，并带着自豪学会了三个听起来很有趣的词：卵生、卵胎生和胎生。在为本书做研究的过程中，我发现这些术语也适用于双翅目昆虫。卵生指的是仅仅产卵和排卵，这是大多数双翅目昆虫采用的方式。卵胎生的双翅目昆虫也会产卵和排卵，但关键的不同是，幼虫从卵中羽化的时候还在母体内，这通常发生在排卵前不久。随后要尽快让它们出来，因为这些不知好歹的小家伙偶尔会从身体内部吃掉母亲。胎生是指从没有壳状覆盖物的卵中孕育出后代。在妊娠期间，胚胎保存在一个类似子宫的结构中，靠乳腺输送的富含微生物的液体来获得营养；这听起来很像哺乳动物的孕育过程。胎生昆虫产的幼虫比卵生昆虫少，可能是因为它们对每只幼虫的妊娠投资更大，从而带来更高的生存机会。少数物种，比如采采蝇，把这种策略发挥到了极致。它们每次怀孕只生一只幼虫，在分娩时，幼虫的身长几乎是母亲的四分之三。

最后，谈一谈美学。双翅目昆虫的品味与人类不同，我们可能认为在潮湿的牛粪或者在水鸟的排泄物上求偶和交配
185 是最恶心的事。但我们可以保留一点同理心，至少也得有敬畏之心，因为不同的生物，无论大小，都有为性爱做准备的不同方式。我们没有必要对另一个物种的性标准指手画脚。事实上，鉴于人类的一系列奇怪癖好，我们很难成为维持性纯洁的守门员。同一个人，既有可能对腥臭的苍蝇爱巢翻白
186 眼，也有可能对它们在一大碗巧克力布丁中交配不以为意。

第三部分

双翅目昆虫与人类

第九章　遗传的英雄

我是不是
如你一般的苍蝇?
你是不是
如我一般的人?

——威廉·布莱克，1794

在余下的章节中，我们将探讨人类与双翅目昆虫的关系。双翅目昆虫通过什么方式成为人类最致命的敌人？我们对它们又做了什么？它们如何帮助我们侦破谋杀案？外科医生为什么有时会求助于蛆虫来治疗病人？双翅目昆虫如何帮助我们了解进化和生命的基本构成？我们先从最后一项开始。

如果让科学家说出对人类理解遗传学贡献最大的一种生物，大多数人都会提到一种双翅目昆虫。黑腹果蝇是遗传学研究中的双翅目宠儿。它的学名是“*Drosophila melanogaster*”，意思是“有黑色腹部的露水情人”，指雄蝇墨黑色的后躯。

果蝇（严格来说它们叫醋蝇，vinegar fly）是一种体形很小的昆虫：如果你在厨房或家里的其他地方见过果蝇，那么你就会明白，十几只果蝇可以舒服地待在你的拇指指甲上。果蝇通过运奴隶的船从非洲和欧洲南部抵达加勒比海，到了19世纪70年代，随着美国内战后的朗姆酒、糖、香蕉和其他热带水果的贸易蓬勃发展，果蝇来到了纽约、费城、波士顿等北美主要
189 城市。大量的食物，加上许多可供生存的人造栖息地，小果蝇很快就在新环境中站稳了脚跟。

果蝇成为动物遗传学研究之王的故事大约始于1900年，当时哈佛大学的一名研究生查尔斯·W. 伍德沃斯开始为胚胎学研究培育果蝇。几年后，一位名叫托马斯·亨特·摩尔根的动物学教授注意到，在没有人为干预的情况下，他在哥伦比亚大学培育的果蝇的眼睛颜色出现了变化。果蝇的科学生涯由此开始。1910年至1937年间，美国和欧洲的果蝇实验室数量从5个增加到46个。

今天，果蝇消耗的打印机油墨比任何其他昆虫都要多，唯一可能的例外是蜜蜂。除了发表在学术期刊上的大约10万篇论文，人们还出版了数百本关于果蝇遗传学的书籍和手册。有一个专门研究果蝇的期刊，它有一个很合适的刊名《蝇》，专注于果蝇的研究。如果你想知道发育的温度如何影响果蝇的肠道生物群，或者如何使用油漆搅拌器加速生产果蝇基因组DNA，这个期刊中会有你想要的答案。

果蝇属的种类多样，有近400个已经被描述的种，黑腹果蝇只是其中之一。但它在实验室里很受欢迎，彰显了科学对专一性的追求。果蝇属的大多数物种都安静地以腐烂的植

物和真菌为食，其他物种则占据了与寄生或捕食有关的更激烈的生态位。它们的另类生活方式包括：捕食蚋和蠓的幼虫、 190
吞噬蜻蜓的卵、啜饮黏液流、与螃蟹共栖，以及享用仍在卵块中的蛙胚胎。有了这样的同伴，黑腹果蝇以水果为食的习性就显得非常端庄了。

专注于一个种类有一个好处，即科学家可以更容易地把研究建立在同行的发现上。“现代遗传学的一切，从基因治疗到克隆，再到人类基因组计划，都是建立在20世纪早期的果蝇研究上。”马丁·布鲁克斯在2001年的《蝇：20世纪科学的无名英雄》一书中这样写道。“辐射对果蝇有害，它们帮助我们发现了X射线的危害。”果蝇遗传学家凯利·戴尔告诉我，“人类许多关于遗传的发现都是来自果蝇研究。很少有人意识到我们对癌症的许多研究源于果蝇。”20世纪俄裔美国遗传学家特奥多修斯·多布然斯基利用果蝇做出了许多影响深远的研究，包括：野生种群包含一个遗传变异的宝库；基因是进化变异的货币；野生种群（如果蝇等世代较短的动物）可以在短短几个月内进化。

20世纪80年代初，强大的基因操作新工具诞生了，比如分离和克隆单个基因，以及解码一个基因的DNA字母序列。2014年，科学家完善了一种革命性的基因编辑技术，CRISPR-Cas9[*]。CRISPR技术与细胞DNA修复机制结合，使

---

* 全称是“Clustered Regularly Interspaced Short Palindromic Repeats and CRISPR-associated proteins 9”。——原注

遗传学家能够随意调换基因的任何序列，甚至能精确到单个191 碱基对。CRISPR机制让科学家极度兴奋，因为它比以往的基因组编辑方法更快、更便宜、更准确、更有效。它实在是太强大了，以至于它的发展被广泛认为是诺贝尔奖的有力竞争者。[*]

许多基因就像化石一样保存得很好，所以CRISPR技术在整个生命神殿中都有广泛的潜在应用。以CREB基因为例，它对果蝇的长期记忆至关重要；它也存在于海蛞蝓、线虫、老鼠、小鼠和人类中。破坏小鼠的CREB基因，小鼠就只有短期记忆，而这些记忆是无法留存的。更令人惊讶的是，将一个额外的CREB基因拼接到果蝇的基因组中，果蝇就会表现出强大的记忆力。例如，只需要1次试验，果蝇就能学会将一种特定的气味与电击联系起来，而不是通常的10次左右。

到目前为止，与果蝇相关的研究已经8次赢得诺贝尔奖。今天，果蝇被用于研究衰老、毒性、免疫、癫痫、神经退行性疾病（如帕金森病和亨廷顿病）、微生物疾病（如埃博拉和霍乱）、感觉的进化，以及其他许多问题。黑腹果蝇大约有10万个品系，携带着你能想象到的任何变异。对于这些昆虫的突变多样性，遗传学家通常用富有创造性的名字来表达，这

---

* 就在本书即将出版的时候，2020年的诺贝尔化学奖被授予马克斯普朗克病原体科学研究所的埃玛纽埃勒·沙尔庞捷和加州大学伯克利分校的珍妮弗·道德纳，以表彰她们开发了CRISPR技术。——原注

些名字往往不那么恭敬——“玛土撒拉”突变体具有抗压能力，往往寿命更长；而“倒毙”突变体、“海绵蛋糕”突变体、“瑞士干酪”突变体和“蛋卷”突变体则携带着类似人类大脑退化模式的遗传疾病。“肯”突变体和“芭比”突变体没有外生殖器，“廉价约会对象”突变体很容易受酒精影响，而 192
寿命很短的“锡皮人”突变体没有心脏。*

参观果蝇实验室

我渴望看一看现代化的果蝇实验室，于是设法与凯利·戴尔见面，地点是佐治亚大学校园里戴维森生命科学综合大楼中一间干净、带窗的角落办公室。她让我坐在办公桌旁的椅子上。靠墙的书架上大多是关于双翅目昆虫的书。另一个书架表明，这里有一个不按时吃饭的人：书架上有三个苹果、一罐花生酱和一些燕麦片。这也难怪，戴尔要兼顾教学、研究、写论文、参加委员会会议和管理佐治亚大学遗传学系的研究生项目，该系有超过30名教师和大约50名博士生。

“在你看来，果蝇的遗传研究将走向何方？”我问戴尔。

“有两项发展使遗传研究更加强大：一是我们可以培养转

---

* 玛土撒拉（Methuselah）是《圣经》中的人物，也是最长寿的人，据说活了969岁。肯（Ken）和芭比（Barbie）是两个洋娃娃的名字，其中肯是芭比的男朋友；出于保护未成年人的考虑，设计师没有给它们设计外生殖器。在西方文化中，“廉价约会对象”（Cheap Date）是指在酒吧中容易被搭讪的女子。锡皮人（Tin Man）是小说《绿野仙踪》里的虚构人物，他的四肢和躯体被斧头砍掉，一位铁匠用锡制成了他的身体，但忘记给他装心脏。——译注

基因生物，所以操纵基因组比过去容易得多；二是我们可以便捷地进行基因组测序。例如，科学家在外面找了200只野生果蝇，在实验室里培育，并对200个基因组进行测序。其成果是一个名为‘果蝇遗传参考小组’（DGRP）的综合资源。它对于理解性状的遗传基础非常有用，因为你可以查看不同的基因型（生物体的遗传蓝图），并将其与表现型（基因型的可观察表达）交叉对照，比如毒素耐受性。然后我们可以‘敲
193 除’这些基因，看看会有什么外在表现。”

戴尔领我参观了隔壁的实验室。这是一间长宽大约都是40英尺的房间，里面有黑色的工作台、成排的仪器、满抽屉的实验工具，以及一盘盘的透明塑料瓶，每个瓶子大约高3英寸、宽1英寸，上面有白色的棉花塞。每个小瓶的底部都是一份果蝇食物培养基——由糖蜜、酿酒酵母、商业配方和水组成的混合物。在培养基和棉花之间，我们能看到处于不同发育阶段的果蝇。有些小瓶里装的是卵，有些是幼虫、蛹或成蝇，有些则是混合物。

戴尔解释了她和她的学生在果蝇遗传学中使用的其他设备。篮子里装着外观奇特的微量移液器，这些手持设备吸起液体后能够以毫升为单位进行精确分配。每根微量移液器都
194 有刻度盘，可以设置所需的量。用拇指按压顶部的按钮，就可以分配这些液体。上面还有价格标签：每个300美元。

旁边的一张长椅上放着一堆透明的塑料袋，每个袋子里

底部装有食物培养基，顶部盖有泡沫帽的塑料小瓶——这是果蝇实验室的标准设备（图片来源：马苏尔）

都有一块长方形的薄板，上面印着96个管状的压痕，就像是一个制冰盒。戴尔打开了其中的一个。

“我们在每个管中分配一定量的液体缓冲介质，然后加入一个基因样本。”

“如何获得一个基因样本？”我问。

戴尔递给我一根纯蓝色的塑料棒，大小和吸管差不多，但有一个圆锥形的尖端，恰好可以放进96个管中的任何一个。

“用二氧化碳麻醉一只果蝇，把它丢进管子里，用塑料棒浸渍，再通过离心机提取全部的DNA。溶液会变成红色，因为眼睛里有色素。”（昆虫的血液不是红色的。）

“这就是我们价值连城的离心机。”戴尔开玩笑地说。她拿着一个普通的沙拉脱水器，上面有一个手动按压泵。实验设备的成本很高，科学家一直在寻找更便宜的方法来完成工作。

“我们用立体显微镜观察果蝇，用二氧化碳当麻醉剂。”

戴尔让我看墙上的一张小图表。它描绘了大约20个果蝇物种的雄性与雌性配对。戴尔指着图表上的一个部分。

“这是我们在蘑菇中发现的一些果蝇种类。你可以看到它们在表面上很相似，但有许多变异。”

我走近一看，发现一些种类的翅膀上有独特的斑点图案，其他种类的腹部则有颜色和形状各异的图案，有些图案连在一起，有些图案各自分离。

195 戴尔转向附近的工作台，拿起一个小瓶，把它倒过来，又拔出棉塞，在一个特别设计的长方形平台的表面上用力敲打了十几下。平台的尺寸与洗碗的海绵相当，由坚硬细密的多孔材料制成，二氧化碳通过一根管子从附近的金属气罐中流过。小瓶里的6只果蝇立即落在平台上，抽搐了几秒钟后不动了。戴尔随后把它们倾倒在立体显微镜的观察台上。

“不能把它们一直留在二氧化碳平台上，那样的话它们会死。”

“一直是多久？”

“大约20分钟。某些果蝇种类携带着一种病毒，这些病毒接触二氧化碳时会导致果蝇立即死亡。”

我曾读到过，二氧化碳是无味的（与我的遗传学本科课程实验使用的乙醚不同），但我还是忍不住往前靠了靠，快速地嗅了一下。我感到鼻孔里有一阵刺痛，仿佛是我的身体在发出警告。

“实际上我从来没有这样做过！”戴尔说。

不可避免地，有些果蝇会逃离仪器。在我拜访的那一天，几只果蝇多次被神秘的阵风从二氧化碳平台上卷走，引得戴尔沮丧地叹息。几分钟后，这些长着翅膀的逃亡者就会醒过来，在大楼的走廊里探索。这里到处弥漫着食物的香气，所以我觉得许多果蝇不会走远。

尽管已经和果蝇打了20年交道，却丝毫没有影响戴尔对它们的欣赏。她把目光投向立体显微镜，凝视着刚刚被“敲除”的一批果蝇，大声说：“看，这些果蝇多么漂亮哪！它们真是不可思议。太美了！”

我也把眼睛凑近显微镜。视野中有7只果蝇——每一只都
是独特、微小、精致的生命之珠，堪称完美的典范。这些是 196
野生型（非突变型）果蝇，长着突出的粉红色复眼，面无表情地往外看。它们海绵状的口器有点像扩音器，幼年时那一对可刮擦的钩型黑色口器已经消失，完全看不出它们一周前还是无定形幼虫。每只果蝇的腹部边缘都有一排完美的小方块，每只翅膀上点缀着几个对称排列的斑点。弯曲的足微微抽动，上面装饰着整齐的刺。成年果蝇体态圆满、对称严整，在细节上体现出纯粹之美，这提醒着我，我正凝视着数十亿

代进化磨炼的产物。

戴尔准备的下一批是突变体，它们每条染色体上都有一个基因畸变。这些果蝇的眼睛呈棕色，比没有变异的同类小得多。

“这些突变使它们很不健康。”戴尔说。

我一直想问戴尔一个问题，现在是一个好时机：“你认为果蝇有知觉吗？它们拥有任何体验吗？”

“我们尊重我们研究的生物，我们认为果蝇在实验室里似乎过得很好，因为它们有充足的食物，没有天敌。我在读研究生的时候，有一天在实验室里注意到一只怪异的突变体果蝇。它没有任何外生殖器，没有肛门，身体光秃秃的。我对我的导师杰瑞说：‘嘿，杰瑞，这只很厉害，你来看一看。’杰瑞看了一眼，然后说：‘啊，你必须杀死它，它正处于极度的痛苦中。’我说：‘你为什么会这么想？’他回答说：‘如果你不能从身体里排出任何东西，会是什么感受？’”

我不禁对这些果蝇产生了同情。在遗传学实验室里，它们的命运完全受我们控制。但所有果蝇的命运都十分坎坷。在数字游戏中，很少有果蝇能活到成年。而在遗传学实验室
197 营养充足的环境中，这个概率要大得多。

停尸房

与凯利·戴尔不同，我生来就不是学遗传学的料。遗传学需要数学能力，这是我很不擅长的领域；而且，我不喜欢

禁锢动物，如果不是为了自卫，我也不愿意杀死它们。因此，在访问戴尔实验室的36年前，我在遗传学本科课程中进行了一次小小的动物解放行动，这并不完全是巧合。

当时，我们在几周内对不同品系的果蝇进行了杂交，然后观察后代中表现型的分布。我们选择的表现型是已经充分研究过的眼睛颜色。具体来说，我们让红眼的普通成蝇与白眼突变体结合。幼虫和蛹被放在小塑料瓶里，这些小瓶子与多年后我在凯利·戴尔实验室见到的那些如出一辙，每一个都含有酵母菌培养基。海绵帽可以让空气流通，但不允许果蝇进出。几个星期以来，实验室里弥漫着未出炉的面包略带酸味的浓香。

果蝇交配一周后，可以看到丰满的小蛆虫在酵母泥中蠕动。又过了一周，小瓶里撒满了一动不动的蛹。到了第三周，每个小瓶中都有刚羽化的成蝇，充满生机。有些站着，有些爬着，还有些在它们的小监狱里嗡嗡叫。

以教育的名义，这些小昆虫注定不能享受更宽敞的环境。一阵乙醚很快使它们失去了意识。我们得到的指令是把被麻醉的果蝇放在一张白纸上，在显微解剖镜下记录红眼和白眼个体的数量，最后将惊魂未定的研究对象倒入实验室桌面上
的一个小玻璃油碟中。这些碟子被称为“停尸房”，是果蝇的 198
安息之地。我注意到，大多数“停尸房”里已经有数百只果蝇，可能是其他本科实验室的学生扔在那里的。我仍然记得，

在黑暗的坟墓里，它们的眼睛闪着恶意。

这些活泼的小动物扮演死神的场景令我很不悦，所以我制订了简单的救援计划。在清点完我的这批果蝇之后，我从容地把它们倒在黑色的桌面上，从远处看它们几乎是隐形的。

在继续记录数据的时候，我一直盯着右边几英寸处的小型双翅目动物堆。过了几分钟，我看到了一些运动的迹象：这一只动了动翅膀，那一只弯了弯腿。1分钟后，几只果蝇明显从昏迷中醒来。有几只背躺着转圈，当翅膀引擎启动的时候，它们跳起了舞；另一些则设法站了起来，像矮小的醉汉一样跌跌撞撞地走着。我被这一幕迷住了。它们的行为很像人类，对我来说，这比根据既定的遗传知识测量眼睛颜色的比例要有趣得多。

我不知道果蝇的乙醚中毒体验与我自己的经历相比有什么不同。1972年，在一次雪橇事故后，为了复位脱臼的脚踝，我在多伦多的一家医院用乙醚进行了麻醉。我仍然记得它独特且浓烈的特性，以及苏醒时昏昏沉沉的感觉。果蝇是否也感到昏昏沉沉？我们永远无法确定。但当我看着这些果蝇恢复神志时的样子，它们的确如此。

桌上的果蝇完全恢复了，其中一些开始飞起来。我看着它们微小的身影遁去，消失在空旷的教室里。我不知道是否是出于拯救生命的满足，抑或者是实施反权威行为的兴奋，但当每一缕微小的生命向伟大的未知社会首次迸发时，我灵

魂中的一小部分也随之而去。 199

漂泊者和静坐者

在那堂遗传学课之后不到一年，在同一栋楼里，我参加了玛勒·索科沃夫斯基的行为学本科课程，她现在是多伦多大学的行为遗传学家。在为这本书做研究的时候，我安排了一次与玛勒的视频通话。在她职业生涯的早期，当她还是一名本科生的时候，她发现果蝇幼虫以两种基于遗传编码的不同方式觅食，这两种方式现在被正式地命名为“漂泊者/静坐者多态性”。漂泊者不安地穿过它们的食物，在玛勒的实验中，这些食物通常是酵母和水的糊状物，或者是过熟的水果。静坐者则比较被动，它们喜欢先咀嚼触手可及的食物，然后再往前走。

我们知道的越多，面临的未解之谜就越多，这是一个知识悖论。索科沃夫斯基和她的学生已经发表了超过65篇关于果蝇行为遗传学的科学论文，还有几十篇其他主题的论文。

在没有食物的情况下，漂泊者与静坐者之间的运动差异消失了，因此这种差异被认为与觅食有关。玛勒告诉我，困境也会影响觅食行为。当早期面临食物短缺的困境时，静坐者将承担更多的风险。具体来说，它们会开始以饥饿的漂泊者的方式，飞奔到充满食物的培养皿中间。漂泊者/静坐者多态性有助于发展一个新的分支学科：行为遗传学。

遗传编码行为并不是一成不变的，这使我们对古老的先
天或后天论的看法发生了革命性的改变。“先天或后天论”是
在人格特征、健康轨迹和运动能力等（所有你能说的）方面
的表达上把遗传因素与环境影响对立起来。现实情况是，我
200 们的本性同时受到基因和环境的影响，而且它们的影响是共
存的。因此，基因与环境的作用关系更准确的描述是“从先
天到后天”，而不是“先天或后天”。

和许多果蝇研究者的工作一样，索科沃夫斯基的一些工作明确地以改善人类境况为目标。“妨碍了许多（果蝇的）社会互动的突变体……可能为孤独症的研究……提供了很好的候选基因，”她在2010年的一篇论文中写道，“反复以失败告终的（果蝇的）攻击性互动可以用来模拟抑郁症期间发现的慢性失败综合征，并确定这种疾病的候选基因。”但是，她继续写道：“我们必须保持谨慎，因为动物模型与人类社会障碍之间的比较是基于相似的遗传和生理机制，而不仅仅是行为看起来是否相似。”她的担忧源于下面这个站不住脚的观点：“哺乳动物的复杂行为来源于更简单生物体（比如果蝇）的更简单行为模块。”

移动的果蝇

把果蝇现象与人类健康联系起来，并不是帕特里克·奥格雷迪的研究重心。在纽约伊萨卡康奈尔大学校园内窗明几

净的办公室里，我见到了奥格雷迪。他40多岁，已有家室，经常骑自行车上班。他穿着一件夏威夷印花衬衫，也许是为了表明他职业生涯中有很大一部分时间是在夏威夷研究果蝇。

早期关于果蝇遗传学的介绍使奥格雷迪对果蝇的多样性十分着迷，这反过来又推动他为了攻读博士学位而到墨西哥、南美洲和中美洲收集果蝇。他描述了整个果蝇科（Drosophilidae）的系统发生。该科目前有大约4 200种已被描述的种类，其中80多种由奥格雷迪首次描述。 201

夏威夷是果蝇多样性的温床。“夏威夷大约有1 000种本土果蝇，占果蝇科全球多样性的十分之一。”奥格雷迪告诉我。

相比之下，在一本1945年出版的关于夏威夷昆虫区系的书里，作者当时大胆地夸口说，夏威夷可能有多达250种果蝇。

奥格雷迪继续说：“夏威夷果蝇实在壮观，它包括两个主要的种群，其中一个种群的特点是两性异形。雄性果蝇非常显眼，就像大角鹿或者大角羊按比例缩小到苍蝇那么大。它们的身体部位存在修饰，有些在口器上，有些在前足或翅膀图案上。”

如果在谷歌上搜索夏威夷果蝇的翅膀图案，你会发现大量的条纹、斑纹、点斑和色斑。时装设计师请做好笔记。

“有几种果蝇在争夺雌蝇时头部相撞，导致了宽头的进化。这些种类几乎都拥有了求偶场。”（求偶场是栖息地中的特定地点，雄性在这里参与争夺雌性的竞争；这一点和某些鸟类一样。）

你现在可能会想，果蝇在夏威夷如此之多，只是因为我们没有在地球上搜寻到它们的表亲，这些表亲的多样性会远远超过我们的想象。也许吧，但奥格雷迪对此并不认同。

“关于夏威夷果蝇极大多样性的一个理论是，这些果蝇比岛屿本身还要古老得多。夏威夷本质上是一组传送带式的群岛，是不断向西北方移动的太平洋板块的一缕熔岩，每年移动几厘米。最终，一座岛从板块上掉下来，另一座岛就冒出来了。”

后来，我看着夏威夷群岛的地图，发现它们非常符合奥
202 格雷迪的描述：向西北方向有序地延伸，逐渐变小，直到被海洋吞没。整个链条代表了大约6 000万年的板块构造变化。据估计，果蝇居住的第一座夏威夷岛屿现在已经被淹没在中途岛西北方向超过3 000千米（约1 864英里）的某个地方。

“我们认为果蝇大约在2 500万年前来到夏威夷，它们一直沿着这条传送带跳来跳去。每当一座新的岛屿形成，果蝇就会在那里繁殖，形成独立于相邻岛屿的全新种类。”

夏威夷的果蝇如此丰富，还有其他的原因。

“这些岛屿上也有很多不同类型的栖息地，”奥格雷迪告诉我，“一座岛屿甚至不一定只由一座火山组成。例如，夏威夷大岛上有五座火山峰。信风确保这些山峰的一侧比另一侧

得到更多的雨水，因而在两边产生不同的栖息地。举个例子，冒纳罗亚的东北侧是非常潮湿的雨林；而另一侧的考乌沙漠每年只有9英寸的降雨量。”

我有点怀疑，世界上的果蝇多样性是否稳定在4 200种左右。在我看来，夏威夷不可能是地球上唯一的巨型果蝇工厂。可以肯定的是，如果遗传学家决定将注意力集中在黑腹果蝇以外的其他果蝇物种身上，他们会有更多的原材料可以探索。

奥格雷迪的工作是研究群岛上果蝇的移动，其他时候他在世界各地移动果蝇。他管理着美国国家果蝇物种储备中心（NDSSC），该中心位于我们见面的卡姆斯托克大楼的地下室。这样的机构一共有三家，向世界各地的实验室分发不同的果蝇种类和品系，NDSSC是其中最大的一家，另外两家位 203
于日本和奥地利。位于布卢明顿的印第安纳大学有一家更大的机构，专门处理一个物种——黑腹果蝇——的突变品系；它容纳了大约50 000个突变品系，每周向世界各地的实验室运送大约3 000批货物。

我问奥格雷迪能否参观NDSSC。我们走到地下一层，他领我进入一个家庭厨房大小的房间，墙上挂着金属架，每个架子上都放着成捆的小瓶，大约有10捆。这个地方比我想象的要小得多，但果蝇是非常小的生物，不需要宽敞的生活区。最初从圣迭戈运来的是75万只活果蝇，而现在我们所站的房间里大约有100万只。

这说明了果蝇的适应性。在一个用棉球盖住的透明塑料小管的无序空间里，它们愿意并能够进行完整的生活史，从求偶、交配到产卵、幼虫觅食、化蛹，并羽化为下一代成虫。与我在凯利·戴尔实验室所看到的一样，有些小瓶同时包含所有阶段。瓶底的酵母泥主要是糖和营养酵母的混合物，有些则补充了香蕉泥、仙人掌果粉和高蛋白麦片。奥格雷迪拿起一个小瓶，指着食物介质中的微小隧道告诉我，这就是蛆咀嚼后留下的痕迹。

正如其脸书主页所描述的那样，NDSSC“目前维持着250种果蝇的1 500只活体收藏，这些藏品的使用者是专注于进化、生态学、发育生物学、生理学、神经生物学、比较基因组学和免疫学的生物研究人员”。在这里，“藏品”是指同一个种的地理种群。“我们总共有大约1 500个原种，”奥格雷
204 迪解释说，“有些种类只有1个活体，有些种类则有100多个。大约有40个需求量很大的果蝇物种已经完成了整个基因组的测序工作。只要有人完成了某种新的基因组测序，那么这种果蝇就从默默无闻一跃变得声名大噪。”

NDSSC并非一直设在伊萨卡。事实上，其历史的稳定程度与夏威夷群岛是一样的。它在20世纪30年代起源于得克萨斯州的奥斯汀，后来搬到鲍灵格林、图森和圣迭戈，直到2017年秋天落户伊萨卡。NDSSC的业务很稳定，每年大约有1 000批货物发往全球各个角落，每批货物有2到3瓶，每瓶

约有50只果蝇，每种果蝇的费用统一为40美元。

客户面临的最大问题是，果蝇到达时或许已经死亡。在这种情况下，他们会替换一批新的货物。这种问题每年可能出现3到4次。在搬到伊萨卡的头一年，意外情况更多，因为伊萨卡的冬季温度足以迅速杀死暴露的果蝇。现在工作人员使用了热敷袋，并采取了额外的措施，防止货物在寒冷或炎热的地区逗留。偶尔的损失通常是因为运气不好，例如货物在机场跑道上被转运。

想到这个不大的房间里的果蝇品系代表了果蝇属在6 000万年历史中的全部进化范围，真是一种很奇怪的感觉，因为这大致相当于我们所属的整个哺乳动物灵长目的进化范围。

巨型精子

远距离运输果蝇无意中推动了其基因的全球传播，因为不可避免地会有逃逸者。更典型的是，果蝇和其他动物一样通过性来传播基因。但对于果蝇或其他许多动物来说，配偶
选择并不是生育游戏的终点。正如我们在第八章中看到的， 205
雄蝇和雌蝇都可能采取一些策略，从而选择拥有更优精子的雄蝇。在果蝇的一些物种中，雄蝇采取了一种奇怪的方式来提高它们在遗传彩票上的赌注。

首先，简单提一下流行的理论。在杂交物种中，雌蝇会与几只雄蝇交配，大自然倾向于产生大量非常小的精子细

胞。这种所谓的“精子竞争”的进化逻辑直截了当：如果你购买更多的彩票，就更有可能中奖；或者在交配的例子中，你的精子细胞更有可能第一个（和最后一个）到达卵细胞。对比鲜明的配偶制有助于解释为什么雄性黑猩猩的睾丸比它们的表亲大猩猩的要大得多。黑猩猩的配偶制非常混乱，因此值得将更多的精子细胞投入到抽奖活动中。相比之下，在大猩猩的社会中，占主导地位的雄性对群体中的雌性拥有独占的交配权，它的垄断排除了生产大量精子的需要。（从行为学和解剖学上讲，人类处于这两个极端之间。）我们已经广泛记录了动物各种形式的精子竞争，既有啮齿动物，也包括蛇和蜻蜓。

奇怪的是，一些果蝇采取了不同的方法来获得相对于竞争对手精子的优先权。在与凯利·戴尔的交谈中，我有机会进一步探究这个问题。

“果蝇的精子在尺寸上有很大的差异，”戴尔告诉我，“最小的精子可能长半毫米，相比于人类精子，这已经很大了。但果蝇的最长精子奖属于二裂果蝇（*Drosophila bifurca*），大约长6到7厘米，实际上也是已知的所有动物中最长的精子。”

206 什么?！回顾一下，果蝇的体形非常小，这就相当于人类的精子像网球场那么长。不可避免地，这种精子几乎全都是尾巴，即鞭毛。鞭毛的运动推动精子头部运动。

它是如何起作用的？又为什么能起作用？事实证明，较长的精子确实有助于把竞争对手从雌性生殖道中赶走，从而在受精竞争中具有优势。这些奇特的尾巴形成了戴尔所描述的“一团纠结的纱线”，阻碍了随后可能到达现场的雄蝇精子。

这提出了一个很明显的实际问题：雌蝇如何适应这些笨拙的精子呢？

一个轻描淡写的回答是：进化会关照它。在谈到必须密切互动的事物时，比如交配中涉及的点点滴滴，进化不会坐视只有一种性别爬上适应性的山顶。

为了说明这一点，戴尔从她的书架上抽出一本旧书《果蝇属的进化》（1952），并向我展示了雌蝇生殖道的细节图。

戴尔指着一幅拟暗果蝇（*Drosophila pseudoobscura*）的图片。这是一种有短尾精子的果蝇，图片显示了雌性拟暗果蝇的储精器官，这对于果蝇来说是正常的尺寸。往后翻几页，我们看到了一种有巨型精子的果蝇的生殖道，它的储精器官形成了像旧电话线一样的长线圈。

“现实是，雌蝇的生殖道已经进化到可以容纳配偶的精子。在同种之间，雄蝇精子的长度与雌蝇储精器官的长度有非常紧密的联系。”

“这些器官在体腔内占多大比例？”我问。

“几乎整个腹部。”

戴尔把我领到隔壁的实验室观看实物。她用二氧化碳弄 207
晕了一群果蝇，然后用一对安装在软木柄上的非常细的针从中分离出一只雌蝇；在一个小小的水坑中，她把生殖器官挑了出来。戴尔将样品放在显微镜的载玻片上，随后又放在立体显微镜的观察平台上，让我去看。

两个珍珠般洁白的卵巢呈现在我的眼前，每个都有一簇有序的裂片，其颜色就像是剥了皮的荔枝，形状让人想起清真寺的穹顶。旁边有一对凹凸不平的管子，像一串珍珠——这是纳精囊。一只被解剖的雄蝇露出了两个黄色的螺旋状结构，也就是精巢。解剖其中一个，便暴露了著名的长精子细胞，在显微镜下看起来像是一片乳白色的云。这团云里有成千上万个长尾精子，相比之下，人类的精子要小得多，但数量多1 000倍。它们实在是太小了，我们无法在显微镜下看到单个的精子。

产生巨型精子是一种非常规的繁殖策略，但它显然对一些果蝇有用。人们很容易认为这是雄性压迫雌性的一个例子，但实际上似乎是雌性在主导。“疯狂的精子之所以进化，是因为雌性生殖道正在进化，使受精倾向于这些奇怪的特定特征。”雪城大学研究巨型精子现象的斯科特·皮特尼克说。他的研究表明，雌蝇正在主动进化出更大的储精器官，而雄蝇在做相应的调整。拥有较长储精器官的雌蝇倾向于很快与其他雄蝇再次交配，这进一步加剧了精子竞争，从而使生产较长精子的雄蝇获得优势。由于产生巨型精子会消耗很多能量，
208 所以能够生产较多精子的雄蝇或许会在竞争中获胜。这有利

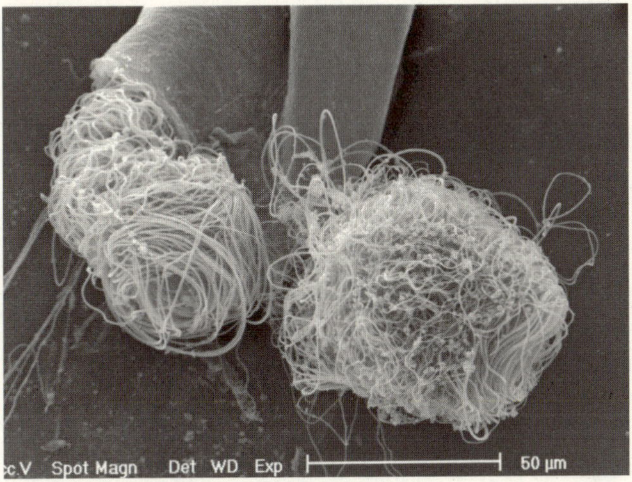

某些果蝇的精子尾巴特别长——图中只显示了两个。它们因此成为所有已知的生物体中最大的精子细胞（图片来源：罗马诺·达拉伊）

于雌蝇对自身的投资，因为它能确保自己由最健康、最强壮的雄蝇受精。这一现象表明，并非所有的性选择都发生在我们看得见的地方。

不过，要是果蝇看不到周围发生的事情呢？大约1909年，哥伦比亚大学的研究生费尔南德斯·佩恩把一群果蝇放在完全黑暗的环境中繁殖了49代。为什么这么做？他希望证明，从而支持一个世纪前法国生物学家让-巴普蒂斯特·拉马克提出的理论：遗传根据生物需要而发展。按照拉马克的观点，即环境能引起动物的改变，可以预测生活在黑暗中的昆虫 209
的眼睛会表现出明显的退化。但2年后，当最后一代果蝇从黑暗中走出来、第一次见到光明的时候，它们的眼睛与48代前的祖先的一样好。有时，果蝇在否定一个假设和支持一个假设上同等重要。

对果蝇来说，这不是隧道的尽头。半个世纪后，日本科学家决定更充分地探索完全生活在黑暗中的潜在影响。暗蝇是1954年在京都大学开始培养的黑腹果蝇品系，在持续的黑暗中维持了60多年。在理想的条件下，果蝇的世代跨度为两周，这大约相当于1 500代，或者说相当于人类进化27 000年。把暗蝇和野生果蝇（未被剥夺光照）同时放在黑暗条件下，暗蝇会表现出更强的生殖优势——这显示了昆虫的适应性，因为它们的世代跨度较短。当雌性暗蝇与野生雄蝇在黑暗条件下交配时，它们产下的幼虫数量要比双亲都是暗蝇的少。目前还不知道原因，但科学家推测，雌性暗蝇可能更喜欢雄性暗蝇作为伴侣，在没有视觉线索的情况下，雌性暗蝇可能会利用气味或声音来区分伴侣。

随着时间推移，也许暗蝇能揭示出更大的秘密，告诉我们什么是双翅目、什么不是双翅目。似乎可以肯定的是，双翅目昆虫，尤其是果蝇，将继续处于遗传学和进化领域的最
210 前沿。

第十章　病媒与害虫

就在你读这句话的时候，世界的某个地方会有人因蝇传疾病而死亡，还有成百上千的人因为与双翅目昆虫相关的微生物而患病。

——斯蒂芬·马歇尔

由于其多样性和机会主义，双翅目昆虫既有可能对人类有益，也有可能对人类有害。我们已经看到，双翅目昆虫极大地推动了我们对基因、行为和进化的理解。现在我们来看看双翅目昆虫与人类关系的黑暗面：它们是致命和致衰疾病的病媒，同时也是农业害虫。

双翅目昆虫在人类历史进程中的重要性再怎么强调也不为过。生物地理学家贾雷德·戴蒙德在1997年的著作《枪炮、病菌与钢铁》中提出，在欧洲国家的全球扩张以及对非洲和美洲的悲惨殖民中，主要由双翅目昆虫传播的疾病扮演着关键的角色。在这本书的20周年纪念版的封面上，有两颗子弹、一只蚊子和一枚钢螺母。在《命运之痒》（2019）一书中，科罗拉多梅萨大学政治科学与军事历史学家蒂莫西·瓦恩加德详细地介绍了自古以来蚊子如何保护罗马免受外国入侵。它211 们甚至保护罗马不受自身的控制，策划了罗马帝国的衰亡。人们认为，是双翅目的蚊子在1242年彻底将蒙古人赶出了欧洲；而它们对准备不足的英国军队的掠夺，决定了美利坚合众国的命运。

蚊子以各种方式传播疾病。疟原虫附着在雌蚊的肠道里，趁它进食的时候进入寄主体内。与黄热病和登革热一样，疟原虫也可以在蚊子吸食感染者血液的时候进入蚊子体内，并通过蚊子的唾液传递给之后的受害者。因此，蚊子就像飞行的污染针，将单一病人的传染范围扩大到数英里。

并不是只有蚊子传播疾病。据我们所知，蠓至少可以传播66种病毒、15种原生动物和26种线虫。在16世纪中期征服印加文明的过程中，奥罗亚热杀死了大约四分之一的皮萨罗军队成员，这种疾病是由白蛉属（*Phlebotomus*）的白蛉传播。采采蝇阻碍了欧洲对非洲的殖民化进程，它通过锥虫病削弱了马等食草动物的进口和使用。锥虫病是一种由寄生物传播的疾病，会引起人类的睡眠病以及那加那病——一种非洲地区的牛和其他有蹄类哺乳动物所患的疾病，其症状是发热、昏睡和肿胀。

头号杀手

纯粹从破坏性的角度来说，蚊子堪称第一。几百种蚊子造成的死者数量，超过了人类自己造成的死亡。自2000年以来，蚊子每年杀死了大约200万人，而每年死于人类之手的蚊子只有47.5万只。研究人员认为，人类历史上几乎一半的死亡要归咎于蚊子。根据瓦恩加德的计算，大约是1 080亿人 212
中有520亿人死于蚊子叮咬。在第二次世界大战以前，死于虫媒传染病的士兵比死于战场受伤的士兵要多得多。

每有一个人死去，就有更多的人被疾病折磨。仅仅是蚊子，每年就造成了2亿到3亿多人死亡，不同的研究人员给出的数字各不相同。

蚊子传播给人类的疾病超过15种。这些病原体属于三种不同的类别：病毒、线虫和原生生物（原生生物界的单细胞微生物）。疟疾是由原生生物引起的，由按蚊属480个物种中的大约70种蚊子传播。由于人类的原因，伊蚊，比如白纹伊蚊，已经传播到了非洲和美洲，它们携带着病毒性疾病如黄热病、登革热、基孔肯雅热、寨卡热和五六种脑炎的病毒。库蚊也是脑炎的罪魁祸首，它同时也传播西尼罗病毒，以及由线虫引起的丝虫病和象皮肿。幸运的是，没有证据表明蚊子、家蝇或其他双翅目昆虫能够传播我们最近一直在担忧的冠状病毒。

在所有这些疾病中，疟疾（英文名malaria源自意大利语中的“坏空气”）是迄今为止造成后果最严重的疾病。世界卫生组织报告说，疟疾是2016年低收入国家的第六大死因，每10万人中有近40人因此死亡。

直到19世纪90年代，人们才确定蚊子与疟疾之间的联系。症状通常出现在一周到四周内，但可能持续一年时间，包括发烧、腹泻、头痛、出汗或发冷、恶心与呕吐，以及肌
213 肉痛和胃痛。如果不加以治疗，疟疾会发展成严重的疾病，导致昏迷、癫痫、呼吸衰竭和死亡。

作为其他生命形式的操纵者和渗透者，疟原虫堪称地球上最狡诈的一群生物。蚊子是它们的主要傀儡，人类是它们最可口的目标，但不是唯一的猎物。全世界有超过200种疟原虫困扰着鸟类、蝙蝠、猴子、羚羊和蜥蜴，只有5种困扰着智人。为了应对这种寄生物，大多数动物已经协同进化，但它们的行为和繁殖成效可能会受到影响。一个典型的例子是夏威夷本地的鸟类，它们接触了传入的疟疾，这被认为是导致其衰落和灭绝的原因。对人类来说，最危险的两种疟疾是恶性疟原虫（*Plasmodium falciparum*）和间日疟原虫（*Plasmodium vivax*）。

接触红细胞的时候，疟原虫会释放一种化学诱饵，使被感染的寄主对碰巧出现的下一只蚊子更有吸引力，从而大大促进疾病的传播。疟原虫抑制了雌蚊的抗凝剂，进一步操纵它更频繁地叮咬。抗凝剂的抑制限制了雌蚊每次叮咬的血液摄入量，使它不得不反复叮咬，故而疟原虫有更多机会进入被叮咬的寄主体内。

历史上疟疾的范围比现在要大得多。除了热带地区，这

种疾病曾经蔓延到加拿大和北欧。当欧洲人殖民美洲的时候，他们不仅带来了欧洲人，也带来了潮水般的蚊子，导致没有免疫力的原住民生病和死亡。在这之前，美洲本土也有成群的蚊子，但它们不像新引入的按蚊和伊蚊那样携带致命的疾 214
病。就在最近的1935年，大约有13万名美国人感染了疟疾，造成4 000人死亡。到1950年，通过喷洒滴滴涕、湿地排水和清除蚊子滋生地等措施，这些地区的疟疾基本上被根除。今天，85%的疟疾病例发生在撒哈拉以南的非洲地区，8%发生在东南亚，5%发生在东地中海，1%发生在西太平洋，0.5%发生在美洲。

作为热带疾病的病媒，双翅目昆虫也惩罚了奴隶制国家。从事奴隶贸易的国家也进口了携带黄热病的蚊子，该疾病对这些国家的影响更大。从1648年起，在西印度群岛暴发的黄热病夺走了许多人的生命。“阿米斯塔德号”上著名的奴隶起义[*]的成功可能要归功于蚊子，因为蚊子的叮咬使船员患上了黄热病，但奴隶们大多对黄热病有免疫力。从1693年到1905年，大约有10万到15万名美国人死于黄热病。

你可能很好奇，为什么这些病原体会进化到杀死它的庇护所——寄主。答案是，人类死亡前的疾病症状完成了病原

---

* “阿米斯塔德号”是西班牙的一艘货船，当时这艘船在西班牙的殖民地古巴服役。1839年，船上的53名非洲奴隶发动了起义，获得了暂时的自由。这艘船后来被美国海关扣押，并在最高法院上引起了关于外交、法律、道德和奴隶制的论战。这一事件后来被改编成电影《勇者无惧》。——译注

体需要的工作。在那之后，人类就可以被丢弃了。根据我们所患的疾病，这些症状可能是咳嗽和打喷嚏、病变或开放性溃疡等——它们都是有效的传播途径。传播途径还包括我们与人类同伴的互动，比如性接触，以及我们与其他受污染物体的接触。全球性的冠状病毒大流行使社交疏远、戴口罩和频繁洗手成为日常生活的一部分，这也使我们更加清楚地意识到，病原体拥有帮助自己传播的狡猾手段。

鉴于疟疾的恶果和蚊子作为首席信使的角色，我们可能不会惊讶于蚊子的这样一种生态作用：对抗不受控的人口增长。公平地说，蚊子负有间接责任，因为它们是病媒，不是
215 死神。但这没有差别。

还　击

面对如此有杀伤力的威胁，我们应该如何应对？为了征服蝇传疾病，现代社会的一个主要尝试是用杀虫剂打击病媒物种和它们的巢穴。这种方法的效果令人满意，至少在一段时间内可以明显减少敌人的数量，降低疾病的发生率。但它也有缺点。其中最主要的问题是如何准确攻击目标生物，同时尽量减少对非目标物种的附带伤害。这需要花钱，也存在后勤方面的障碍，例如需要定期重新浸渍经过农药处理的网和其他材料。杀虫剂对人类也有害；根据联合国的统计，每年有20万人因杀虫剂死亡。此外，杀虫剂耐药性的隐患也是

始终笼罩在这一尝试上的阴霾。

遗传策略可以规避大部分问题。两种最突出的遗传策略是雄性不育技术和利用基因编辑技术得到抗病原的转基因双翅目昆虫。第三种技术是基因驱动，其应用有望大大加快其他两种技术的效率。

雄性不育技术（SMT）的步骤是，人工饲养大量的雄性（杀死雌性），通过辐射使蛹不育（但显然还很健康），然后把它们释放到野外。其理论基础是，不育的雄性越多，野外交配中可育的比例就越低，从而减少下一代的规模。SMT的前提是，不育昆虫相对于野生可育昆虫的比例较高，理想情况下超过10∶1。这需要释放数百万或数十亿只不育雄性才会生效，具体数字取决于物种。操作技术通常以雄性为目标，原
因在于雌性往往只交配一次，而雄性会尽可能频繁地交配， 216
从而增强了该技术的效果。相比于大型动物，这种方法在昆虫身上更可行，因为昆虫体积小、繁殖力强，可以在较短的时间内培养出大量昆虫。

2015年，科学家首次使用新的基因编辑技术CRISPR来改造所谓的黄热病蚊子——埃及伊蚊——的基因组。同样在2015年，研究人员把操作过的基因注入埃及伊蚊的胚胎，并证明CRISPR技术可以诱发不同的突变。考虑到特定的基因序列能够并且已被确认在变态、胚胎发育以及寄主–病原体相互作用等不同的生理过程中发挥作用，而且研究人员已经成功

地创造出了生长迟缓、卵巢功能丧失和卵子孵化率下降的蚊子种群，不难想象，这些技术或许有朝一日能如我们所愿地操纵野生昆虫种群。科学家已经确定埃及伊蚊的基因并进行了相应操作，创造出了基因雄性化的雌蚊，这种雌蚊具有完整的雄性生殖器。由于只有雌蚊吸血并传播病原体，利用基因拼接将雌蚊转化为无害雄蚊的做法，已经显示出了作为病媒管理策略的前景。

科学家发现的另一种干扰蚊子繁殖的方法涉及一种广泛存在的寄生菌，叫“沃尔巴克氏体”。这种细菌偏爱昆虫，据估计，多达70%的昆虫物种体内有沃尔巴克氏体。

沃尔巴克氏体在1924年首次被发现，但对它的研究直到1971年后才得以深入，当时人们发现，当沃尔巴克氏体感染的库蚊精子使未感染的卵子受精时，这些卵会被杀死。这种
217 细菌普遍存在于成熟的卵细胞，但在成熟的精子中几乎没有。因此，只有被感染的雌性才会遗传给后代，而雄性是一个死胡同，雌性的比例越高，对沃尔巴克氏体就越有利。沃尔巴克氏体是高明的操纵者，已经进化出几种对雌性有利的方法，一种是简单地杀死雄性胚胎，第二种是诱导雌性胚胎吃掉雄性胚胎，还有一种是确保只有感染了沃尔巴克氏体的雌性才能成功地与被感染的雄性交配。这些举措降低了未感染雌性的繁殖成效，从而促进了沃尔巴克氏体的流行。

沃尔巴克氏体也寄生在线虫体内，包括一种会导致象皮

肿的线虫。在这种情况下，沃尔巴克氏体与线虫之间形成了一种互利共生关系，如果杀死沃尔巴克氏体，就等于杀死了线虫。因此，象皮肿研究的一个重要途径是寻找杀死沃尔巴克氏体的方法。

最近，科学家有一项偶然的发现，如果一只双翅目昆虫感染了沃尔巴克氏体，它传播病毒的能力就会下降。蚊传病毒性疾病的研究者注意到了这一点，其中最典型的是登革热。如果感染了沃尔巴克氏体的蚊子传播的登革热病原体较少，那么也许沃尔巴克氏体可以用来减少登革热的感染。澳大利亚东北部的城市汤斯维尔生活着18.7万名居民，曾经存在大量的登革热病例。在引入感染沃尔巴克氏体的蚊子后，四年内没有出现任何病例。沃尔巴克氏体还显示出一种潜力，或许能够减少基孔肯雅病毒和西尼罗病毒带来的威胁。

凯利·戴尔告诉我，“这种方法的好处是，不会影响病媒
蚊子的数量，否则可能带来可怕的生态后果”（这是考虑到蚊 218
子在食物网中的关键作用）。戴尔形容这一领域的研究“异常活跃，比尔·盖茨就是热衷于这一领域研究的人之一，在沃尔巴克氏体的研究中投入了大量资金”。

如果细菌可以在一个群体中偏爱或消灭某些蚊子，那么我们是否可以操作蚊子的基因来做同样的事情？下面我们就来谈谈基因驱动技术。基因驱动的原理是，产生一个传播力强的基因，它可以在被感染的种群中迅速传播。这点明了基

因驱动与传统的转基因方法之间的一个重要区别。我们可以合理地认为转基因双翅目昆虫是无害的，因为自然选择将可靠地消除任何逃逸的突变体，但对接受基因驱动实验的双翅目昆虫的期望却恰好相反：被操作的生物体将被自然选择青睐，至少在野生种群的某些部分会出现这一情况。

这是一种既令人兴奋又发人深省的想法。这种策略可以清除当地的害虫，同时不影响其他地方的其他物种或种群。基因驱动系统还可以直接逆转进化后的杀虫剂耐药性，使曾经有效的化合物重获新生。另外，所谓的“致敏驱动”可能使有耐药性的昆虫容易受到相对无害的化合物的影响，甚至可能包括那些对人类和环境完全无毒的化合物。

基因驱动倡导者的另一个希望是改变害虫，使它们不再吃农作物，转而以其他方式发挥自然生态功能。例如，如果我们能操作双翅目昆虫的嗅觉系统，使其不再被目标作物吸引，那会怎样?

在更严峻的方面，基因驱动通过引起能自我传播的遗传变化，极大地改变了野生种群的基因组成，从而造成了生态风险。事实上，理论模型已经表明，即使是少量带有基因驱动构建体的个体，也会导致另一个种群的完全入侵。不难想
219 象，基因驱动在防治虫媒疾病方面可能会改变游戏规则，这就是为什么它有时候会被称为“灭绝驱动”。

基因驱动的倡导者提醒我们，这种方法是为了抑制目标

种群，而不是消灭它们。他们还指出，这些计划有可能产生自然耐药性。引入基因操作的昆虫种群会给目标种群带来巨大的压力，这将有利于拥有抗性机制的个体。具体方法包括对抗驱动基因的自然选择，择优近亲繁殖，甚至在有条件的物种中进行无性繁殖。随着时间推移，人们认为这些机制不仅可能发生，而且是不可避免的。

最近的一次风险研讨会研究了使用基因驱动技术防控疟疾蚊子——冈比亚按蚊（*Anopheles gambiae*）——可能带来的危害。结论是，虽然这么做存在风险，但比疟疾带来的影响要小得多。在成功根除这些蚊子的情况下，当地的其他许多物种可能会填补冈比亚按蚊的空缺。同时，没有已知的捕食者或传粉植物主要依赖于某一种蚊子，这些捕食者或许能简单地从一种蚊子转换到另一种。此外，即使基因驱动有可能使目标蚊子灭绝，科学家相信通过重新编辑其基因也可以使它“重生”。他们建议对任何拟议的基因驱动工作进行成本-收益分析，也就是考虑目标物种、生态系统和相关变化的性质。

疟疾等蚊传疾病带来了巨大的痛苦，造成大量死亡，人类会愿意承担这些风险。到2015年9月，比尔及梅琳达·盖茨基金会已经向伦敦帝国理工学院的一个项目捐款7 500万美元。研究人员设计了一种用基因驱动技术抑制冈比亚按蚊的实验室种群。冈比亚按蚊是撒哈拉以南的非洲地区最重要的疟疾病媒。该项目是“瞄准疟疾”活动的一部分。 220

新遗传技术的成本可能更多地掌握在大自然手中，而不是在我们手中。昆虫繁殖力强、世代跨度短，无论我们采取什么策略，它们都是强大的对手。进化以其自身的战术进行反击，可能会阻碍基因驱动，包括自然种群中的遗传变异、通过基因驱动压力下选择的突变而进化出的耐药性，以及非随机的繁殖模式。多种昆虫的实验报告显示，目前这些昆虫已经出现了对基因驱动的抗性，自然遗传变异也普遍存在，这些变异阻碍了CRISPR基因编辑机制在整个种群中传播基因的计划。

耐药性

在挑战蚊传疾病的过程中，我们如此积极地寻求遗传技术的做法一点也不奇怪，因为人类使用杀虫剂的历史就是目标昆虫产生耐药性的历史。在我们抵御疟疾的努力中，这一点尤为明显。

20世纪50年代初，印度有7 500万例疟疾，单一年份中就有80万人死亡；到了1961年，疟疾病例下降到不足15万。然而，滴滴涕的过饱和导致了耐药性——想象一下，一个国家一年使用了6 000万磅杀虫剂。结果，疟疾卷土重来。印度在1976年发生了一场疟疾大流行，大约有2 500万例。在印度尼西亚，疟疾病例从1965年到1968年翻了两番。当时，世界卫生组织已经正式承认未能根除这种疾病。到20世纪90年代初，至少有100种蚊子和其他传播疾病的病媒对各种杀虫

剂产生了耐药性。此外，由于现在昆虫体内的寄生物比之前 221
更具耐药性，所以新发生的感染特别危险。2000年，全球范围内有10%的人口受疟疾折磨。

抗疟疾药物也表现出类似的模式。17世纪初，奎宁首次在罗马用于防治疟疾，到20世纪40年代末就不再有效，被氯喹取代。十几年后，氯喹在东南亚、南美洲、印度和非洲的大部分地区已经失效。之后是甲氟喹，但在1975年其商业化推行一年后，对它的耐药性就已经被证实。

亚利桑那大学的布鲁斯·塔巴什尼克说，从2000年到2010年，昆虫对杀虫剂的整体耐药性提升了61%。世界卫生组织2010年至2016年的报告显示，对四类常用杀虫剂——拟除虫菊酯、有机氯、氨基甲酸酯和有机磷——的耐药性，在整个非洲、美洲、东南亚、东地中海和西太平洋的所有主要疟疾病媒中都很普遍。2016年，一项关于一种期待已久的疟疾疫苗Mosquirix的临床试验涉及447名5个月至17个月的非洲儿童，结果令人失望。在之后7年的随访中，疫苗的总体疗效为4.4%，在第四年下降至接近零，此后可能出现净负效应。然而，2015年发表的一项更庞大的试验涉及7个非洲国家的15 459名婴儿，结果表明，Mosquirix疫苗使临床疟疾病例减少了39%。根据已有的证据，世界卫生组织和其他一些医疗机构认为，Mosquirix疫苗的好处超过了不良反应的风险，比如脑膜炎和惊厥。

在这一时期，有一类杀虫剂主导了防控病媒的工作，即拟除虫菊酯，这是一系列类似于天然杀虫剂除虫菊（由菊花
222 产生）的人造杀虫剂。这带来了一个问题，因为防控蚊子病媒的历史表明，依赖单一类别的杀虫剂存在危险。正如我们所看到的，如果你继续用同一种武器轰击一种生物，尤其是一种数量众多、快速繁殖的昆虫，那么耐药性几乎必然会出现。果然，近年来，对拟除虫菊酯产生耐药性的蚊子以惊人的数量增加。

有时，最可靠的方法也是最基础的。经过杀虫剂处理的蚊帐可以减少叮咬，从而限制人类与疾病的接触，降低严重程度。从2000年到2016年，全球疟疾病例下降了40%，相当于减少了约6.63亿例。这一下降有三分之二以上归功于经长效杀虫剂处理的蚊帐，另外还有19%归功于室内墙壁喷洒。

生物学家普丽西拉·塔米索在巴西南部城市弗洛里亚诺波利斯开展“登革热防治计划”工作，她向我强调了简单、实用措施的重要性。在这个遥远的南方，疟疾的威胁让位于登革热、寨卡热和基孔肯雅热。

“我们的重点是公共教育，”塔米索告诉我，“我们走访不同的社区，寻找蚊子的繁殖库。我们还与居民一起坐下来交流，解释减少此类积水的重要性。巴西南部的降雨量很大，因此，在废弃的汽车轮胎上钻孔，或者将其遮盖起来，都是很重要的做法。”

就像对杀虫剂进化出耐药性一样，防御越有效，反击越协调。通过对摄入的拟除虫菊酯杀虫剂产生耐药性，并将进食的时间从夜晚调整到白天，一些种类的蚊子正在适应蚊帐。

登革热是在热带和亚热带地区重新出现的最重要的虫媒
病毒性疾病。1970年以前，只有9个国家暴发过严重的登革
热；而今天，根据世界卫生组织的数据，该疾病在100个国 223
家中流行。2019年10月，登革热这种通常很轻微，但有时很致命的疾病袭击了尼泊尔。由于这个国家以前气候寒冷，所以从来没有被这种疾病困扰。2个月内，这里至少有9 000人患病，还有6人死亡。这个高海拔国家在2006年首次出现登革热病例，全球变暖导致病媒伊蚊可忍耐的温度时间延长，并造成季风加大，使适合蚊子繁殖的水库增加。2019年，美洲的登革热病例数也创下历史新高，达到270万例。

不管能不能摆脱这些疾病，我们至少可以提高检测它们的能力。澳大利亚凯恩斯詹姆斯·库克大学的达格玛·迈耶领导的一个研究小组开发了一种蚊子陷阱，可以检测到在野外流通的致病病毒。他们改造了2010年推出的发明装置，该装置引诱蚊子品尝涂有蜂蜜的卡片，然后检测留在现场的唾液。你可以想象，这里的口水量微不足道：约为五十亿分之一升。这样的体积考验着当前检测系统的极限。

但蚊子留下的尿液大约是唾液的3 000多倍——回忆一下这些叮咬者的适应性，即在大口吸血时通过排出水分浓缩血

液。改造后的陷阱使用了尿液收集卡片，利用标准的夜光陷阱和长效陷阱，呼出可口的二氧化碳引诱虫子进入。当一只雌蚊进入尿液陷阱，它的排泄物会通过网状地板滴落到卡片上。研究人员使用了29个尿液陷阱和唾液陷阱，把它们放置在昆士兰州的两个昆虫数量较多的地方。

在尿液陷阱上，研究人员检测到三种病原体的基因痕迹，分别是导致西尼罗脑炎、罗斯河热和墨累山谷脑炎的病毒；
224 而在唾液陷阱上只检测到两种。卡片法的优点在于，它不需要检测整只蚊子，所以避免了长时间的冷藏；同时不像旧方法那样要把鸡或猪暴露在蚊子之下使其感染，从而不需要大量人力，也不那么残忍。人们认为这种测试预警了当地蚊子的疾病风险。

除了卡片法，研究人员也正在开发多种方法检测蚊子排泄物中的危险搭车客。来自英国和美国的研究人员在2017年推出了一种高度耐水的锥体，可以从中收集蚊子的尿液和粪便。它们能够检测到人工暴露的蚊子中存在的线虫、疟原虫和扁虫的DNA。

在早期的努力根除之后，寒冷的冬天和较短的温暖季节把疟疾和其他蝇传疾病挡在了世界较北地区之外，比如美国北部、加拿大和欧洲。但随着全球气温在人类活动的影响下升高，以及冠状病毒大流行之后国际旅行和贸易的恢复，这种情况可能会发生变化。如今在欧洲的诊所和医院中，接受治疗的疟疾病人是20世纪70年代的8倍，中亚和中东的疟疾发病率上升了10倍。除了登革热，利什曼病和脑炎也在增加，并有可能蔓延到欧洲的许多地区。

农场战争

可以理解的是，双翅目昆虫之所以引起我们的愤怒，更
多是因为它们可能会通过传播疾病杀死我们，而不是作为害
虫破坏我们的食物供应。但是，双翅目昆虫并没有错过利用 225
人类的大量农作物——尤其是水果的机会，也没有错过利用
我们饲养和消费牲畜的热情。

首先，我们需要认识到，这里的"害虫"是基于人类语境和人类价值观的人类中心主义术语。我们使用"害虫"这个词就像我们使用"杂草"这个词，是严格地从人类的角度评判某物，而不考虑它在人类之外的生态价值。在某人的景观花园里给花传粉的蜜蜂不会被视为害虫，除非它们在门廊屋檐下筑巢；分解啮齿动物尸体的苍蝇不是害虫，但那些在水果作物上产卵的苍蝇是。对我们来说，这些语境完全不同。在人类语境之外，它们仅仅证明了昆虫在生态系统的养分循环中起到了关键作用。

只有大约1%的昆虫物种被认为具有负面的经济效应，但这一小部分产生了很大的影响。在供人类消费的食物中，有15%到50%因昆虫的破坏而遭受损失，具体数值取决于你所

查阅的资料。双翅目昆虫是重要的破坏者。举世闻名的伦敦邱园罗列了带来负面效应前十名的昆虫，包括蛾子幼虫、烟粉虱（又叫白蝇，但不是双翅目）、叶螨、花金龟和蚜虫，但双翅目昆虫没有名列其中。

重要的害虫物种必须数量庞大，而要使昆虫种群过度丰富，一种方法是为它们提供大片土地，专门种植它们喜爱的食物，并且没有天敌或寄生物。这就是单一作物农业的核心困境。大片的玉米地或无垠的苹果园比混合种植的土地更容易耕种和收获，但也为所谓的“害虫生物”的繁荣提供了理想的机会。在种植成亩的玉米时，我们可能会大发牢骚；但当棉铃虫、欧洲玉米螟等昆虫沉迷于它们最喜欢的（有时是
226 唯一的）寄主时，我们真的应该感到惊讶吗？

双翅目昆虫中最重要的作物害虫是果蝇。至少在温带，大多数果蝇种类进化到以历史上相对稀有的资源为食——已经开始发酵、对果农毫无用处的落果。它不需要太大的力气就可以穿透腐烂的果皮，因为这些果皮通常已经破裂了。

但这种模式有一个麻烦的例外。斑翅果蝇（*Drosophila suzukii*）是一种严重的害虫，因为它不挑食，而且能将卵注入新鲜水果较坚硬的果皮中——它是少数能这样做的果蝇种类之一。在访问凯利·戴尔的果蝇实验室期间，我有机会近距离观察这些特化的果蝇。通过主体显微镜，我看到它的产卵器相比于一般的果蝇来说要大得多，像一把锯齿状的刀。

斑翅果蝇特化的产卵器能够穿透果皮并产卵。（图片来源：马丁·豪泽，加利福尼亚州粮食和农业委员会）

加利福尼亚州粮食和农业委员会的果蝇专家马丁·豪泽向我解释说，这种高科技装置包括顶端感觉毛（刚毛），也许能“品尝”水果并监测插入水果的深度；还有一个倒钩状的结构，能够固定产卵器，防止卵孵化时从水果中滑出来。值得注意的是，这些结构在交配时还必须容纳复杂的雄性生殖器。

斑翅果蝇不是美国的本土物种，而是在过去十年左右从东南亚来到美国，并对蓝莓产业庞大的佐治亚州产生了特别的好感。斑翅果蝇的存在给美国果农增加的成本已经达到每年4亿美元。这个物种也在沿着南欧的海岸线快速蔓延，在柑橘、无花果、樱桃和黑莓等方便的自助餐上进食。

对此人类在做什么？经典的生物防治策略是引入针对害 227
虫物种的捕食者或寄生物。寄蝇代表了一个广泛的寄生库，专门以植食性昆虫（包括双翅目）为目标，所以它们在防治植物虫害方面大有裨益。为了抑制作物害虫，几种寄蝇已经被运往世界各地，比如从欧洲引进的寄蝇用于防治北美洲的冬蛾。这种方法的优势是节省时间和成本，几乎不需要进一步干预。在2006年的一项研究中，昆虫学家梅斯·沃恩和约翰·洛西估计，仅在美国，防治虫害的昆虫每年可以节省45亿美元。

然而，引进总是存在风险，而且已经引发了许多灾难性的后果。1996年，为了帮助防治另一种非本土物种舞毒蛾，
228 美国从欧洲引进了一种寄蝇。这种寄蝇的食谱中有200多个已知的寄主，其中不乏许多有益的本土物种。这些物种的数量后来急剧下降，包括两种漂亮的巨无霸——刻克罗普斯大蚕蛾和月形大蚕蛾。根据一项研究，这种寄蝇正在杀死马萨诸塞州大约80%的刻克罗普斯大蚕蛾。

其他方法也有缺点。杀虫剂的三大问题分别是：对人类的毒性、对非目标生物的毒性、耐药性。当我们对一种生物痛下杀手时，无论是使用化学品还是寄生物，耐药性突变和适应性就立刻会在种群中得到青睐，目标生物的进化越灵活，耐药性就可能越早出现。昆虫就是这样的生物，因为它能在短时间内产生大量的幼虫。

最有效的应对措施是多管齐下。你可能已经见过它的名字：有害生物综合治理（IPM）。就像一本介绍象棋开局的

书，IPM包含了一系列广泛的战术。它以避免化学品的肆虐为目标，后者会不分青红皂白地展开杀戮。IPM的方法包括：使用引诱剂大量诱捕成虫；用隔离网保护作物；在封闭的隧道中种植作物；喷洒天然驱虫剂；更频繁地收获；收获后冷藏、熏蒸或辐射；引入（最好是本地的）寄生物、一般捕食者或杀虫真菌。

正在进行的生态友好型天然杀虫剂的研究，就是利用了植物对脱叶以及对昆虫入侵组织的自然适应性。在实验中，茶树油、酸渣树油和香茅草均造成了家蝇和（或）角蝇的全部死亡，而施加在有机作物上的大麻油被证明对家蝇和蚜虫有剧毒。也许是因为它们比商业生产的杀虫剂利润低，所以 229
人们对天然化合物的作用方式了解较少，比如它们是否具有神经毒性，或者它们是否只是让那些双翅目昆虫窒息。

此外，还有利用昆虫的感官系统和行为将其引入歧途的化合物。2019年的一项研究发现，无论是天然的还是人工合成的混合交配信息素，都会使雄性瑞典蠓（一种严重的瑞典作物芜菁的害虫）无法找到雌性。

70多年来，亚洲农民一直在使用简单，但需要大量人力的技术防治果蝇，即在原地将水果装袋。使用这种技术，杧果、甜瓜和黄瓜等作物的产量增加了40%至58%。通过在树上装袋保护整个果园，马来西亚的杨桃出口业早在1994年就已经价值1 000万美元。

无论是对其他物种的伤害，还是对环境的持久影响，自然方法造成的附加损害往往较少。虽然作用于有机作物的大麻油对家蝇有毒，但瓢虫和蚯蚓等有益的无脊椎动物却没有受到影响。相比之下，一种给牲畜口服的药物——伊维菌素可以用于帮助它们摆脱体内的寄生物，比如狂蝇；但伊维菌素在牛的肠道内并不会完全分解。粪便中排出的伊维菌素残留物可以存在20年或更久，使粪便成为鞘翅目和双翅目中有益粪食性动物群的杀戮场。

1980年，人们在加利福尼亚州发现了地中海实蝇，导致了一场充满争议的空中喷洒活动。地中海实蝇是软皮水果和蔬菜作物的杰出入侵者，因此人们在1 400平方英里的土地上使用了杀虫剂马拉硫磷。该活动覆盖了43个城市的200万名居民，耗费了该州投入的1亿美元，引起了许多居民的愤怒。负
230 责人建议人类和宠物都要待在室内。在当今的全球商业时代，地中海实蝇偶尔会回到该地区，但通过释放不育的雄蝇，地中海实蝇已经被控制了，在此过程中不需要进行任何喷洒活动。

与马拉硫磷结合使用后，雄性不育技术（SMT）被认为阻止并在一定程度上扭转了地中海实蝇向中美洲和墨西哥南部地区的扩张。该物种于1955年到达哥斯达黎加，1979年已经抵达了墨西哥南部。20世纪70年代末，一项协定的SMT项目由美国和墨西哥资助启动，这一项目就是正在进行的“实蝇计划”（Moscamed program）。它用实例说明，要对抗如此

多产的目标，培养大规模的不育雄蝇是必需的。在该项目的大部分时间里，墨西哥和危地马拉的四个育种场所每周培养超过5亿只地中海实蝇。从1979年到2016年，该计划总共饲养了1.52万亿只不育的雄性地中海实蝇。这种昆虫已经从大约142万公顷（超过50万平方英里）的土地上被铲除，并被挡在墨西哥和美国的大部分地区之外。其间也遇到了一些不可避免的挫折，即厄尔尼诺天气导致地中海实蝇的数量急剧增加，这一情况被业内人士称为“实蝇风暴”。然而，由于该地区的园艺产业每年价值数百万美元，并创造了数以万计的农村就业机会，到目前为止，“实蝇计划”被认为是一项非常好的投资。“实蝇计划”大约花费了10亿美元，估计成本收益比为150∶1。

SMT最引人注目的一次成功是始于20世纪50年代末的一项长期项目，该项目使嗜人锥蝇在巴拿马运河以北的美国、墨西哥和中美洲彻底消失。锥蝇的幼虫以牲畜寄主的活体组织为食，它们通过微小的伤口进入寄主体内，其方式与狂蝇
幼虫相同。但比起狂蝇表亲，锥蝇幼虫不那么体贴，可能给 231
寄主造成伤口和致命的感染。

美国农业部的昆虫学家戴夫·泰勒向我解释说，锥蝇的生物学特性使其对SMT具有独特的敏感性。相比于地中海实蝇，环境中自然出现的锥蝇相对较少，估计为每平方千米5到10只，因此，达到配额并不是一个艰难的目标。其他害虫在

环境中自然出现的数量要比锥蝇多得多。例如，泰勒所研究的厩螯蝇，每平方千米可以出现几万到几十万只。

“此外，”泰勒告诉我，“锥蝇成虫完全无害，它们不会对任何商品造成直接损害。因此，有可能在不引起社会关注的情况下释放大量的锥蝇成虫。但如果要释放几十万到几百万只［会吸血和（或）携带疾病的］双翅目昆虫，就很难说服当地的公众了。”

在现代社会，即使成功的项目也可能只是暂时的。随着国际运输的扩大、经济全球化，以及牲畜和动物产品的快速远距离运输，再入侵是一个持续的威胁。2017年，锥蝇已确定在佛罗里达州出现。中美洲和南美洲的部分地区仍然有它们的身影；在非洲、亚洲和中东的部分地区，也存在旧大陆版的锥虫。

吸血双翅目昆虫是全世界对牛危害最大的节肢动物害虫。一个大小中等的冬季干草垛里会出现20万只厩螯蝇，它们的集体吸血降低了牛的年产奶量，抑制了牛的增重，估计为美国
232 养牛业增加了22亿美元总成本。（彩色插图中显示的是厩螯蝇叮咬我的腿之前和之后。）

事后看来，我们可能会承认，人类对化学杀虫剂的依赖弊大于利，甚至可能因为压制天敌而制造新的害虫。正如格雷戈里·保尔森和埃里克·伊顿在2018年的《昆虫先行》一书中指出，我们把棉铃象甲喷得服服帖帖，却让烟芽夜蛾取

而代之。昆虫适应了我们的化学武器，至少有两个很合理的原因。第一，它们世代较短，提高了有效突变和随后的耐药性。第二，昆虫，尤其是那些非常依赖植物的昆虫，长期以来一直在面对植物产生的防御性化学物质。它们要么学会应对，要么主动解毒。杀虫剂的另一个缺点是，它们对有益的捕食性和寄生性昆虫（其中许多是双翅目昆虫）的伤害往往比对目标昆虫的伤害更大。减少杀虫剂的使用和影响是Xerces协会的三个旗舰工程之一，该协会的总部在美国，是一个致力于保护所有无脊椎动物（包括昆虫）的国际组织。

在今天这个时代，人类活动正在导致生物多样性以前所未有的速度萎缩，我想知道，人类是否能更好地以非工业化的方式生产粮食。如果你曾经见过一大片一直延伸到地平线的单一谷物作物，那么你看到的就是一座生态荒漠、一块专食性害虫的宝藏。除了伐林放牧之外，种植谷物喂养牲畜代表了我们生存方式中根深蒂固的低效率。[*] 233

正如迈克尔·波伦在《杂食者的两难》一书中的解释，当农民开始种植多样化的综合食品时，他们可以放弃大部分肥

---

* 2020年10月初，亚马孙雨林有32 000处发生了火灾，其中大部分是因为清理土地牧牛。（Reuters, "Brazil's Amazon Rainforest Suffers Worst Fires in a Decade," *The Guardian*, October 1, 2020, https://www.theguardian.com/environment/2020/oct/01/brazil-amazon-rainforest-worst-fires-in-decade.）还有一个可以衡量效率的标准：畜牧业占全球农业用地的近80%，生产的热量却不到供应量的20%。（Hannah Ritchie, "How Much of the World's Land Would We Need in Order to Feed the Global Population with the Average Diet of a Given Country?," *Our World in Data*, October 3, 2017, https://our worldindata.org/agricultural-land-by-global-diets.）——原注

料和杀虫剂，因为一座多样化的农场会产生大量自然肥力和害虫防治力。而只有消费者购买当地的农产品，农民才有这么做的动力。

抛开农业不谈。双翅目昆虫的嗜血，尤其是嗜人血，再加上吸血习性带来的严重健康危害，使人类产生了巨大的焦虑和大范围的痛苦。只要人类在地球上的足迹继续扩大，我们就不应该指望双翅目昆虫在人类身上的足迹会缩小。昆虫数量庞大、世代短暂，是灵活的对手，能够应对我们抛给它们的许多挑战。蚊子也是非常出色的旅行者，可以在跨境航班行李舱的低温和低压中生存。按照这些标准，航运集装箱、汽车和火车对它们来说都是小菜一碟。把这些特点与不断变化的气候模式结合起来，我们可能会在很长一段时间内与蚊子交战。

234 也许我们的技术智慧将超越双翅目昆虫，也许我们可以摆脱它们的掠夺。鉴于疟疾和其他蝇传疾病造成的痛苦和死亡，我们的尝试事出有因。然而，这也是一个充满危险的方案。半个多世纪以来，我们已经知道，清除关键物种会导致整个生态系统发生天翻地覆的变化。数量庞大且分布广泛的双翅目物种的消失，其生态后果可能是灾难性的。如果召开一个动物理事会来裁决蠓的命运，我们的灭虫投票肯定会遭到蝙蝠、鸟类、鱼类、青蛙和其他昆虫的反对，因为它们以蠓为食。

更有可能的是，我们根除双翅目病媒的努力，只能短暂地抑制它们，而不能消灭其种群。这也许是好事。对自然界中我们讨厌的元素采取对抗性的方法，其愚蠢之处在于忽略了生命的内在联系。蕾切尔·卡森一针见血地指出了其后果：“我们给湖中的蚊子下毒，毒药从食物链的一环传到另一环，很快，湖边的鸟就成了受害者。” 235

第十一章　侦探与医生

上帝以其智慧创造了苍蝇
却忘记告诉我们为什么。

——奥格登·纳什

双翅目昆虫在流行病学和农业中的巨大作用，掩盖了它们在法医学和医学中两个鲜为人知的好处。它们检测新鲜人类尸体气味的能力非常可靠，以至于卵、活蛆以及后面的生长、化蛹都可以作为准确的时间表。法医昆虫学家或刑事法医昆虫学家收集这些昆虫，凭借着对其生活史的深入了解，可以确定尸体的死亡时间，通常能精确到1小时以内。这种利用双翅目昆虫的侦查手段已经帮助了数百起谋杀案的定罪。

这样的幼虫有许多，它们的嗜腐习性有助于开展刑侦工作，包括：丽蝇（丽蝇科，Calliphoridae）、麻蝇（麻蝇科，Sarcophagidae）、家蝇及其亲属（蝇科，Muscidae）、水虻（水虻科，Stratiomyidae）、蚤蝇（蚤蝇科，Phoridae）和冬大蚊（冬大蚊科，Trichoceridae）。对于法医昆虫学来说，丽蝇和麻蝇是最重要的两种。我们在第六章中已经了解了它们的清洁能力。

由于体形较小，蚤蝇能够找到通往被埋葬尸体的路线；而
较大的丽蝇和麻蝇就做不到这一点。蚤蝇的幼虫可以穿透棺材
的缝隙，因此也被称为“棺材蝇”和“陵墓蝇”。封闭良好的 237
尸体分解速度较慢，几代蚤蝇可以在同一具尸体上繁殖。在西
班牙，一具埋葬了18年的尸体上就出现了活跃的蛆虫。

双翅目昆虫之所以对法医学有用，关键在于它们对不同腐烂程度、不同地点、不同时间和不同环境的尸体都有强烈的兴趣。在9月的加拿大林地，一具成年人的尸体露天躺了1周，而在6月巴西圣保罗郊外的浅坟里，一具尸体被埋了1个月；这两具尸体会吸引不同的双翅目动物群。可以预见，会有一系列昆虫在尸体上繁殖。

昆虫能帮助侦破可疑的死亡或凶杀案，这种作用最受社会关注，但它只是法医昆虫学的三个分支之一。除了刑事法医昆虫学，还有城市法医昆虫学和储藏法医昆虫学。城市法医昆虫学主要处理在住宅或商业环境中与我们打交道的昆虫，比如与白蚁破坏相关的法律案件。涉及昆虫、昆虫身体和（或）昆虫粪便的食品污染的纠纷，属于储藏法医昆虫学的范畴，比如象甲对储备粮的侵袭。在本书中，我们的注意力将集中在刑事法医分支，主角是双翅目昆虫。

刑事法医昆虫学（以下简称“法医昆虫学”）有两个广泛的领域。第一个领域研究的是*初始繁殖*，只涉及双翅目昆虫，主要是丽蝇，它没有口器分解脱水的组织，所以需要新鲜的
238 食物。这个分支事关最初几周在尸体上繁殖的昆虫的发育情况。一些双翅目昆虫能在死亡发生后几分钟内找到腐烂的尸体，这一特性很有价值。第二个领域研究的是在尸体进一步腐烂状态下的*演替繁殖*。随着尸体腐烂，它会经历生物、化学和物理变化，每个阶段都会吸引不同的昆虫种群，这些昆虫已经适应了只吃较硬的组织。

双翅目昆虫为了各种各样的原因而拜访尸体。它们中有许多是为了一顿大餐；血液和体液是丰富的蛋白质来源，可以滋养雌性的卵子或雄性的精液。还有的则是为了繁殖。其中一些已经在别处交配过，正在寻找一个好地方产卵或孵化幼虫。然而，另有一些客人并不是被尸体本身吸引，而是被尸体上的动物群吸引。例如，粉蝇是蚯蚓的寄生虫；雌性麻蝇*Sarcophaga utilis*（我找不到它的俗名）是蜣螂的寄生虫，但它们也会在腐肉上或其附近找到满怀希望的雄性求婚者。由于卵和蛆在受到干扰时不会逃跑或飞走，所以在腐肉中繁殖的昆虫对于估计PMI最有用。PMI（postmortem interval）即死后时间间隔，也就是死亡后经历的时间。

PMI是法医昆虫学领域的一项重要指标。双翅目昆虫，尤其是丽蝇，是分解的发起者，因此是评估死亡时间最准确

和最重要的指标。昆虫学家了解收集到的幼虫的当前发育阶段，再加上测量的天气和温度条件，就可以估计PMI。

PMI的一个引伸是死亡后的最小时间，或者叫“最小PMI”（minPMI）。最小PMI的估算方法是，确定尸体上最老的未成熟幼虫阶段，根据它们的发育状态估计它们的年龄，
然后考虑天气和其他环境条件，往回推算产卵或孵化幼虫的 239
日期。有时，尸体上某一物种的存在可以提供关键的线索，比如如果尸体出现在该物种的正常范围之外，就表明尸体被移动过。

分解伴随着一系列化学气味。在分解的早期，大量的微生物促进了消化系统和排泄系统释放无机气体和含硫挥发物。此后，各种气体、液体和发臭的有机化合物从肌肉、脂肪、器官和其他软组织中散发出来。总的来说，分解过程会释放出数百种化学物质，至于究竟哪些化学物质会刺激嗜腐的双翅目昆虫，我们还需要了解更多。随着尸体腐烂，其营养成分发生变化，并反映在散发的化学气味上。双翅目昆虫和其他食腐动物以这些气味特征为线索，只有当尸体适合它们的特定需要时，它们才会去拜访。

1981年，通过标记，利奥·布拉克（见第5页照片）发现双翅目昆虫能够从40英里外探测到腐烂的尸体。它们也可以找到高处的尸体，例如在马来西亚一栋高层建筑的11楼，就有一具被双翅目昆虫繁殖的尸体。还有些双翅目昆虫会钻到

6英尺深的土壤中，从而抵达正在腐烂的目标。

容器对某些双翅目昆虫来说也不是可靠的屏障。行李箱是杀人犯隐藏被害人的一种策略。一项研究试图确定双翅目昆虫能否在行李箱中的尸体上繁殖，以及需要的时间。双翅目昆虫被诱饵（鸡肝和一个猪头）强烈地吸引，最小的蛆能挤过拉链的齿缝。这种能力对侦破一些谋杀案很有用。

通常情况下，如果人的遗体在死后很久才被发现，那么
240 进一步腐烂的干燥组织所吸引的物种就能发挥作用。我们在第一章中遇到的“酪跃者”就是晚期出现的繁殖者，法医昆虫学家利用其幼虫的存在估计长时间未被发现的尸体的死亡时间。在佛罗里达州这样温暖潮湿的地方，它们可以出现在死亡不到2个月的遗体上；但通常情况下，它们在3到6个月后才出现在暴露的尸体上，这时，尸体已经完成“主动腐烂”的分解阶段并开始变干。此外，不同于法医调查中使用的其他昆虫，毒品（如海洛因）的存在并不会改变晚期繁殖者的发展。

想到昆虫以我们的尸体为食，我们可能会感到厌恶。好大的胆子！但是，这些昆虫当然是机会主义的旁观者，它们对敬畏、羞耻或人类文明的其他奇怪风俗一无所知。

应当补充的是，法医昆虫学并不限于死亡的案件或人类的案件。长期受虐待或被忽视的幼童，或者年老体弱的病人，都可能会产生死亡或濒死的组织。喜爱尸体的双翅目昆虫会

注意到这一点。法医昆虫学方法也适用于非人类案件，比如虐待或忽视动物，以及偷猎。我在蒙特利尔参加过一次加拿大人道大会，在演讲中，地平线兽医集团的法医兽医玛格丽特·多伊尔博士说："我希望我们多做一些法医昆虫学研究，因为我真的很喜欢蛆。"她指的是一桩涉及名叫"雪球"的猫的案件。有人发现这只猫的后臀部有一个被蛆虫感染的伤口，它的"监护人"声称雪球在前一天发生了意外。但是多伊尔把样本送到盖尔·安德森博士那里后，发现这些蛆虫至少是5天大的三龄幼虫，从而推翻了主人的说法。 241

专业知识

为了进一步了解这个领域，我采访了西蒙菲莎大学的教授兼法医研究中心的副主任盖尔·安德森。20世纪80年代，盖尔还是一名研究生，她正是从那个时候开始从事法医昆虫学。当时，一位对该领域感兴趣的教授把她叫到办公室。

"他问：'盖尔，你想成为法医昆虫学家吗？'我说：'酷啊，那是什么？'所以我就接受了，而且从未后悔。"

这就是盖尔的起点，但将双翅目昆虫作为证据用于犯罪侦破并不新鲜，第一个有记录的案例可以追溯到13世纪的中国。当时，一位妇女声称她的丈夫死于房屋失火。但在检查烧焦的遗体时，法医发现他的后脑勺有蝇蛆的痕迹。这一证据表明该男子在起火前已经死了一段时间，蛆虫的痕迹就是他受致命伤的地方。

安德森向我解释说，法医昆虫学在19世纪变得更加现代化，特别是在德国和法国。到20世纪30年代，英国也加入进来，契机是1935年的一起著名案件，涉及一位叫巴克·鲁克斯顿的医生。

我查了一下鲁克斯顿的资料。他是一名私人医生，因为怀疑妻子有外遇所以将妻子杀害，从而被定罪。他也谋杀了女佣，因为女佣偶然发现了现场。在肢解了她们的尸体后（技术高超），鲁克斯顿把尸块扔在了一片山谷。一个多星期以后，一位眼尖的行人在桥上发现了这些被冲到下游的人体组织。一些碎块被包裹在报纸中，有助于查明其上游来源。
242 被害人的身上出现了12至14天大的蛆虫，成为给鲁克斯顿定罪的参考，并使他被判处绞刑。

在教科书《法医昆虫学》中，戴维·里弗斯和格雷戈里·达勒姆提出了一个富有启发性的比喻。他们认为，对于那些不主要靠视觉寻找食物的双翅目昆虫，腐烂的尸体很显眼。“把一具尸体想象成一盏能通过化学信号调光的灯。死去不久的尸体是黑暗环境中的一盏暗灯。随着时间推移，化学信号加强，尸体‘发光’变得越来越亮。”随着腐烂达到极致，化学信号减弱，尸体再次变得“黯淡”，对昆虫访客的吸引力降低。

我问安德森，有多少种双翅目昆虫在人体上繁殖？

“北美洲大约有50种。我经常与6到10种丽蝇打交道。如果你在法兰克福或孟买，物种情况会有所不同，但在这些地区，繁殖者是可以预测的。双翅目（蝇）是其中的明星；它们参与所有程度的腐烂。除此之外，只有一些鞘翅目（甲虫）算得上重要的访客。”

美国法医昆虫学委员会（ABFE）在1996年建立了严格的认证程序，至少有博士学位和5年的破案工作经验才能获得认证。认证考试持续12个小时（上午八点到晚上八点），并且每隔几年就需要重新认证。全球只有20位获得委员会认证的专家，安德森就是其中之一。

我很好奇，了解昆虫占多大的比重?

“全部。这项工作就是了解昆虫，熟悉这个领域（熟读），
并理解案例。但归根结底，它要求深刻地理解昆虫学。ABFE 243
的作用是向法庭保证专家的最低教育水平和能力。ABFE有严格的道德标准，这意味着如果一个人以不道德的方式行事，他的证书可能会被撤销。”

安德森为“昭雪计划”（IP）提供志愿服务，该计划的使命是向被错误定罪的囚犯提供无偿法律援助，主要依靠DNA证据来纠正司法不公的现象。任何人只要赞同刑事诉讼是一个精确和可靠的过程，那他就应该知道，自1992年“昭雪计划”诞生以来，已经赢得了超过250宗免罪的案件。

在“昭雪计划”中，安德森参与的一宗美国案件持续了

9年多。2001年，18岁的年轻人柯斯汀·布莱斯·洛巴托被错误地指控在拉斯维加斯性侵犯并谋杀了一个流浪汉。三位法医昆虫学家在2017年10月作证说，最初的案件报告指出，被害人被发现的时候，他的身体上完全没有丽蝇的卵或幼虫。显然，他的死亡时间比原本想象的晚了几个小时，而当时洛巴托已经回到了她的住处——位于120英里外的内华达州帕纳卡。食腐双翅目昆虫出现在可接触的尸体上是非常可靠的指标；因此，没有食腐双翅目昆虫对于估计PMI来说是重要的线索。在监狱里待了近16年后，洛巴托于2018年1月获释。

“这项工作需要一个强大的胃吗？”我问安德森。

“在一定程度上是的。我其实是个很胆小的人，不喜欢在电视上看到血和内脏。但你必须处理好分解腐烂的问题，你必须面对尸体的渗出物和气味。这有点恶心，而且也相当令人不安，
244 涉及儿童的时候更是如此。你当然得习惯这些气味。”

随着新技术的不断涌现，法医昆虫学是否有可能跟不上时代？我向安德森抛出了这个问题。

“噢，绝对不会！人们现在对死亡生物学非常感兴趣，也就是嗜尸生物。一个热门的领域是微生物与昆虫的关系，以及这种关系如何影响嗜尸生物。”

定罪和免罪

双翅目昆虫帮助破获了许多谋杀案，大多数都是关于定

罪的，但也有许多鲜为人知的免罪案例，比如匈牙利渡轮船长案。船长被指控持刀杀死一名男子，因为该男子的尸体在船长经营的船上被发现。据信，被告于9月某天晚上六点后上船，并在几小时内实施了谋杀。最早的尸检报告中的虫卵和幼虫并没有出现在初审中，只是在8年后重审时才重新呈现在公众的面前。一位昆虫学家作证说，尸体上发现的双翅目昆虫，其幼虫通常在黄昏以后很不活跃。因此，被害人一定是当天早些时候被杀害的。被冤枉的船长于是被免罪并释放。

安德森博士给我发了一份2007年的报告，其中提到了一宗传奇性的案件，史蒂文·特鲁斯科特因为这份报告而获释。特鲁斯科特被控在加拿大安大略省克林顿附近性侵犯并谋杀了他的朋友兼同学——一个名叫林恩·哈珀的12岁女孩，并于1959年被定罪。这宗案件非常著名，原因有很多，其中最值得注意的是它引起了公众对判处未成年人绞刑的反感（哈珀死亡时，特鲁斯科特只有14岁），推动了加拿大废除死刑。 245
记者伊莎贝尔·勒布尔代斯以此为主题撰写了一本畅销书，她的结论是，特鲁斯科特被定罪是司法不公的体现。在关进死囚牢房4个月后，特鲁斯科特于1960年减刑为终身监禁。1969年获得假释后，史蒂文·特鲁斯科特坚称自己是无辜的，并试图洗刷这一可怕的罪名。几十年后他才如愿，而来自双翅目昆虫的证据证明了这一点。

对特鲁斯科特来说，幸运的是，调查犯罪现场并解剖哈珀尸体的主治病理学家约翰·L. 佩尼斯坦博士收集记录了昆虫证据。哈珀失踪2天后，她的尸体才在当地被称为“罗森灌木丛”的林区中被发现，当时已经有2种双翅目昆虫在尸体上繁殖。昆虫学家埃尔金·布朗饲养了佩尼斯坦收集的幼虫，从而确定在哈珀脸上繁殖的昆虫来自丽蝇属（*Calliphora*），也就是反吐丽蝇。在女孩生殖器附近繁殖的昆虫只能被确认属于麻蝇科。反吐丽蝇的卵往往会在几小时内孵化，它们被面部黏膜吸引，一般不会在生殖器周围大量出现。麻蝇会生出活的幼虫，通常较晚才开始在身体上繁殖，它们一般会避开面部，不与反吐丽蝇竞争。这两种都是昼行性昆虫，它们不会在夜间产卵或孵化幼虫，但幼虫会继续觅食。

1960年的法医昆虫学还很不成熟，因此这两种昆虫没有出现在使特鲁斯科特定罪的审判中，佩尼斯坦认为特鲁斯科特是凶手，来自三个间接依据：受害者胃部内容物的状态、
246 尸体的腐烂程度以及尸僵对尸体影响的程度。他在陪审团前作证说，他认为哈珀的死亡时间是6月9日晚上七点四十五分之前。有人看到特鲁斯科特在晚上七点十五分左右骑着自行车把林恩从他们学校送到附近的公路上，之后特鲁斯科特行踪不明，直到当晚八点返回校园，与其他人在一起。如果哈珀的死发生在晚上八点之后的任何时间，那么检方的指控就不成立。

近50年后，根据包括盖尔·安德森在内的三位法医昆虫

学家提供的证据，昆虫数据得到了重新审查，反驳了佩尼斯坦先前的证据。几乎可以肯定，尸体上出现的这两个物种的幼虫都太小了，不可能在6月9日夜幕降临前孕育出来。谢拉·范拉霍芬博士作证说，在95%的情况下，反吐丽蝇必须在第二天（6月10日）上午十一点之后的白天某个时候产卵，幼虫才有可能长度仅2毫米。如果成虫是在前一天日落前产的卵，幼虫就有一个晚上的时间在遗体上进食，会长得比2毫米长。

昆虫学证据提出了合理怀疑，认为林恩·哈珀不可能死于6月9日晚上八点之前。这样的怀疑完全可以无罪释放特鲁斯科特。2008年，特鲁斯科特获得了650万美元的赔偿，以补偿他10年的监禁，以及被定罪为杀人犯生活了48年的耻辱。特鲁斯科特的妻子玛琳得到了10万美元的赔偿，以补偿她为洗刷丈夫罪名而耗费的时间。

为了支持他们的论点，上诉人团队在发现林恩·哈珀尸体的同一林地做了一次重现实验。2006年6月17日，在差不多的时间和类似的天气条件下，工作人员将三头小母猪的尸
体放在了树林里。这些不幸的动物被电击，每头猪的肩膀上 247
都有一个小伤口（用刀），并在臀部和阴道部位涂抹了少量血液，复制了哈珀的伤口。之所以采取最后这些步骤，是因为体液的存在会影响昆虫的行为。在30分钟内，与哈珀尸体上发现的苍蝇同一属（丽蝇属）的丽蝇已经在每头猪的鼻子和

嘴上产卵。他们观察了每头猪从放置到天黑的整个过程，在日落之后、日出之前，没有双翅目昆虫在猪的尸体上产卵。这个实验表明，如果琳恩·哈珀在失踪当天下午七点四十五分之前就已经死亡，她的尸体不可能被繁殖。

盖尔·安德森最初受雇于检方。当发现证据支持特鲁斯科特无罪时，她最终选择为特鲁斯科特辩护。[*]

一门不断发展的科学

奇怪的是，尽管法医昆虫学在13世纪的中国有一个良好的开端，但在接下来的600年里，这个领域一直处于沉寂状态。法国陆军兽医让·皮埃尔·梅尼安(1828—1905）做了许多实验，发现暴露在空气中的尸体会经历8轮不同的昆虫演替，而埋在地下的尸体只有2轮。梅尼安同时代的德国医生赫尔曼·莱因哈德（1816—1892）将注意力集中在被埋葬的尸体
248 上，以及小蚤蝇能够在这些尸体上繁殖的重要性。

佩卡·诺尔泰瓦曾在赫尔辛基大学工作，他为这一领域在20世纪的发展做了许多贡献。[**]1987年，关于这一主题的第一部专著《法医昆虫学手册》出版了，诺尔泰瓦是主要的贡献者。他是最早提出昆虫可以积累汞、铜、铁、锌等金属

---

* 2019年5月，范拉霍芬和一位同事在《国际法医学》期刊上发表了一篇论文，标题是“50 Years Later, Insect Evidence Overturns Canada’s Most Notorious Case—Regina v. Steven Truscott”，其中描述了重现实验（VanLaerhoven & Merritt 2019）。——原注

** 我联系了诺尔泰瓦，但他已经93岁高龄，与人交流的能力越来越弱。——原注

毒素的科学家。这一现象帮助解决了许多具有挑战性的案件。例如，芬兰因科的农村地区出现了一具严重腐烂的无名女尸，人们发现尸体上成蝇体内的汞含量异常低。此后该女子的身份被确认，她是一名图尔库大学的学生，来自一片相对没有汞污染的区域。

后来，从人体取出的蛆虫中检测出了可卡因、海洛因、苯巴比妥等药物，帮助工作人员确定了因用药过量而死亡的情况。麻蝇幼虫在含有可卡因和甲基苯丙胺的尸体组织上发育较快，利用这一事实，法医昆虫学家可以更准确地推测涉毒死亡的刑事案件中被害人的死亡时间。海洛因也加速了幼虫的生长，在蛹的阶段却延缓了发育。研究人员把不同浓度的吗啡注射到肉块中，发现丽蝇蛹壳中的吗啡浓度比成虫体内的浓度高。干燥的昆虫遗体可以在尸体上或尸体附近保留很长时间。没有合适的尸体组织时，它们可以成为一种有用的后期替代品。

识别昆虫的种类对法医昆虫学很重要，但仅仅根据外在线索识别双翅目种类几乎不可能实现，因为近缘物种的卵、幼虫、蛹和成虫几乎无法区分。这就是为什么现代分子方法 249
非常珍贵，尤其是DNA条形码技术。在从卵到幼虫到蛹到成虫的变态过程中，昆虫发生了巨大的变化，但它们的DNA条形码不会改变。

被害人的DNA也可以作为检测谋杀的重要线索。令人高兴的是，DNA能在双翅目昆虫的消化过程中被保存下来，因此，对犯罪现场发现的蛆虫进行分子分析，可以确认已经被毁灭的尸体的身份。盖尔·安德森用一个案例说明了这一点：一名男子把被谋杀的妻子的腐尸从地下室移走，因为他怀疑一个可疑的邻居告发了他。警察到了他家，询问该男子关于地下室地毯上的一些有蛆虫爬行的恶臭污渍，那位丈夫声称是家里的猫死在那里导致了这一情况。昆虫学家在实验室里分析了这些蛆虫，发现了人类的DNA，有力驳斥了丈夫的解释。

法医昆虫学仍然是一个相对较小的领域，但它也是一个进步明显的领域。在过去的10年里，相关从业人员的数量翻了一番。到目前为止还没有相应的大学学位或专门学术期刊，但有10多本教科书、多门课程以此为主题，至少有7所大学提供该领域的辅修课程或专业课程。2016年5月25日至28日，布达佩斯举行了欧洲法医昆虫学协会第三届国际会议，议题包括：如何利用丽蝇幼虫检测犯罪现场的精液，利用幼虫的发育来校准大麻素的合成以及各种酒精的浓度，还提出了一个用于搜集现场法医数据的移动应用程序iFly。在简化
250 识别犯罪现场的双翅目种类和（或）被害人的过程中，一些新的分子技术表现出巨大的应用前景，包括流式细胞术和下一代基因测序技术，比如焦磷酸测序——这是一种DNA测序方法，检测的是焦磷酸盐分子释放的光。

20世纪后期以来的这些进展使法医昆虫学成为法医学和

昆虫学公认的分支学科，正在逐渐被全世界的司法系统所接受。今天，北美和欧洲有专门的法医昆虫学组织。2009年的一项全球调查得到了来自24个国家的70份答复。

通过深入的研究，我们更加了解具体的双翅目物种和具体的细菌之间的相互作用关系，为法医昆虫学的发展开辟了一条新的道路。我们现在知道，一些双翅目昆虫在卵或幼虫时期接触了特定的细菌，而这些细菌有可能在昆虫和昆虫的食物来源之间机械地转移。特定细菌的存在与否可以提供明确的指示，说明哪些双翅目昆虫出现在尸体上，以及它们何时离开。另一方面，专家提醒说，微生物繁殖的时间和类型可能对昆虫的发育产生强烈的影响，从而导致对昆虫繁殖期的误解，或对死后时间间隔的错误估计。

双翅目昆虫的活跃并不一定有助于侦破暴力犯罪和其他离奇死亡，它们也可能是一种阻碍。飞溅的血液为发生的事情及发生方式提供了重要的线索，分析和解释这些线索是一门严谨的科学，双翅目昆虫的行走、吸食、反刍和（或）排泄血液，实际上把现场弄得一团糟。双翅目昆虫干扰血液线索的方式主要有三种：（1）通过在血液中行走，它们可能改变血迹的形状，从而影响血液撞击表面的方向和角度；
（2）它们将血液转移到其他地方；（3）它们制造出类似于血 251
迹的假象，这个问题特别麻烦，因为它们的反刍物和粪便往往与原始血液几乎没有区别。专家正在努力全面了解双翅目昆虫扭曲证据的方法。

因此，法医昆虫学并不总是被视为一门精确的科学，这一点毫不奇怪。斯蒂芬·马歇尔对我说，虽然该学科领域促进了一些谋杀案的水落石出，但它也导致了其他谋杀案的扑朔迷离。在讲述了几个错误识别或分析导致调查人员误入歧途的例子后，马歇尔指出了他们从昆虫证据中估计死亡时间（或地点）时可能的错误来源。这些误导包括地理位置、栖息地、季节、天气模式、温度波动、暴露在阳光下（或暴露在恒定的人工光照下）的时间，以及影响尸体接触的各种情况，比如尸体是在室内，还是密封在小汽车、电器、垃圾桶甚至是服装袋中。悬挂的尸体不会影响尸检，但是当蛆虫化蛹时，重力和缺乏明确的散布路线会构成独特的挑战。焚烧后的尸体往往会被昆虫更快地繁殖。然而，我们必须考虑到，每个食腐性的物种都会影响后来到达的物种的食物资源。如果某些关键的丽蝇物种被排除在外，那么后来者的种群统计就会受到相应的影响。这些因素和其他因素（例如香水、驱虫剂、防晒霜、酒精中毒）可以以无数种方式相互作用，督促我们
252 进行案例记录和广泛研究，从而建立丰富的情景库和结果库。

蛆虫和医疗

除了侦破谋杀，蛆虫还进入了医疗领域。鉴于它们与污秽和腐烂的联系，我们许多人最不希望有蛆虫的地方就是感

染的伤口；然而这正是我们受益的地方。

几个世纪以前，甚至几千年以前，人类就已经知道蛆虫可以促进愈合。据说，玛雅印第安人和澳大利亚原住民都曾成功地使用蛆虫愈合伤口。在文艺复兴后的战争里，军医们注意到，用蛆虫处理过伤口的士兵恢复得更好，发病率和死亡率也更低。在1798年至1801年法国在埃及和叙利亚的战役中，拿破仑的外科医生多米尼克·拉雷男爵报告说，某些种类的苍蝇只破坏死亡组织，对伤口愈合有积极作用。

美国历史上最血腥的冲突为这位另类的医疗助理提供了更多的饲料（字面意思）。美国内战期间，在伤员分诊的过程中，许多人的伤口几天都无人问津，不知不觉间受益于双翅目昆虫的存在——它们会在开放的肉体上产卵。随即孵化的蛆虫在死亡和感染的组织上觅食，不带来任何疼痛，也不损害仍然健康的组织。导致坏疽的细菌成为蛆虫的食物。蛆虫不仅吞噬有害的细菌，而且把食物转化为额外的益处；之后，蛆虫排泄的物质可以加速愈合，使许多人免于截肢。

在两次世界大战中，类似的情况又把蛆虫和人类联系在一起，人们再一次感受到这些好处。在第一次世界大战中照顾伤兵的时候，一位名叫威廉·S. 贝尔的整形外科医生认识到蛆虫取食对于伤口愈合的疗效。他观察到，一名士兵在战 253
场上待了几天，结果出现股骨复合性骨折，腹部和阴囊有大面积的皮肉伤。这名士兵被送到医院时，尽管受了重伤，而且长期暴露在没有食物和水的环境中，可他没有发烧的迹象。脱下他的衣服后，贝尔发现“成千上万只蛆虫爬满了整个伤口”。但令他惊讶的是，当蛆虫被清除的时候，“几乎看不到任何裸露的骨头，受伤骨头的内部结构以及周围部分完全被人们可以想象到的最美丽的粉红色组织所覆盖”。当时，股骨复合性骨折的死亡率约为75%到80%。

10多年后，在约翰斯·霍普金斯大学，贝尔博士对蛆虫疗法进行了最早的科学研究。他用丽蝇的蛆虫治疗21名患有顽固性骨感染，且已经对其他治疗方式产生抗性的病人。贝尔观察到，使用蛆虫疗法后，这些病人的死亡和溃烂组织快速消除，致病性生物减少，气味减弱，伤口稳定，愈合率到达最佳的水平。所有21名患者的开放性病变完全愈合，他们在接受蛆虫治疗的2个月后出院。

这项成果发表于1931年，也就是贝尔去世的那一年。很快，数千名外科医生使用了贝尔的方法，超过90%的人对他们的结果感到满意。20世纪40年代以前，制药公司莱德利实验室一直在为缺乏蛆虫养殖设施的医院商业化培养“外科蛆虫”。

到20世纪40年代中期，抗生素革命如火如荼。这些神奇
254 的药物不仅清除了各种顽固的病变——在那之前，只有蛆虫能够成功地治疗这些病变——而且从一开始就能防止伤口感染。尽管偶尔还有蛆虫成功辅助伤口愈合的案例，但这种昆虫已经不再受欢迎。

但是，大自然狡诈且多变。抗生素是为了抑制微生物而开发的药物，灵活的微生物对它产生了耐药性，所以机敏的医生开始寻找替代品，蛆虫疗法开始复苏。尽管人们继续依赖抗生素，或者说正是因为依赖抗生素，蛆虫仍然有机会在医学工具箱中保留一席之地。实验室里饲养了无菌的丽蝇幼虫，医生用这种蛆来治疗感染，为那些身体太弱无法忍受手术，但有严重褥疮、创伤、不愈合的手术伤口、糖尿病足溃疡、烧伤、骨骼感染和肿瘤的病人清除死亡组织。

20世纪末，医生首次对蛆虫疗法进行对照临床试验，使其在2004年成为被美国食品药品管理局批准的一种医疗方法。此后发表的几十项研究反复表明，蛆虫疗法比很多传统疗法更有效。仅举一例：2012年《皮肤病学档案》的一项研究表明，与手术清创相比，蛆虫能够清除更多手术切口中的死亡组织，而手术清创，即医生使用手术刀或剪刀清除伤口上的受损组织或异物的做法通常是一个漫长且痛苦的过程。

现代蛆虫清创疗法（MDT）涉及把无菌（无细菌、未绝育）的蛆虫应用到伤口上，通常是用丝光绿蝇（*Lucilia sericata*）。传统的伤口治疗包括应用酶、机械清创或手术（但愿不会如此），对健康组织的附带损伤是它会带来痛苦的原因之一。蛆虫只喜欢腐烂的组织，所以它们知道何时停止。它们通过清除和溶解感染的死亡组织来清理伤口，通过摄取细菌进行消毒；它们的蠕动作用有助于刺激血液循环和促进 255

瘀伤愈合。

蛆有两种清创方式：机械清创和酶清创。机械清创利用了蛆的运动，它们的口钩（用于把身体向前拉）和许多微小的刺使碎屑松动，比外科医生的刮刀更精确。酶清创利用了蛆的消化酶，它将感染和死亡的组织液化成营养丰富、能够被蛆虫吸收的液体。每只蛆虫每24小时可以清除25克死亡或感染的组织，也就是说，18只蛆虫每天可以清除1磅。蛆的作用不仅仅是清除感染和死亡的组织；它们也分泌具有防腐特性的化合物尿囊素，可以加速死亡组织的分解并促进新细胞的生长。

丝光绿蝇的蛆还会释放氨气，这与人类的积极清洁有关。因此，它们的存在可以抑制腐烂肉体的可怕气味。

我查了一下负责加利福尼亚州欧文市莫那纳实验室运营的医疗蛆虫公司（MM），它是美国领先的消毒蝇蛆制造商和经销商——消毒蝇蛆可用于治疗溃疡性或创伤性伤口。MM公司的目录提供了10类产品，包括几种伤口敷料和将蛆虫限制在伤口上的“笼子”，防止它们游离出来完成自己的生命周期。一瓶350只绝对干净的幼虫售价250美元，运费另付。（该费用由捐款支付，无保险或无支付能力的患者可免费使用。）通常情况下，每平方厘米（0.16平方英寸）的伤口表面需要5到10只蛆虫。包扎伤口的时候要注意保持一定的透气性，以免蛆虫窒息，并让蛆虫在原处停留48到72个小时。

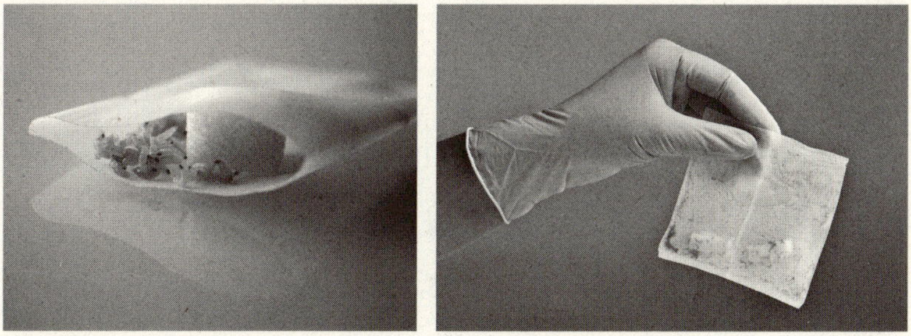

一批经过消毒的丽蝇的蝇蛆被密封在细网生物袋中，通过这个生物袋，蛆可以吃掉受感染的组织，有效地清洁病人的伤口（图片来源：英国BioMonde公司）

MM公司提供的幼虫大多是丝光绿蝇。我在佛罗里达州看到的爬满一堆新鲜狗粪的就是这种蝇。但你不必对此感到害怕，这些幼虫已经培育了22年，并且经过了消毒。病人的焦虑（“讨厌的因素”）更多是因为讨论蛆而不是面对蛆；相反，伤口持续感染的病人非常乐意接受能够带来缓解的治疗。

我给罗纳德·A. 谢尔曼博士发了电子邮件。他是MM公司的主管，也是蛆虫疗法的领军人物。

“是否可以说，在现代社会中，医疗蝇蛆使病人免于被截肢？或者说免于死亡？”

“关于截肢的答案非常明确：‘是！’”谢尔曼回答说，“已经发表的对常规护理无效并计划截肢的病人的研究显示，在这些（使用蛆虫治疗的）病人中，40%到70%的病人要么治愈了伤口、避免截肢，要么伤口明显改善了，从而不需要那 257
么大规模的手术。”

谢尔曼接着说："关于避免死亡，我的回答是，在一定程度上是的。我们不可能量化免于死亡的人数。要知道，许多人在截肢后不久就死了。我们相信其中一些人的死亡是因为他们不再像以前那样精神积极或身体活跃。我们不知道有多少人符合这些类别，或者说有多少人是由于导致他们截肢的潜在疾病（糖尿病、循环系统衰退等）而提前死亡。

"我们还知道，坏疽往往藏有微生物，这些微生物或许看起来很稳定，但随时可能扩散到血液并渗入身体，导致败血症和死亡。但是，量化蛆虫清创与较慢的非手术切除坏疽'可能发生的情况'纯属猜测。因此，我可以告诉你，病人声称蛆虫疗法拯救了他们的性命；我可以告诉你，我们知道它可以拯救生命；我也可以告诉你，有确凿的证据表明它改善了生命的质量。但我们既不能量化，也不能科学地证明它拯救了生命。"

"你们的货物最远运到了哪里？"

"我几乎向全世界发过货，因为没有其他的医疗蛆虫来源。我在1996年发表了我的药用蛆虫生产方法，现在世界各地都有实验室，所以我可以向人们推荐最'地道'的实验室。通常情况下，我把发货范围限制在北美，尽管最近我也把货物运到了美国大陆以外的州和地区，还有欧洲、亚洲、中东的国家，以及南非。"

"远距离运送活体昆虫是否存在物流方面的挑战？"（事后

我意识到这是一个相当愚蠢的问题。） 258

“是的，最大的挑战是确保它们活着。”

我也很好奇，是否有任何迹象表明，医疗蛆虫的使用正在扩大到治疗其他疾病的领域。

“如果你是指用于伤口护理，那么我的答案是有。但这并不常用，也没有得到美国食品药品管理局的认证。至于伤口护理之外的医疗环境，我不知道。这需要做更多的研究。蛆虫的化学物质和活动也能杀死细菌并刺激组织生长。我发现这绝对令人着迷，但我没有钱去研究了。当我们更好地理解了这些机制后，蛆虫（更有可能是蛆虫的生物化学）将可用于治疗‘伤口’以外的大量疾病。”

研究者正在对这些双翅目昆虫进行基因操作，目的是创造出能够提供各种生长因子和抗菌剂的品系，从而加速愈合和组织再生。

除了一些已经发表的文章，还有几十个网络视频记录了这种方法的有效性。

和双翅目昆虫在法医中的角色一样，这并不是位于医学边缘的土方子；美国有2 000多家医疗中心使用过这种疗法。1995年，美国、以色列和英国都在培养医疗蛆虫。到2002年，培养的实验室有十几个。截至2013年，30多个国家中数以千计的医生使用蛆虫治疗了约8万名患者，这些蛆虫来自至少24个实验室。蛆虫疗法对兽医同样有用，常用于治疗动物患者。

蛆虫清创疗法也比传统的伤口愈合疗法便宜得多，这一点没什么好嘲笑的：2013年，仅在美国，用于治疗糖尿病足溃疡的费用就高达90亿至130亿美元。蛆虫疗法的复兴一直
259 伴随着支持其有效性的科学研究。MM公司的网站收录了一份含65项已发表研究的清单，记录了蛆虫清创疗法的许多好处，比如：更少的医疗截肢和兽医截肢、更多的无抗生素日，以及成功治疗烧伤和其他顽固的伤口。

考虑到双翅目昆虫在传播污秽和疾病方面的罪责，它们对破案和愈合伤口的贡献在一定程度上有助于赎罪。最近的趋势表明，在可预见的未来，法医昆虫学不会消失。蛆虫疗法在伤口愈合方面的前景也许不太乐观，但这些昆虫医生提醒我们，更新的技术未必总是更好的。

我发现，在一个技术发展如此迅速的世界里，我们却求助于蛆虫来帮助我们解决问题，这很了不起。这也是一个教训。我们终究是一种自然实体，使双翅目昆虫有生命力的基本生命过程也在维持着我们的身体。当我们不可避免地死亡和腐烂时，我们可能成为它们的食物，偶尔我们会在法庭上发现这个过程。在另一种情况下，成为双翅目昆虫的食物说不定能帮助我们恢复健康并延长生命。

如果双翅目昆虫为我们做了这些，我们是否能给予这些
260 虫子同情？

第十二章　关心那些虫子

> 很明显，在与庞大的小人国世界的成员的互动中，人类与自然分离的神话已经找到了令人不安的立足点。
>
> ——乔安妮·劳克·霍布斯

作为地球上的主宰和最容易观察到的动物群体，昆虫总是能引起我的兴趣。我总想着要写一本关于昆虫的书；这只是时间问题。但我很快就意识到，对一本书来说，昆虫是个太宽泛的主题，它们值得写一本百科全书；所以我选择了一个子集。双翅目昆虫似乎是完美的：多样、神秘、充满魅力（如果我们停下来仔细观察的话）、非常成功，但大多被我们忽略了。在撰写本书的3年里，双翅目昆虫不断地回报我对它们的追求。

读到这里，你很可能已经得出结论：我是双翅目昆虫的拥护者。这样做不过是我的身份的一个延伸。从孩提时代开始我就喜欢动物，鄙视它们受到的残忍待遇。这并不是我凭

理性得出的结论，而是在我有能力进行道德反思之前，就已
261 经深刻感受到的一种敏感性。在我的感受中，没有任何生物是卑鄙或讨厌的，踩死蟋蟀或踩死蚂蚁的孩子比那些压在鞋子下的小生命更陌生。我对鞭蝎和蟾蜍的喜爱不亚于对大象和鲨鱼。在为期6年研究蝙蝠通讯的研究生课程之后，我花了25年时间为几个动物保护组织工作，处理的问题包括：杀害野生动物以供学校解剖练习、解决实验室里啮齿动物的简陋住房和使用铁丝网陷阱。这些都不是巧合。

一次昆虫学会议

我知道，我对双翅目的偏爱并不被大众所认同，甚至一些以研究昆虫为职业的人也不认同。2018年底，我在一次大型昆虫学会议上遇到了反感双翅目的人，这让我很惊讶。在从酒店到会议地点的班车上，司机讲述了他不得不去拉斯维加斯取一辆已经维修了2个月的巴士的经历。巴士的车厢门已经关闭了，但数百只苍蝇不知怎样找到了入口。

“那辆车臭死了！”司机说，“到处都是死苍蝇。”

言下之意是苍蝇造成了这种气味。坐在车厢前面的十几位与会者也发出了同情的声音。这让我觉得太无知了。我从来没有注意到窗台上的死苍蝇会有不好的气味。

“会不会是吸引苍蝇的东西发出的臭味？”我大胆提问。

在片刻沉默之后，司机提到车上有半个苹果。也许这就

是吸引苍蝇并导致臭气的原因。或许还有别的隐藏的食物来源。两个月的时间足以让家蝇完成它们的生命周期。我推测，
也许是一只雌蝇在巴士最初被扣时就已经被困在车里，繁殖 262
出了在巴士上发现的所有死苍蝇。

几分钟后，双翅目昆虫再次受到了攻讦。有人提到下水道里苍蝇泛滥成灾，这又引来不满的抱怨声。一位乘客说："我讨厌下水道里的苍蝇！"我无法想象为什么。也许你见过一两只这种非常小巧可爱的虫子，灰色的翅膀在背部形成了一个整齐的三角形，没准它们比书上的字母"A"大不了多少。由于与小飞蛾相似，它们也被称为"蛾蚋"。它们让我想起了微型隐形轰炸机——但与轰炸机不同的是，这些双翅目昆虫没有携带不祥的载弹，只是停在淋浴喷头旁边或者浴室瓷砖墙上。它们在附近的下水道里羽化，吃那里积累的浮渣，并以某种方式成功地与热水、肥皂、清洁剂等化学品抗衡。这些听起来不像是一种开胃的饮食，但至少有助于保持排水管的清洁。这个属叫蛾蚋属（*Clogmia*），可能更适合改名为 *Unclogmia*[*]。众所周知，这些双翅目昆虫完全无害。我很高兴看到它们。

使用双翅目昆虫进行的学术研究通常不是动物友好型的，你会从我描述的许多研究中注意到这一点。除了用于遗传学

---

* 在英文中，clog 的意思是"堵塞"，但实际上蛾蚋属的物种有防止下水道堵塞的功能。——译注

的果蝇，大多数关于双翅目的研究都是为了防治，要么将其作为疾病病媒，要么将其当成作物害虫。所以你可以理解，对双翅目昆虫来说，许多关于它们的研究都是致命的。“我杀死了苍蝇！”一位昆虫学家在一次双翅目昆虫研讨会上自豪地宣布。的确，我在撰写本书时遇到的几乎所有昆虫学家都杀死了大量的双翅目昆虫，这是他们研究的一部分。但不同于车厢里的乘客，我从未在那些专门研究双翅目昆虫的人身上发现轻蔑或冷漠的态度。恰恰相反，我遇到的双翅目昆虫学家都对他们的研究对象表示钦佩，甚至景仰。

作为伦理考量的对象，今天的科学界对昆虫表现出前所未有的兴趣。我出席的那次昆虫学会议聚集了超过3 800名昆虫
263 科学家，在那次会议上，我参加了一个题为“昆虫学的伦理”的研讨会。所有人都认为，这是一个多世纪以来首次出现的会议主题。哲学家、伦理学家和昆虫学家谈到了吃昆虫、昆虫疼痛的问题，也讨论了野外研究中的浪费问题，比如致命诱捕和大量非目标昆虫的丢弃。在一篇题为《为什么伤害一只果蝇是错的（至少是小错）》的论文中，怀俄明大学的哲学家杰弗里·洛克伍德认为，人类与昆虫的互动至少可以成为一种践行美德的手段，包括仁慈、善良、怜悯、温和与爱。

已经发表的科学文章开始表现出对昆虫日益增长的伦理关注。洛克伍德在2017年的一本书中正式提出这一论点。2015年的一篇论文以声学通讯在蛙蠓交配行为中的作用为主题，列

出了下面的伦理声明:“实验遵循动物福利准则。……我们在使用二氧化碳作为麻醉剂时没有遇到任何麻烦，蛀蠓也从来没有清醒。我们固定住蛀蠓，在麻醉状态下进行处理，使蠓受到的伤害降到最低。实验结束后，被固定的个体在低温下进行了安乐死。”

固定（用超级胶水粘住昆虫针的钝端）和安乐死听起来对蛀蠓并不友好，但值得注意的是，为了减少程序中的伤害和潜在的痛苦，他们在选择方法时非常谨慎。

昆虫学家必须通过杀死昆虫来研究昆虫，我很想知道他们是否对此感到矛盾。我问阿特·勃肯特是否会对杀死成千上万只小动物感到忧虑。

“哇，这是我一生中第二次被问到这个问题。对我来说，有一个完整的层面，也就是我这些年一直坚持亲手杀死它们。这对我来说有点……是什么呢？反正不是后悔。我意识到我 264
正在夺取生命。拍死我胳膊上的蚊子和从网里吸出蠓虫之间有一些不同。我看到了美，为了研究，我需要留下它。但我非常清楚地意识到，我试图研究的是生命。如果没有想过‘我希望有另一种方式’，我从来不会去野外。”我们将看到，勃肯特并不是唯一对双翅目昆虫表达感情的人。

现代科学研究正在挑战“昆虫感觉不到疼痛”的古老论断。在本书即将完成的时候，悉尼大学的一个遗传学家小组发表了一项新的研究，报告称果蝇在受伤后会持续出现类似疼痛的状态。面对同样的刺激，未受伤的果蝇不认为是痛苦，但截断一条腿而受到周围神经损伤的果蝇产生了长期的超敏反应。正常的果蝇和受伤的果蝇都试图逃离高于42摄氏度（约108华氏度）的热板，但只有受伤的果蝇会逃离38摄氏度（约100华氏度）的低温。这种敏感性始于受伤5天后，到3周后仍然存在。果蝇对通常不认为是痛苦的刺激表现出敏感性，这种情况被称为“痛觉超敏”。人类和其他脊椎动物遭受持续疼痛时也会有同样的反应。

我们仍然面临着一个令人困惑的难题，即我们不可能知道双翅目昆虫如何体验疼痛，因为我们无法居住在它们的身体中，无法感受它们的感受，但这样的结果应该让我们停下来。不管站在一个热的表面对果蝇来说究竟是什么感觉，但果蝇试图离开，这个事实意味着它的感觉并不好。此外，如果这只小动物可以在行为上避免（我能说是“不喜欢”吗？）什么，那么它也可以在行为上偏好（“喜欢”）什么。在双翅目昆虫的世界里，它们偏好的可能是啜饮花朵的花蜜，沐浴在阳光下，或者找到新鲜的粪便。一些哲学家会得出结论，
265 双翅目昆虫因此具有内在的价值。它们有爱好。

生态锚

我们可以选择不维护这些利益。毕竟，双翅目昆虫经常无视我们的利益，它们围攻我们，叮咬我们，不知不觉间用病

原体感染我们。但无论我们如何对待双翅目昆虫的个体，都应该把它们这个集体视为这个世界不可或缺的组成部分，与它们共享这个世界。圣雄甘地曾简明扼要地指出：“活着的唯一方式就是让别人活着。”

想一想蛆。它们给人类带来的好处非常深远，因为它们是隐匿的。蛆能够分解和重新分配有机物，所以被认为是最重要的昆虫幼虫。如果没有昆虫，那些太小而不能被脊椎动物吃掉的微小生物就无法进入食物链。通过消耗微生物，昆虫弥合了尺寸差距，将这些营养物质转化为鱼类、鸟类、爬行动物、两栖动物以及大型食虫哺乳动物（如熊）的食物。幼虫的排泄废物为食物网的底层——植物和真菌——提供营养物质。而在食物链的上游，幼虫、蛹和许多成年双翅目昆虫的身体是大型动物的重要食物来源。

再想一想蠓。在特定的地点，蠓的数量比其他昆虫都要多。相比于其他水生昆虫，它们会被更多的物种食用。在水生幼虫阶段，蠓是鱼类的重要食物来源。而在有翅成虫阶段，它们对鸟类同样重要。数以十亿计的蠓最终进入滨鸟、燕子和鹪鹩口中。虽然它们是最没有魅力的双翅目昆虫之一，但它们也许是地球上进化最成功、生态价值最高的水生昆虫。加拿大最近的一项调查发现，在讨论全球生态系统的时候， 266
蠓的多样性高于所有其他的昆虫种群，包括著名的甲虫。

2019年4月下旬的一个早晨，我在安大略湖昆蒂湾旁边的人行道上骑车，亲眼见证了飞蠓对鸟类的重要性。尽管夜间的温度仍然低至接近冰点，但从前一周开始，我就遇到了成群的蠓虫。每当我穿过这群蠓虫的时候，它们微小的黑色身躯就会在我的白色雨衣上留下斑点。这个早晨，同样令人印象深刻的燕子群已经到来。在我骑行的四分之三英里的海湾地带上，我至少看到了1 000只燕子。它们俯冲、盘旋，并在水平线以上几英寸的地方逗留。燕子是专一的食虫动物，它们不吃蜜蜂、胡蜂、甲虫或飞蛾，因为这些昆虫都不在水中羽化。而且我很肯定，我能够看到水生蜉蝣或石蝇（都不是双翅目）的较大身躯。不过，吸引燕子的是蠓。成群结队的小虫滋养着向北迁徙的饿鸟。燕子在蠓虫羽化几天后到达，这绝不是巧合；这种情况已经持续了几千年，也有可能是几百万年。

然而我想知道，我们是否与燕子不一样，正在失去与昆虫的联系。这个问题吸引了越来越多的学者。随着城市化进程在全球范围内日益加快，我们是否有可能越来越疏离自然，同时也疏离自然给我们带来的无穷益处？美国记者理查德·洛夫认为答案是肯定的。在2005年出版的热门书籍《林间最后的小孩》一书中，洛夫提出了“自然缺失症”的概念，指的是儿童由于过着日益城市化的室内生活，缺乏与自然的身体接触，可能会对个人健康和社会结构造成负面影响。几
267 年前，植物学家詹姆斯·万德西和伊丽莎白·许斯勒创造了

“植物盲”这个术语，指的是我们所吃的食物与提供这些食物的作物之间失去了联系，同时我们不再意识到我们的生存依赖于植物。我提出“昆虫盲”一词，指我们没有认识到昆虫作为传粉者、食物网的组成部分、害虫防治者和清洁工，对于维持我们的生活起着不可或缺的作用。既然如此，“海洋盲”又是什么呢？大多数人都疏离了提供地球上一半以上氧气的栖息地。没有鱼类生活，海洋就无法运转，反之亦然；所以我们还可以加上“鱼类盲”。

你应该明白这一点。这是相互依存的关系。套用约翰·缪尔的一句话：“当一个人拽住自然界中的一样东西，就会发现它与世界的其他部分相连。”我们的星球是一个互动的整体。开始移除或者破坏这个整体的组成部分，就会引发随之而来的恶化。继续捣乱的话，整个系统迟早会崩溃。这曾经发生在复活节岛的岛民身上——他们清除了岛上的所有树木；这也曾发生在玛雅人身上——人口过多、环境破坏、连续战乱，使他们来不及应对干旱和饥荒。

在1983年出版的《灭绝：物种消失的原因及后果》一书的序言中，生态学家保罗·埃利希和安妮·埃利希为生物多样性丧失的危险设计了一个恰如其分的比喻。想象我们的星球是一架巨型飞机。数百万颗铆钉把机身固定在一起，每颗铆钉都代表一个物种。一个物种的灭绝就等于从飞机上拔掉一颗铆钉。几百颗，或者几千颗铆钉可以从飞机上随意地弹出去，而飞机仍然继续作为一个整体运作。但是，如果允许这个过程继续下去，机身的各个部分就会开始松动并发出响声。不可避免的是，随着“灭绝”的过程继续，飞机会掉下来一
268 大块。我们知道接下来会发生什么：崩溃。整个系统都会崩溃。多样性促进了稳定性。我们在地球上横行霸道的时间是有限的；我们会因自己的行为而受到惩罚。

“虫启”

而且我们即将受到惩罚。昆虫正在迅速消失。目前最准确的数据是，昆虫的总生物量正在以每年2.5%的速度急剧下降，这一损失（可能还有灭绝）的速度是哺乳动物、鸟类和爬行动物的8倍。

一项发表于2018年秋季的研究记录了过去30年来德国63个地点网罗的飞虫（爬虫未被采样），其总生物量下降了76%。仲夏是昆虫多度的高峰，这一时期的损失超过了80%。杀虫剂的使用，以及合适的栖息地转化为农田，被认为是造成该后果的主要原因。该研究的一位合著者这样描述其影响：“如果我们失去了昆虫，那么一切都将崩溃。”《纽约时报》在一篇阴郁的社论中将其描述为“昆虫末日”。

“虫启”似乎是一个全球现象。2014年，一个国际生物学家小组估计，自1980年以来，世界各地的无脊椎动物的数量已经下降了近一半。在原始的波多黎各雨林中，2012年无

脊椎动物的数量只有1976年的六十分之一到四分之一，具体数值取决于采样方法。在这期间，平均最高温度上升了2摄氏度。康涅狄格大学的无脊椎动物保护专家戴维·瓦格纳称，这是“我读过的最令人不安的文章之一”。

灭绝物种的名单一直在增加，目前还不知道有多少种双 269
翅目昆虫名列其中。考虑到大多数物种仍未被描述，在我们知道它们的存在之前，不知道多少个物种就已经消失了。

观察敏锐的市民注意到了这种减少。一位法语译者与我分享了这则消息：“我的丈夫经常和我说，在长途驾驶之后，现在挡风玻璃上几乎没有昆虫了。而以前，每隔几个小时就得停下来清理飞溅的血液和各种黄色物质，因为它们实在太密集，影响了司机的视线。现在这些虫子都怎么了？？？”

汽车本身的影响也非同小可。在伊利诺伊州中部开展的一项为期6周的蝴蝶道路死亡调查中，人们统计出1 800多只死亡的蝴蝶。我们可以推测，在整个伊利诺伊州，每周有2 000万只蝴蝶死在路上。平均到美国50个州，大约有13亿只蝴蝶在夏季的3个月中命丧司机之手。苍蝇、甲虫、蜜蜂和胡蜂的密度通常比蝴蝶更高，所以它们的伤亡率应该是成比例地增长。

专业昆虫学家阿特·勃肯特与法语译者的观点没有什么不同。“我的工作是出去收集物种，杀死它们，并详细地描述它们。从事我这种工作的人，都感觉到物种正在消失。我们正在目睹灭绝。多年来，我一直在与双翅目昆虫学家交流，他们有一种集体意识，即我们要完蛋了。我们正在失去一些非常珍贵和美丽的东西，而且我们正处于深深的麻烦之中。”

由于昆虫的丰富性和多样性，以及它们对正常运作的健康生态系统的重要贡献，昆虫的减少会影响同一生态系统中的其他生物种群。因此，在上文提到的波多黎各研究中，食
270 虫的蜥蜴、鸟类和青蛙也在不断减少。往北看，自1970年以来，北美野生鸟类的总数量几乎减少了三分之一，大约有30亿只。这种下降涉及大量的物种和栖息地，不仅仅是濒危物种，也包括那些生活在后院里的普通鸟类。海洋生物也是如此。自1970年以来，我们已经失去了一半的海洋生物；如果你研究过商业捕鱼的历史，那么你就知道在那之前我们已经失去了大量的海洋生物。难怪美国哲学家杰弗里·洛克伍德说："如果缺失会让人心生爱意，那么人类应该对大自然爱得死去活来。”下面这个统计数据最能说明我们多么适应人类世：在目前地球上所有的陆生脊椎动物中，野生动物只占总生物量的3%，而人类约占四分之一，剩下的四分之三是牲畜。如果我们只考虑哺乳动物（不包括鱼类、鸟类、爬行动物或两栖动物），比例基本不变：60%的牲畜，36%的人类，其余的动物——大象、河马、鲸鱼和海豚、长颈鹿、啮齿动物、蝙蝠、猴子等——只占4%！我们留下的沉重脚印并不都是人的形状，也包括猪、牛、羊的蹄印，以及鸡和火鸡的三

趾脚印。我们饲养的这些动物达到了天文数字，我们杀死并吃掉它们。

地球上正在发生深刻的生命大洗牌，我们不可能把它归咎于某一种原因。但所谓的“第六次大灭绝”是人类造成的。压倒性的和持续增长的人类存在，对自然产生了多种威胁：城市侵占和栖息地破坏，空气和水污染，农业尤其是畜牧业集约化，商业捕鱼和水产养殖，狩猎和偷猎，以及长期存在但直到最近才被广泛承认的气候危机。 271

昆虫的朋友

我是一名生物学家，我的主要谋生方式是书写并讲述动物以及它们的非凡能力。我把动物当成客户和朋友，尽量避免伤害或杀害它们——这一点同任何精明的合作者一样。但也有例外。我曾在发现蜱虫钻进我的皮肤后消灭了它，也曾患过莱姆病*。我曾为自己和现在已经长大的孩子治疗过头虱，也为被感染的猫梳理毛发、杀死跳蚤。我还杀死过非常多的吸血双翅目昆虫，大多数情况下是试图剥开我头皮的蚊子。同样，我拍打过蚋和蠓。有一次，我在独木舟旅行中遇到了斑虻的骚扰，当它们在我的头顶飞舞时，我记下了成功拍打的次数，总共打死了100多只。（后来我发现，帽子对斑虻来

* 一种病毒性传染病，通常由蜱虫叮咬而传染给人类。——译注

说是一个相当有效的屏障。）我也曾在极少数情况下成功避开了咬我脚踝的厩螫蝇。

但这些只是偶尔发生。我的经验法则是，只在自卫的情况下才试图消灭它们。我知道它们要猎取我的血，所以对它们的打击没什么不公平。即便如此，我常常选择克制。无数次，我让蚊子免于被拍死；虽然我可能尝试抓住一只顽固的虻，但我不愿意杀死它。无论这些虫子有怎样的邪恶意图，对于它们的完整性和它们在生命网中的合法地位，我都试图保持敬畏之心。

在这方面我并不孤单。有越来越多的人认为，昆虫不是害虫或者威胁，而是地球上的共栖者；也许你就是其中一员。这种观点在东方宗教里比在西方宗教里更常见。一座内观禅
272 修中心的大门上写着："注意不要杀死宿舍里的任何昆虫。"神经科学家克里斯托夫·科赫说："当我看到屋里有昆虫，我不会杀死它。"他谈到了佛教教义对他的影响，即知觉——感觉的能力——可能无处不在。

西方文化中似乎正在流行一种"活着就是与万物共存"的道德观。"海柏公园Mothia"是一个主要由业余昆虫学家组成的志愿者团体，自2016年以来一直在多伦多的海柏公园内设置灯光陷阱，然后拍摄捕捉到的动物。到目前为止，他们已经记录了900多种蛾子，包括一种在该地区已经消失了100多年、被认为已经在当地灭绝的蛾子。

这个团体严格奉行“不收集、不杀生”政策。我很好奇，就问了该团队的负责人泰勒·利达尔，他是职业遛狗人，也是一家提供管理多只狗的装备TinyHorse公司的老板。

“大多数相关人员对我们正在调查的昆虫有很高的评价，我们绝不希望我们的调查对它们产生负面影响。我们只是为了见证。我认为，更难忘、更重要的经历是与活的生物体互动，而不仅仅是消灭它。”

我问利达尔：“你在布置的照明板上看到过双翅目昆虫吗？”

“当然看到过。自从开始这项工作以来，我们一直在谈论把检测扩展到一般的昆虫。”

当人们停下来思考，在一座有着漫长严冬的大城市里，有900种蛾子栖息在一座400英亩的公园里，人们就会明白城市的物种如此多样，以及城市里拥有绿色空间是多么重要。业余博物学家的人数明显下降，利达尔对此表示遗憾；但iNaturalist这样的公民科学自然应用程序重新吸引人们——尤其是年轻人——参与自然，这种力量也鼓舞着利达尔。

对飞蛾情有独钟是一回事，但我们能把这种情谊延伸到 273
一只双翅目昆虫吗？对于普遍不喜欢和排斥的生物，我们能发挥深层的共情潜力吗？

约翰·皮尔可以。他是一位作家、职业演说家，也是艾伦·德詹尼丝等知名人士的健身教练，拥有“对生命的敬畏”（reverence for life）——阿尔伯特·施魏策尔1915年在非洲河船上观察河马时创造了这个词。我上一次见到约翰的时候，他告诉我，他前一周救了8只在他的公寓里搁浅的家蝇——他一边说着，眼睛像往常一样闪闪发光。他一直在数数，表明了他的决心。约翰还用纸巾的尖端来擦拭无法摆脱水杯中液体表面张力的小蚤蝇。小小的水点很快蒸发了，而被救的蚤蝇又活了一天。我也想尝试一下。

约翰·皮尔并不是双翅目昆虫唯一的朋友。一位在夏威夷的朋友告诉我，她已故的继父曾坐在躺椅上，拿着一罐啤酒，任凭苍蝇在他身边嗡嗡作响，并宣布说："苍蝇是我的朋友！"另一位朋友告诉我，多年前，他在爱达荷州的一家餐厅里注意到天花板上挂着扭曲的粘蝇板，上面粘满了蝇，大多数都死了，还有一些在黏性中挣扎。他觉得非常难过。他推测说："我想，它们死于疲惫和饥饿。"

名人也开始支持昆虫了。在2019年PGA锦标赛的电视转播中，高尔夫冠军球手罗里·麦克罗伊从果岭上小心翼翼地移走了一只昆虫（近景摄像机显示为一只甲虫），将其放置在附近一个更安全的地方，从而放掉了一个20英尺的推杆。这一举动成了新闻。"应该让他补球，"评论员说，"对野生动物的善意应该有好报！"2015年的电影《蚁人》的主演保罗·路德戒杀昆虫，原因很简单，他不认为自己比昆虫更优等。2014年以来，演员摩根·弗里曼一直在为蜜蜂发声。弗里曼在他
274 位于密西西比州的124英亩牧场中安装了26个蜂箱，把它们

变成了一个避难所，并公开批评“农达”（Roundup）等广谱杀虫剂造成的危害。录音艺术家莫比拆除了他的游泳池，为花园里的树木和开花植物腾出空间，以满足蜜蜂的需要，并称这是“对后院的更好利用，胜过一个无用的混凝土坑”。

如果所有这些善意只能让你摇摇头，请想一想乔安妮·劳克·霍布斯在昆虫书《渺小中的无限声音》里的这些句子：“想到要帮助一只苍蝇，我们的内心可能会愤愤不平，这或许是因为一个狭窄的意识让我们只看到自我的重要性。当我们把同情心延伸到昆虫身上，我们的自我意识就会扩大。”

善良是永不枯竭的商品。如果你曾经从水杯中拯救一只瓢虫，或者从游泳池里拯救一只蟋蟀，那么你就会从经验中知道，即使最小的善举也会让你感觉良好。我曾经从路上拾起奄奄一息的蝴蝶和蜜蜂，看着它们在被喂了糖水后恢复体力飞走。在拯救一只双翅目昆虫的过程中，约翰·皮尔涵养了精神。这不是他做这些事的原因，但仍然从中得到了好处。如果你怀疑这一点，不妨试一试。

对于那些宁愿拿杀虫剂也不愿意拿滴管的人，请注意，我们对昆虫的普遍厌恶更多是来自学习而不是天生。有证据表明，人类对蜘蛛和蛇有天生的恐惧，但这些都是罕见的例外。例如，花、家蝇和鱼不会引发这种厌恶。“我们没有天生的恐惧。”生物学家彼得·纳斯克雷基在2005年出版的《较小的大多数》一书的序言中写道。这本书主要写的是昆虫。“小孩子对周围的生命很着迷，它们对毛毛虫和狗有同等的好奇心。在以后的生活中，过度保护的父母和老师、施加压力的同龄人以及被误导的媒体，会给我们灌输对大多数生物的恐惧。到10岁的时候，大部分孩子对昆虫等小生物的感情要么
275 是喜爱，要么是憎恨。”

地球上有庞大的昆虫军团，蚂蚁以其军事能力脱颖而出，双翅目昆虫则是企业家和骗子。双翅目昆虫在进化过程中十分灵活，通常具有欺骗性，而且经常对关系密切的生物造成伤害，所以特别容易被嫌弃，很难受到喜爱。它们有一系列臭名昭著的身份，叮咬者、病媒、食肉者和嗜污者；但在这些身份的背后，还有一个晦涩而美丽、巨大而微小的世界：精致的长足虻披着金光闪闪的斗篷在叶子上滑行，多情的菇果蝇伸展着薄纱般的翅膀，鹿角实蝇戴着壮观的卡尺状头饰，雄性指角蝇像踩着高跷的外星人一样对峙（见彩色插图），还有拟熊蜂蚜蝇身上覆盖着公牛形状的黄色绒毛。

我们从小就被教育要避开双翅目昆虫。人类对这些昆虫有根深蒂固的文化厌恶，我也未能幸免。但随着我继续深入了解它们的生活，所有的厌恶都消退了，我的心也变得柔软。在研究和写作本书的时候，在咖啡馆、图书馆和我的家里，几十只双翅目昆虫曾拜访过我。在我的工作空间，它们的数量远远多于其他类型的可见生物。它们在我的笔记本电脑上嬉戏，在背

一只小蝇在作者的电脑显示器上梳理自己（作者拍摄）

光的屏幕上飞奔，从平板电脑上吸食流落的污渍，并厚颜无耻地在我的手臂和手掌上探索。它们出现在每一个季节、每一种天气。有一位小客人甚至在加拿大的深冬来拜访我，当我在教堂的圣诞仪式上唱歌时，它落在了我的乐谱上。

“自然界中没有什么丑陋的动物或植物，除非我们不喜欢它。”小说家、博物学家乔纳森·弗兰岑在2018年出版的书 276
《地球尽头的尽头》中这样写道。从蹒跚学步时起，我就在后院凝视着昆虫，到现在已经近60年，我明白弗兰岑的感受。我可以拒绝不宽容的文化规范，从而享受家蝇的脚在我的皮肤上带来的轻微瘙痒。它们轻柔地跑来跑去，用爪垫品尝味道，用海绵状的口器吸食。

我喜欢双翅目昆虫拥有的那些微妙的习性。我喜欢家蝇像断断续续的飞镖一样掠过表面，轻柔、顿挫，速度极快，仿佛在滑翔一般。我喜欢家蝇在我身上停留，它的足轻轻地踩在我的皮肤上，我感觉不到它再次起飞。我喜欢看家蝇的喙下落，通常在着陆后不久，像大象的软脚垫一样压在表面并展开。我还喜欢另一种双翅目昆虫，其毛茸茸的蜡质护甲可以捕获空气，从而潜入水中。

我也喜欢双翅目昆虫的都市性。在佛罗里达州德尔雷比奇市中心的一家咖啡店里，我注意到一个大玻璃花瓶里的菊花茎秆上有三只小蝇。最开始我有些遗憾地想，它们可能注定要在窗台上死去，或者在夜间管理员巡视的时候被杀死。但这些小小的虫子并不觉得自己被困住了。它们兴致勃勃地求偶，挥舞着翅膀，在绿色植物上飞舞，就像是活泼的舞者。

昆虫融入了我们的生活，甚至构成了我们的身体。“世界
277 上有四分之一以上的人吃昆虫。”《昆虫传》的作者、记者戴维·麦克尼尔说。我想用“有意”这个词来修饰麦克尼尔的说法。如果加上无意中的摄入，那么几乎每个人每天都在吃昆虫。在我们食用的谷物、水果和蔬菜中，昆虫无处不在，这意味着几乎所有吃东西的人每天都会摄入几十种昆虫或昆虫碎片。*在早餐麦片中出现甲虫的碎片，就像在牛奶中出现脓细胞一样不可避免（这也是我喜欢植物奶的原因之一）。**

---

* 仅举一例，美国食品药品管理局允许每盒 16 盎司的意大利面中有多达 450 个昆虫部位和 9 根鼠毛（https://www.cnn.com/2019/10/04/health/insect-rodent-filth-in-foodwellness/index.html 访问于 2020 年 5 月 12 日）。——原注

** 根据美国食品药品管理局的最新数据，平均每杯牛奶中有 500 万个脓细胞（https://nutritionfacts.org/2011/09/08/how-much-pus-is-there-in-milk 访问于 2020 年 5 月 12 日）。——原注

那么，双翅目昆虫的命运与人类的命运有多么密切呢？盖尔·安德森与我分享了一个明显带有法医昆虫学家特色的直率观点："没有食腐昆虫，我们便会死去。地球在很久以前就会耗尽养分。我们都是营养袋，而双翅目昆虫将这些营养物质收回地球。它们不仅防止我们被疾病缠身，还为植物提供了食物。生生不息。"

我们努力抑制双翅目昆虫的出现，但我们庞大的生态体系——所有的果园、所有的牲畜、所有的尸体、所有的粪便、所有的堆肥——一直是许多双翅目昆虫的福音。可以肯定的是，我们对野生物种的破坏，已经伤害，甚至消灭了世界上许多更不起眼的双翅目昆虫。但我们不要自欺欺人：在最后一个人消失后100万年，双翅目昆虫还将栖息在树叶或岩石上，摩擦自己的脚。我们也许能够想象一个没有双翅目昆虫的世界，但如果它成为现实，我们不可能见证这个世界。 278

所以，我以一只苍蝇和一个人的故事作为本书的结尾。飞行员查尔斯·林白因睡眠不足而神志不清，据称，在1927年历史性地单人飞越大西洋的挑战中，他曾与一只苍蝇对话。在电影《林白征空记》中，林白（由詹姆斯·斯图尔特饰演）在长达33小时飞行的一开始遇到了这只苍蝇。人们认为是这只苍蝇帮助他避免了潜在的灾难，它在飞行员的脸颊上走来走去，在飞机下降的时候把他从瞌睡中唤醒。人和苍蝇之间甚至还有一个亲密的时刻：林白到达格陵兰岛上空时，他告诉这只虫子，这是离开的最后机会，后面的行程还有1 800英里，之后不再有陆地。苍蝇似乎接受了这一暗示，从一扇敞开的窗户飞走了。

当我知道林白与苍蝇的相遇，知道这位飞行员注定要获得荣耀时，我被唤起了对这只小昆虫的同情心。为了它不确定的命运，我脑子里的同理心发出了关切的光芒。我认为这种感觉是我们与双翅目昆虫的关系将如何演变，甚至我们与所有生命的关系将如何演变的缩影。无论我们对某些双翅目昆虫有什么合理的愤怒和反感，都可以同时培养对它们的尊重甚至敬畏，因为它们在这个世界占据重要的地位。不这样做，不仅是道德上的错误，也是生态上的致命错误。不管你喜不喜欢，人类的命运和双翅目昆虫的命运密切相连。林白
279 在巴黎布尔歇机场的安全着陆，似乎是对人类未来的一种隐喻。

致 谢

无数人帮助我完成这本书。许多科学家给了我大量的帮助和支持，他们总是愿意慷慨地付出自己的时间：斯蒂芬·马歇尔、格伦·莫里斯、阿特·勃肯特、斯蒂芬·盖马瑞、约翰·华莱士、布罗克·芬顿、马克·德鲁普、罗伯特·沃斯、玛勒·索科沃夫斯基、凯利·戴尔、比尔·斯特里弗、盖尔·安德森、鲍勃·阿姆斯特朗、塔马拉·圣伊什特万尼、詹姆斯·汤普森、阿什利·柯克–斯普里格斯、埃里克·本博、帕特里克·奥格雷迪、戴夫·泰勒、利奥·布拉克、美国自然历史博物馆的克里斯汀·约翰逊、伊拉·弗朗斯·波尔谢、谢利·阿达莫、保罗·比德尔、特里·惠特沃思、麦克·豪厄尔、托马斯·佩普、亨利·迪斯尼、杰夫·汤姆柏林、约翰·迪尔、泰勒·利达尔、普丽西拉·塔米索、尤西·诺尔泰瓦、杰弗里·洛克伍德、加利茨·舒赫特–奥菲尔、约翰·赫德森、诺曼·伍德利和马丁·豪泽。

特别感谢美国自然历史博物馆的戴维·格里马尔迪为罗伯特·沃斯的麻蝇做性别鉴定；感谢加利福尼亚州粮食和农业委员会的马丁·豪泽为一只马蝇做性别鉴定。同时，感谢蒙大拿大学詹姆森法律图书馆的斯泰西·戈登、皇后大学道格拉斯图书馆的莫拉格·科因提供的研究帮助，并感谢埃米莉·巴尔科姆整理参考文献。

在图片方面，特别感谢斯蒂芬·马歇尔，他慷慨地捐赠了那本令人惊叹的著作《蝇：双翅目昆虫的博物志和多样性》里的几张图片。还要感谢布罗克·芬顿、戴维·格里马尔迪、约瑟夫·穆瓦桑-德塞尔、安东·波夫、罗纳德·谢尔曼、西梅娜·贝纳尔、罗马诺·加拉伊、马丁·豪泽、约翰·阿博特、肯德拉·阿博特、文森特·庞、卡罗利娜·斯图尔曼和卡伦·米切尔。

鲍勃·阿姆斯特朗、帕维尔·沃尔科夫和塞巴斯蒂安·莫罗指导我看了一些精彩的视频和有用的研究。

对于想法和个人鼓励，感谢苏珊·麦考特、莫琳·巴尔科姆、乔·梅塞尔西、安西娅·梅塞尔西、肯·夏皮罗、马丁·斯蒂芬斯、帕特里夏·加瓦尔东、乔安妮·劳克·霍布斯、多里·埃伦、阿德里安娜·阿基诺-杰勒德、约翰·皮埃尔和卡丽·P. 弗里曼。

感谢企鹅兰登书屋的编辑团队，特别是我的编辑马特·克里斯，感谢你们的热情，感谢与你们合作的快乐。感谢我明智且细心的经纪人斯泰西·格利克，感谢你从一开始就认识到这一选题的潜力，这可能让我怀疑自己是否清醒。

感谢你，本书的读者，感谢你对所有这些奇迹感到好奇。正是这些奇迹创造了这颗美丽而神秘的星球。

我对任何事实性的错误负全责，并欢迎更新和指正。

注　释

（注释前的数字为原文页码，见本书边码）

第一章　上帝的宠儿

6　“它们没有辩护者”：Deyrup 2005, p. 112。

9　在任何时刻，都有大约10^{19}只昆虫：McGavin 2000。

9　这相当于平均每个人对应2亿只昆虫：Grzimek 2003。

9　平均每个人对应14亿只昆虫：MacNeal 2017。

9　单是蚂蚁的生物量就比人类多12倍：Grzimek 2003。

9　白蚁的生物量也是同样的比例：Margonelli 2018, p. 10。

9　“动物”频道的研究员：Farnham 2018。

9　英国双翅目专家埃丽卡·麦卡利斯特：Gorman 2017。

10　遥感专家菲尔·汤森：“Hotspot for Midges Proves to Be Fertile Ground,” *Nature* 454 (August 13, 2008): 815. https://doi.org/10.1038/454815f（访问于2019年6月24日）。

10　一些幽蚊：Marshall 2012。

10　一茶匙健康土壤里的生物：Zlomislic 2019。

10　一位英国生物学家推测：McNeill 2018。

10　根据1998年的估计：Whitman et al. 1998。

11　“目前已知的分类单元表明”：Hebert et al. 2016。

16　如果每一只占据八分之一英寸的立方体：Teale 1964。

17　即使在南极洲也生活着一些勇敢的蠓：Marshall 2012。

17　北方的一些蠓可以让自己脱水：MacNeal 2017。

17　还有一些蠓的幼虫能够在贝加尔湖水面以下1 000多米处生活：Linevich 1963, cited in Armitage et al. 1995。

20　2007年美国职业棒球大联盟的一场季后赛：Davidoff and King 2017。

20　2018年8月，一只苍蝇破坏了：www.dw.com/en/fly-ruins-german-domino-world-record-attempt/a-44955761。

20　在17世纪以前的西方绘画中：Klein 2007。

20 文艺复兴时期：Berenbaum 2003。

21 经过几个月的时间，这些彩色斑点：Stinson 2013。

21 你可以在线听海姆斯沃斯唱这首歌：www.youtube.com/watch?v=qjLBXb1kgMo。

21 在1999年一首撩拨人心的歌曲《世界的最后一个夜晚》中：www.youtube.com/watch?v=02TUsZzF6es。

22 想一想温斯顿·丘吉尔：Bonham Carter 1965。

22 至于说为什么居住在腐烂尸体上的双翅目昆虫：Howard 1905。

22 有人用两种蜂虻的声音来命名：McGavin 2000。

22 明黄色的腹部是这一物种的显著特征：https://www.youtube.com/watch?v=VWYRXP5ojBc。

23 至少还有5种昆虫是以流行文化中偶像的名字命名：www.telegraph.co.uk/news/2017/04/12/organisms-named-famous-people-pictures/。

第二章 工作机制

29 尽管需要与蝴蝶和甲虫展开激烈竞争：Grzimek 2003。

31 昆虫的小体形提供了：Sverdrup-Thygeson 2019。

31 家蝇每秒振翅345下：Lauck 1998。

31 而一只小小的蠓可以达到惊人的1 046下：Sjöberg 2015。

31 有一种头蝇，尽管长着大得出奇的眼睛：Marshall 2012。

33 “变速箱”位于每只翅膀的根部：Deora et al. 2015。

33 特殊的神经细胞能检测到这种扭转：Oldroyd 2018。

34 双翅目昆虫通过改变爪垫的角度来行走：Chinery 2008。

34 这种预警系统：Chinery 2008。

35 “它们飞得很快”：Witze 2018。

36 昆虫的复眼启发了：Pomerleau 2015。

37 当我们凝视着窗外行驶的汽车或火车时，我们的视觉系统也会产生类似的扫视：Blaj and van Hateren 2004; Kern et al. 2006。

37 彼得·渥雷本在：Wohlleben 2017, p. 23。

38 利用一个直径14厘米的黑色圆盘精心控制了一系列慢动作摄像实验：Card and Dickenson 2008。

41 双翅目专家斯蒂芬·马歇尔怀疑：Marshall 2012。

41 今天的双翅目昆虫对糖的敏感度是人类的100倍：Sverdrup-Thygeson 2019。

41 每个孔中都有对不同化学物质敏感的神经元：Shanor and Kanwal 2009。

41 第五个小室没有味觉：Barth 1985。

42 简单地说，饱腹的双翅目昆虫对食物不感兴趣：K. Scott。

43 已经出现了一种叫“灭蚊磁”的装置：www.mosquitomagnet.com/advice/

how-it-works。

43 声音越低，放大越明显：www.bernstein-network.de/en/news/Forschungsergebnisse-en/fliegenhoeren。

44 长期暴露在高分贝环境中：Galluzzo 2013。

45 “这很了不起，因为”：Guarino 2017。

45 另一个威胁是，偶尔在湖里游泳的人涂的防晒霜：Pennisi 2017。

第三章　你醒了吗？（昆虫思维的证据）

49 瘿蝇蛆提前几个月构建逃生路线：Heinrich 2003。

49 作者得出结论：Barron and Klein 2016。

53 康奈尔大学昆虫学教授：www.youtube.com/watch?v=1WoS3lG7LUs&feature=youtu.be。

54 一个值得注意的例子是跳蛛：Tarsitano and Jackson 1997。

54 同一研究小组最新的一项研究表明：Cross and Jackson 2016。

55 在实验中，如果选择：Sheehan and Tibbetts 2011。

55 该行为表明，黑猩猩：Gallup 1970。

56 与蚂蚁的身体颜色一致，因而隐藏的棕色小点同样被忽略了：Cammaerts and Cammaerts 2015。

56 这让我想起路易斯·利基的一句名言：Goodall 1998。

56 有了这项技能，一只漏斗蚁：Maák et al. 2017。

56 一种生活在干旱沙漠地区的新大陆蚁：Möglich and Alpert 1979。

56 两点蓝翅土蜂用扁平的卵石：Brockmann 1985; Griffin 1992。

57 一只猎蝽就这样抓住了：McMahan 1982, 1983, cited in Pierce 1986。

57 漏斗蚁学会了使用更：Maák et al. 2017。

57 它们能识别人脸：Dyer et al. 2005。

57 它们能理解“相同”和“不同”：Muth 2015。

57 蜜蜂似乎也能理解：Howard et al. 2018。

58 “这表明，蜜蜂”：Perry and Barron 2013。

58 多巴胺和5-羟色胺：Van Swinderen and Andretic 2011; Miller et al. 2012。

58 和人脑一样，双翅目昆虫的大脑：Ofstad et al. 2011。

59 在果蝇中，这项能力：Klein and Barron 2016。

59 当果蝇从全身麻醉中苏醒过来：Reviewed in Giurfa 2013。

59 注意力的另一个特征是：Reviewed in Giurfa 2013。

59 研究人员敲了敲容器的玻璃：Shanor and Kanwal 2009。

59 它们对睡眠的需求就会上升：www.uq.edu.au/news/article/2013/04/flies-sleep-just-us。

60 通过分析大数据集：Arbuthnott et al. 2017。

60 为了探索这种可能性：Kiderra 2016; Grover et al. 2016。

60 非求偶状态的果蝇大脑：Grover et al. 2020。

61 没有直接观察到着色雄蝇交配结果的雌蝇：Mery et al. 2009。

61 在另一项实验中：Mery et al. 2009。

61 “我要吃她吃的那种！”：Young 2018。

61 “我们如何确定”：Griffin 1981。

62 即便如此，为了防止可能的疼痛：Eisemann et al. 1984。

62 著名昆虫生理学家：Wigglesworth 1980。

62 昆虫不会拖着受伤的肢体跛行：Alupay et al. 2014。

63 用道金斯的话来说：Dawkins 1980。

63 在这个装置的设计中：Heisenberg et al. 2001。

63 果蝇很快就学会了：Putz and Heisenberg 2002。

63 注射了止疼阿片类药物吗啡的螳螂、蟋蟀和蜜蜂：Sources cited in Groening et al. 2017。

64 几十年前人们就已经知道：Colpaert et al. 1980; Danbury et al. 2000。

64 该团队初步得出结论：Groening et al. 2017。

64 当训练反过来：Yarali et al. 2008。

64 果蝇也表现出：Tabone and de Belle 2011。

64 它们对加热探头也有类似的反应：Dason et al. 2019。

65 蜜蜂使用的感觉系统是味觉：Perry and Barron 2013。

65 研究昆虫的感情：Perry and Barron 2013。

66 这表明，昆虫具有动机：Krashes et al. 2009。

66 最后，当受到无法逃脱的压力时：Gibson et al. 2015。

66 完成了这项研究：Gibson et al. 2015, p. 1403。

67 为了验证果蝇的个性：Kain et al. 2012。

68 该研究的作者指出：Kain et al. 2012。

第四章 寄生物与捕食者

73 “大蝇背上有小蝇在咬”：De Morgan 1872。

74 然而在其他种类中：Evans 1985。

74 非法闯入的蠓像吃自助餐一样把这些摇摇晃晃的小家伙吃掉了：Marshall 2012。

75 如果你觉得这很恶心：Spielman and D’Antonio 2002; Art Borkent, personal communication, July 2019。

76 它把孢子的释放时间推迟到日落时分：Zimmer 2000。

77 尽管名字叫“人肤蝇”：www.sciencedirect.com/topics/medicine-and-dentistry/dermatobia-hominis。

78 1973年，西伯利亚永冻层：Marshall 2012。

78 它碰巧也是非洲体形最大的双翅目昆虫之一：Marshall 2012。

84 蚤蝇科中最具威力的是蚁蚤蝇属：Porter 1998。

85 1995年的一项研究发现：Brown and Feener 1995。

85 无头的蚂蚁身躯磕磕绊绊地行走：Zimmer 2000。

86 我们还不能确定这种蚤蝇会不会捕食蚂蚁：Welsh 2012; Wheeler 2012。

87 在16个斩首者的例子中：Brown et al. 2015。

87 第一种蚂蚁有1 042只被寄生：Bragança et al. 2016。

88 我后来才知道，科学家：Feener and Moss 1990。

88 据说，这种小工蚁能够杀死：Zimmer 2000。

89 一片碎叶上最多有4只护卫的小工蚁：Chinery 2008。

89 在长达1年的研究中：Feener and Moss 1990。

90 芭切叶蚁属的几个物种：https://en.wikipedia.org/wiki/Leafcutter_ant#Interactions_with_humans。

91 一种没有足、没有翅膀的成年雌性退足蚤蝇属昆虫：Marshall 2012。

92 在远离白蚁群的安全处：Marshall 2012; original source Disney 1994。

92 它们不从背后攻击：Deyrup 2005。

92 昆虫的血液不像人类那样依靠血管流动：Paulson and Eaton 2018。

93 大多数食虫虻的眼睛下方有一撮硬毛：Deyrup 2005。

93 当然，食虫虻也有天敌：See photo in Marshall 2012, p. 261/9。

94 我通过电子邮件与他继续联系：https://en.wikipedia.org/wiki/Schmidt_sting_pain_index。

94 在麦克奈特的照片中清晰可见：www.instagram.com/p/BXdd3SjFI4-/。

95 寄生蜂的卵与果蝇身体其他部分的功能非常疏离：Mortimer 2013。

96 寄生蜂正在进化出抑制双翅目细胞包囊的化学毒力因子：Lynch et al. 2016。

96 “被感染的蝇蛆积极地寻找”：Cell Press 2012。

96 雌蝇通过视觉辨别寄生蜂：Kacsoh et al. 2013。

97 目前已知的能够自我药疗的昆虫只有蜜蜂以及少数的蝴蝶和飞蛾：Abbott 2014。

97 “物种间的社会化可以缓解方言的障碍”：Zeldovich 2018。

第五章 吸血者

100 负责收集植物的邦普兰：Wulf 2016。

101 目前已被描述的蚊子大约有3 568种：http://mosquito-taxonomic-inventory.info/valid-species-list。

101 地球上的蚊子大约有110万亿只：Winegard 2019。

101 幸运的是，它们中绝大多数不吸人血：Spielman and D'Antonio 2002。

101 美国每年大约有160万加仑的血液被蚊子吸走：Byron 2017。

101 我们不应该急着得出结论：www.thoughtco.com/do-bug-zappers-kill-mosquitoes-1968054（访问于2020年5月3日）。

101 得出下面这个结论的人既可以说是勇敢：Hudson et al. 2012。

102 听到这里你可能会松一口气：Smith 2008。

102 那相当于身体的每寸皮肤都被叮咬几百次：Heid 2014。

102 蚊子的飞行速度通常只有每小时3英里：Spielman and D'Antonio 2002。

102 根据一项研究，在韩国的一片稻田里：Waldbauer 2003。

103 塑料垃圾也极大地扩展了这些昆虫的繁殖空间：Berenbaum 2018。

103 这种气味能够持续很多年：Art Borkent, personal communication, December 18, 2019。

103 蚊子也吸食刚死不久的动物的温血：Spielman and D'Antonio 2002。

104 根据1966年的一项研究：Gilbert et al. 1966。

104 这些叮人的小虫还会把杂质分流到一个单独的消化袋中：Dowling 2019。

104 最近对专吸人血的埃及伊蚊的一项研究发现：Vinauger et al. 2018。

104 研究表明，在必要的时候：Griggs 2018。

105 它们都是滤食动物：Frauca 1968。

105 雄蚊寻找花蜜和其他植物糖分："Mosquitoes。"

105 这是一种免疫反应：Deyrup 2005。

106 严重的蚊传病毒已经进化出了：Deyrup 2005。

107 在所有的叮咬昆虫中，蠓的食性是最多样的：与阿特·勃肯特的私人谈话，2018年11月27日。

107 那些追踪脊椎动物的蠓：Borkent and Dominiak 2020。

108 在一次线上采访中，阿特·勃肯特：Clastrier et al. 1994。

108 当"致命女郎"扔掉旧情人的干瘪外壳时：Downes 1978。

108 加拿大小说家玛格丽特·阿特伍德证实了一点：Mead 2017, p. 42。

109 蚋不一定嗜血：Hudson et al. 2012。

109 捕食者也潜伏在这里：Hudson et al. 2012。

109 一些舞虻幼虫：Hudson et al. 2012。

109 没有被发现的蚋成虫：Marshall 2012。

110 20世纪70年代中期以前，世界各地只有几十个蠓虫标本：McKeever 1977。

111 在第一次尝试中：McKeever and Hartberg 1980。

111　显然，那些不吸血且难以捉摸的雄蠓：与阿特·勃肯特的私人谈话，2018年11月27日。

111　一旦通过“来电显示”发现了合适的蛙：McKeever and French 1991; Camp 2006。

112　蠓的触角非常敏感：Göpfert and Robert 2000, Bernal et al. 2006。

112　一项研究估计，一只小蛙：Camp 2006。

112　蛙的皮肤还会分泌多种化学物质：Borkent 2008。

112　有些蛙的叫声超过了4 000赫兹：Grafe et al. 2019。

112　对蛙来说，发出这样的叫声是一个两难的选择：Aihara et al. 2016。

113　当这种城市蛙被科学家迁移到乡村时：Halfwerk et al. 2019。

113　我的直觉是，蠓听配偶的声音早于听蛙的叫声：de Silva et al. 2015。

113　最古老的蛙化石记录：Shubin and Jenkins 1995; Wake 1997。

113　最早的蛙蠓化石：Borkent 2008。

114　这些感觉毛的作用相当于二氧化碳探测器：Rowley and Cornford 1972。

114　当恐龙主宰大地的时候：Borkent 1995。

116　相反，它们锯齿状的喙尖停在猎物的皮肤表面：Deyrup 2005。

118　只要被裹进了蝙蝠的皮肤下：Marshall 2012, p. 404。

119　羊蜱蝇几乎遍布世界各地：Marshall 2012。

119　因此，在犯罪现场发现的蚊子：Curic et al. 2014。

120　这种方法可以提前发现：Hoffmann et al. 2016。

120　采采蝇传播了人类的昏睡病：Pearce 2000。

120　对于保护非洲南部的生物多样性来说，采采蝇至关重要：Armstrong and Blackmore 2017。

121　另一种蠓在新大陆热带地区的红树林沼泽繁殖：与阿特·勃肯特的私人谈话，2019年12月18日。

121　五只蚊子停在凯门鳄的眼皮上：Marent 2006, pp. 140–141。

第六章　废物处理者与回收者

123　想想看，美国人平均一生：Weisberger 2018。

124　“每一种生物，包括你我在内”：Marshall 2012, p. 54。

125　中国科学院成都生物研究所和南京大学的两名生物学家：Wu and Sun 2010。

127　让半吨重的厩肥与正在产卵的雌蝇接触4天：Teale 1964。

130　在巴西东南部的一座森林里：Moretti et al. 2008。

131　委内瑞拉的一项研究也发现了双翅目昆虫的类似优势：Nuñez Rodríguez and Liria 2017。

131 聚集在一起的蝇蛆还能产生巨大的热量：see citations in Thompson et al. 2013。

131 这可能解释了为什么待产的双翅目昆虫：Barton-Browne et al. 1969。

131 食物的高温对它们自身也有好处：Rivers and Dahlem 2014。

132 鲍勃给我发了一段短视频：www.naturebob.com/northwestern-crows-eating-maggots-salmon-carcass。

133 我没有料到的是："Blowflies and dead lizard." https://www.youtube.com/watch?v=bH3eWPvxrN8。

134 黑水虻所属的水虻科：Toro et al. 2018。

134 利用黑水虻幼虫处理有机废物：Bosch et al. 2019。

135 南非开普敦一家名为：MacNeal 2017。

135 Enterra公司的运营副总裁维多利亚·梁指出：http://enterrafeed.com/why-insects/。

135 根据联合国粮食及农业组织的数据：Bland 2012。

136 Enterra公司宣称其产品：http://enterrafeed.com/why-insects/。

136 EnviroFlight公司的代表也邀请我发送问题：与辛迪·布莱文斯的私人谈话，2019年10月22日。

137 这或许对大规模生产的黑水虻来说是一种安慰：Doherty 2018。

137 在牲畜食物链的另一端：Sheppard et al. 1994。

137 关于把家蝇作为牲畜的饲料：Hussein et al. 2017。

138 2010年的计算表明：Food and Agriculture Organization of the United Nations 2014。

138 乔安妮·劳克·霍布斯在1998年出版的：Lauck 1998。

139 它们清除物理和化学碎屑：http://animals.mom.me/flies-rub-hands-6164.html。

139 对有标记的双翅目昆虫的研究已经表明：Teale 1964。

140 其中一只特别不卫生的家蝇：Fullaway and Krauss 1945。

140 米勒斯维尔大学生物学教授约翰·华莱士：与约翰·华莱士的私人谈话，2019年5月24日。

140 在2014年奥尔金杀虫公司的调查中：McClung 2014。

141 蛆在不断咀嚼的同时：Thompson et al. 2013。

第七章 植物学家

143 "昆虫……也是我们最大的敌人"：Curran 1965, p. 14。

144 在双翅目已经得到描述的150个科中：Ssymank and Kearns 2009。

144 世界上有25万种开花植物，其中大约21.8万种依赖传粉者：Marlene

Zuk, in MacNeal 2017。

144 戴维·麦克尼尔在2017年出版的《昆虫传》：MacNeal 2017。

145 “大多数人只注意到了蜜蜂”：与阿特·勃肯特的私人谈话，2018年12月。

145 结论是：“在高海拔地区”：Lefebvre et al. 2014。

145 2010年7月，科学家在加拿大：Robinson 2011。

146 在2016年的一项研究中，欧洲和加拿大：Tiusanen et al. 2016。

146 它们能提供一个比环境温度高5摄氏度以上的温暖庇护所：Luzar and Gottsberger 2001。

146 当它们在膨大的花药下面活动时：www.naturebob.com/rice-root-lilies-and-blow-flies。

146 新热带地区的情况正好相反：summarized in Inouye et al. 2015。

147 在欧洲的一项研究中，科学家在24小时内：Knop et al. 2018。

147 这些黑带食蚜蝇的影响也体现在食物链的上游：Zimmer 2019。

148 它们的拟态非常令人信服：Deyrup 2005。

148 北美双翅目协会的通讯《蝇时代》：Fly Times, www.nadsdiptera.org/News/FlyTimes/Flyhome.htm。

149 总的来说，有100多种作物：Ssymank at al. 1998, p. 560。

150 马克·“虫博士”·莫菲特拍摄的标本：www.youtube.com/watch?v=rXVU2WPYcR8。

150 人类的鼻子无法嗅到可可花的香气：Young 2007。

152 好在有来自美国六所机构的七名研究人员的仔细调查：Gardner et al. 2018。

154 这种特化也存在风险：Session and Johnson 2005。

155 对于花和传粉系统来说，双翅目昆虫并不总是有益：Missagia and Alves 2017。

155 雄蝇会与花“交配”，并在交配失败的情况下给花传粉：Dodson 1962。

156 其他的花则更倾向于机会均等：McDonald and Van der Walt 1992。

156 有一个庞大的兰花亚族：Pridgeon et al. 2005。

156 绒帽兰属大约包含110个物种：Bogarín et al. 2018。

156 长着带有细密流苏的深紫色唇瓣：Meve and Liede 1994; Vogel 2001。

157 这些运动可能有助于散播诱人的花香：Bogarín et al. 2018。

158 这些少量的蛋白质是一种信号：Bogarín et al. 2018。

158 线虫一旦进入桃金娘：Marshall 2012。

159 这对双翅目昆虫来说是一场代价昂贵的骗局：Jürgens et al. 2013; Jürgens and Shuttle-worth 2015。

159 这些植物模仿者结合了：Moré et al. 2018。

159 一般认为，这些花的主要目标是：Renner 2006; Policha et al. 2016。
159 雄性也许能称心如意：Renner 2006。
159 对雌性的欺骗也不完全是一种利用：Renner 2006。
159 然而，视觉、嗅觉和感觉令双翅目难以抗拒：Stensmyr et al. 2002; Angioy et al. 2004。
160 孵化出的幼虫却找不到食物：Bänziger 1996。
160 这种植物利用“信息化学物质”：Jürgens and Shuttleworth 2015。
160 一个来自马来西亚和南非的研究团队：Wee et al. 2018。
160 实验采用了南非某种花的模型：Du Plessis et al. 2018。
161 嗜腐双翅目昆虫的传粉机制的进化：Moré et al. 2018。
161 人们提出了可信的理论来解释这些大花现象：Jürgens and Shuttleworth 2015。
161 真菌蚊蚋恰如其名：Pape, Bickel, and Meier 2009。
161 类似双翅目昆虫与开花植物的关系：Lim 1977。

第八章 爱 人

163 “双翅目昆虫喜欢做爱”：Gorman 2017。
164 一些长足虻的求偶行为包括：Hudson et al. 2012; Marshall 2012。
164 有时，雄性会把唾液转移到雌性的背上：Marshall 2012。
165 一些雄性瘦足蝇会使腹部两侧充气：Marshall 2012。
165 雄蚊可以交配8次：Spielman and D’Antonio 2002。
165 其他雄性则试图给爱人奉献蓬松的种子：Preston-Mafham 1999。
165 为了引诱合适的雄性：Marshall 2012, illus. p. 285/8。
166 交配通常持续2个小时：Wangberg 2001。
167 普林斯顿大学的研究人员在2016年发现：Coen et al. 2016。
167 亚里士多德把苍蝇的声音描述为：Keller 2007。
168 蚊子的声学保真度也不免有误差：Spielman and D’Antonio 2002。
168 一位昆虫学家告诉我：Spielman and D’Antonio 2002。
168 这张时间表避免了性无能的雄蚊：Frauca 1968。
168 一个来自斯里兰卡、美国和巴拿马的研究小组发现：De Silva et al. 2015。
169 在美国西南部最新发现的一个长足虻物种中：Runyon and Hurley 2004。
169 但以色列杰出的生物学家阿莫兹·扎哈维：Zahavi 1975。
171 雄性果蝇会进行长达5个小时的争斗：Yurkovic et al. 2006。
171 按照逐渐升级的顺序排列：Zwarts et al. 2012。
171 这种等级制度的前提是，果蝇能记住之前的对手：Yurkovic et al. 2006。

171 胜利者与胜利者，失败者与失败者：Yurkovic et al. 2006。

172 在长达2分钟的时间里，它们用前趾和触角：Marshall 2012。

172 如果雄蝇得分，就会立即启动：Evolutionary Biology Lab, University of New South Wales. www.bonduriansky.net/waltzingflies.htm。

173 曾在英国沃里克郡研究粪蝇的：Preston-Mafham 2006。

173 同性跨骑的另一个作用是：MacNeal 2017。

173 果蝇则会转移一种化学物质：Grzimek 2003。

173 或者它会采取一种不那么直截了当的方法：Sokolowski 2010。

174 研究人员不愿意将其归结为沮丧或灰心等情绪：Sokolowski 2010。

174 "阴道是一根细长的肌肉管"：Puniamoorthy et al. 2010。

174 一些石蛾的阳茎上有一个阳茎端突：Scudder 1971。

174 一种斑蝇长着一根盘绕的阳茎：Thornhill and Alcock 1983。

175 还有一本书专门论述蜂虻科：Wangberg 2001。

175 有一次我拜访一家学术图书馆：Theodor 1976。

175 纳里尼·普尼亚莫蒂和她在新加坡国立大学：Puniamoorthy et al. 2009。

177 昆虫连续交配的记录由一种竹节虫保持：Pearson 2015。

177 它们在1949年抵达彭萨科拉：Stiling 1989。

177 结果分别是每分钟44米和每分钟51米：Evans 1985。

178 在2010年的一项研究中，普尼亚莫蒂、科特巴：Puniamoorthy et al. 2010。

179 顺便说一句，雄性和雌性鼓翅蝇都有很大的生殖腺：Marshall 2012。

180 科学家承认，他们的数据：Briceño et al. 2007。

180 研究者的结论是：Briceño et al. 2015, p. 403。

181 如果你能忘掉它们是昆虫的事实：www.youtube.com/watch?v=ttqU79Ts0X8。

181 当血液中的酒精含量达到0.2%时：Brookes 2001。

182 但是，当他们把这些果蝇：Yong 2018。

183 "如果奖励系统已经饱和"：Coghlan 2018。

183 这补充了舒赫特-奥菲拉合作撰写的一项早期研究：Shohat-Ophir et al. 2012。

183 "性受挫是一个健康问题"：Quoted in Brown 2013。

184 所以，似乎雌蝇和雄蝇都可能影响雌蝇只交配一次的倾向：Shao et al. 2019。

184 生殖衰老在人类中是有据可查的现象：Committee Opinion No. 589, 2014。

184 生殖衰老也出现在雌性果蝇身上：Miller et al. 2014。

184 与脊椎动物的快感有关的多巴胺系统：Neckameyer et al. 2000。

185 少数物种，比如采采蝇：Rivers and Dahlem 2014。

第九章 遗传的英雄

189 果蝇通过运奴隶的船从非洲和欧洲南部抵达加勒比海：Brookes 2001。

190 1910年至1937年间，美国和欧洲：Brookes 2001。

190 其他物种则占据了与寄生或捕食有关的更激烈的生态位：Marshall 2012。

191 “现代遗传学的一切”：Brookes 2001, p. 7。

191 “人类许多关于遗传的发现都是来自果蝇研究”：与凯利·戴尔的私人谈话，2018年10月15日。

191 20世纪俄裔美国遗传学家特奥多修斯·多布然斯基：Brookes 2001。

191 20世纪80年代初，强大的基因操作新工具诞生了：Brookes 2001。

192 它实在是太强大了，以至于它的发展：帕特里克·奥格雷迪，私人谈话，2019年4月22日。

192 更令人惊讶的是，将一个额外的CREB基因：Brookes 2001; Yin et al. 1995。

192 到目前为止，与果蝇相关的研究已经8次赢得诺贝尔奖：Sverdrup-Thygeson 2019。

192 黑腹果蝇大约有10万个品系：与帕特里克·奥格雷迪的私人谈话，2019年4月22日。

192 对于这些昆虫的突变多样性：Owald et al. 2015。

192 “肯”突变体和“芭比”突变体没有外生殖器：Iyer 2015。

201 “妨碍了许多（果蝇的）社会互动的突变体”：Sokolowski 2010, p. 790。

202 相比之下，在一本1945年出版的关于夏威夷昆虫区系：Fullaway and Krauss 1945。

203 据估计，果蝇居住的第一座夏威夷岛屿：Brookes 2001。

207 事实证明，较长的精子确实有助于：Lüpold et al. 2016。

207 为了说明这一点，戴尔从她的书架上：Patterson and Stone 1952。

209 这一现象表明，并非所有的性选择：Lüpold et al. 2016。

210 但2年后，当最后一代果蝇：Brookes 2001。

210 这显示了昆虫的适应性：Izutsu et al. 2015。

第十章 病媒与害虫

211 “就在你读这句话的时候”：Marshall 2012, p. 62。

211 生物地理学家贾雷德·戴蒙德在1997年的著作：Diamond 1997。

212 人们认为，是双翅目的蚊子在1242年彻底将蒙古人赶出了欧洲：

Winegard 2019。

212 因此，蚊子就像飞行的污染针：Spielman and D'Antonio 2002。

212 据我们所知，蠓至少可以传播66种病毒：Borkent 2005; Meiswinkel et al. 2004。

212 在16世纪中期征服印加文明的过程中，奥罗亚热：Gaul 1953。

212 自2000年以来，蚊子每年杀死了：Winegard 2019。

213 根据瓦恩加德的计算，大约是1 080亿人中有520亿人死于蚊子叮咬：Winegard 2019。

213 在第二次世界大战以前，死于虫媒传染病：Grzimek 2003。

213 仅仅是蚊子，每年就造成了2亿到3亿多人死亡：Cibulskis et al. 2016; Winegard 2019。

213 蚊子传播给人类的疾病超过15种：Winegard 2019。

213 库蚊也是脑炎的罪魁祸首：www.nationalgeographic.com/animals/invertebrates/group/mosquitoes/。

213 幸运的是，没有证据表明蚊子、家蝇：Vandertogt 2020。

213 世界卫生组织报告说：World Health Organization 2018。

214 如果不加以治疗，疟疾：Government of Canada 2016。

214 接触红细胞的时候，疟原虫会释放一种化学诱饵：Consuelo et al. 2014。

214 疟原虫抑制了雌蚊的抗凝剂，进一步：Winegard 2019。

215 到1950年，通过喷洒滴滴涕、湿地排水：Spielman and D'Antonio 2002。

215 "阿米斯塔德号"上著名的奴隶起义：Spielman and D'Antonio 2002。

215 从1693年到1905年，大约有：Patterson 1992。

216 杀虫剂对人类也有害：Rifai 2017。

216 此外，杀虫剂耐药性的隐患也是始终笼罩在这一尝试上的阴霾：Jeffries et al. 2018。

216 雄性不育技术（SMT）的步骤是：Rivers and Dahlem 2014。

217 考虑到特定的基因序列：Citations in Sun et al. 2017。

218 这些举措降低了未感染雌性的繁殖成效：Hancock et al. 2011。

218 澳大利亚东北部的城市汤斯维尔生活着18.7万名居民：Callaway 2018。

219 我们可以合理地认为转基因双翅目昆虫是无害的：Min et al. 2018。

219 这种策略可以清除当地的害虫：Min et al. 2018。

219 例如，如果我们能操作双翅目昆虫的嗅觉系统：Matthews et al. 2016, cited in Min et al. 2018。

219 在更严峻的方面：Bier et al. 2018。

219 事实上，理论模型已经表明：Sarkar 2018。

220 随着时间推移，人们认为：Min et al. 2018。

220 最近的一次风险研讨会：Roberts et al. 2017, cited in Min et al. 2018。
220 他们建议对任何拟议的基因驱动工作：Min et al. 2018。
220 研究人员设计了一种用基因驱动技术：Sarkar 2018。
221 进化以其自身的战术进行反击：Sarkar 2018。
221 多种昆虫的实验报告显示：Sarkar 2018。
221 到20世纪90年代初，至少有100种蚊子：World Health Organization 1992。
221 此外，由于现在昆虫体内的寄生物：Spielman and D'Antonio 2002。
222 2000年，全球范围内有10%的人口受疟疾折磨：Spielman and D'Antonio 2002。
222 之后是甲氟喹：Spielman and D'Antonio 2002。
222 亚利桑那大学的布鲁斯·塔巴什尼克说：MacNeal 2017。
222 世界卫生组织2010年至2016年的报告显示：World Health Organization 2020。
222 2016年，一项关于疟疾疫苗Mosquirix的临床试验："Malaria Vaccine Loses Effectiveness over Several Years。"
222 在之后7年的随访中：Olotu et al. 2016。
222 然而，2015年发表的一项更庞大的试验：RTS, S Clinical Trials Partnership 2015。
222 根据已有的证据，世界卫生组织：RTS, S Clinical Trials Partnership 2015。
223 果然，近年来，对拟除虫菊酯产生耐药性：Hoppé 2016。
223 有时，最可靠的方法也是最基础的：Spielman and D'Antonio 2002。
223 这一下降有三分之二以上归功于：Hoppé 2016。
223 通过对摄入的拟除虫菊酯杀虫剂产生耐药性：Zivkovic 2012。
223 登革热是在热带和亚热带地区重新出现的最重要：Ferreira and Silva-Filha 2013。
223 1970年以前，只有9个国家：Dickie 2019。
224 2019年，美洲的登革热病例数也创下历史新高：Cunningham 2019。
224 詹姆斯·库克大学的达格玛·迈耶：Meyer et al. 2019。
225 卡片法的优点在于：Milius 2019。
225 它们能够检测到人工暴露的蚊子：Cook et al. 2017。
225 欧洲的诊所和医院：Winegard 2019。
225 除了登革热，利什曼病和脑炎：McKie 2019。
226 在某人的景观花园里给花传粉的蜜蜂：Grzimek 2003。
226 只有大约1%的昆虫物种被认为具有负面的经济效应：Grzimek 2003。
226 在供人类消费的食物中：Grzimek 2003; Hervé 2018。

226　双翅目昆虫是重要的破坏者：Avis-Riordan 2019。
226　在种植成亩的玉米时：Paulson and Eaton 2018。
227　值得注意的是，这些结构：Muto et al. 2018。
227　这个物种也在沿着南欧的海岸线快速蔓延：Radonjić et al. 2019。
228　寄蝇代表了一个广泛的寄生库：Marshall 2012。
228　这种方法的优势是节省时间和成本：Elkinton and Boettner 2005。
228　在2006年的一项研究中，昆虫学家：Losey and Vaughan 2006。
229　根据一项研究，这种寄蝇正在杀死：Elkinton and Boettner 2005。
229　杀虫剂的三大问题分别是：Hervé 2018。
229　IPM包含：Lanouette et al. 2017。
229　在实验中，茶树油、酸渣树油和香茅草：Klauck et al. 2014。
229　而施加在有机作物上的大麻油被证明对家蝇和蚜虫有剧毒：Benelli et al. 2018。
229　也许是因为它们比商业生产的杀虫剂：Klauck et al. 2014。
230　2019年的一项研究发现：Hodgdon et al. 2019。
230　马来西亚的杨桃出口业：Ansari et al. 2012。
230　粪便中排出的伊维菌素残留物：Berenbaum 2018, Floate 1998。
231　在当今的全球商业时代：Van Niekerken 2018。
231　然而，由于该地区的园艺产业：Enkerlin et al. 2017。
232　2017年，锥蝇已确定在佛罗里达州出现：Whitworth。
232　一个大小中等的冬季干草垛里会出现20万只厩螫蝇：Taylor et al. 2012。
233　杀虫剂的另一个缺点是：Paulson and Eaton 2018。
234　按照这些标准，航运集装箱：Spielman and D'Antonio 2002。
235　半个多世纪以来，我们已经知道：Paine 1969。
235　蕾切尔·卡森一针见血地指出了其后果：Carson 1962。

第十一章　侦探与医生

237　这种利用双翅目昆虫的侦查手段：Lauck 1998。
237　这样的幼虫有许多：Grzimek 2003。
238　在西班牙：Martín-Vega et al. 2011。
239　一些双翅目昆虫能在死亡发生后几分钟内：Rivers and Dahlem 2014。
239　雌性麻蝇*Sarcophaga utilis*是蜣螂的寄生虫：Rivers and Dahlem 2014。
239　PMI是法医昆虫学领域的一项重要指标：Rivers and Dahlem 2014。
239　昆虫学家了解收集到的幼虫的当前发育阶段：Benecke 1998。
240　总的来说，分解过程会释放出数百种化学物质：Rivers and Dahlem 2014。
240　还有些双翅目昆虫会钻到6英尺深的土壤中：MacNeal 2017。

240 一项研究试图确定双翅目昆虫能否在行李箱中的尸体上繁殖：Bhadra et al. 2014。

241 在佛罗里达州这样温暖潮湿的地方：Nazni et al. 2008。

241 毒品（如海洛因）的存在并不会改变：Benecke 1998。

242 该男子在起火前已经死了一段时间：Greenberg and Kunich 2002。

242 我查了一下鲁克斯顿的资料：http://aboutforensics.co.uk/buck-ruxton/。

243 “把一具尸体想象成一盏能通过化学信号调光的灯”：Rivers and Dahlem 2014, p. 71。

245 双翅目昆虫帮助破获了许多谋杀案：Sultan 2006。

246 记者伊莎贝尔·勒布尔代斯以此为主题：LeBourdais 1966。

247 近50年后，根据包括盖尔·安德森在内：VanLaerhoven et al. 2019。

249 此后该女子的身份被确认：Goff and Lord 1994。

249 后来，从人体取出的蛆虫中：http://courses.biology.utah.edu/feener/5445/Lecture/Bio5445%20Lecture%2026.pdf。

249 麻蝇幼虫在含有可卡因和甲基苯丙胺：Paulson and Eaton 2018。

249 研究人员把不同浓度的吗啡：Bourel et al. 2001。

250 到目前为止还没有相应的大学学位或专门学术期刊：www.forensicscolleges.com/blog/resources/college-forensic-entomology-programs。

250 在简化识别犯罪现场的双翅目种类和（或）被害人的过程中：Rivers and Dahlem 2014。

251 特定细菌的存在与否：Thompson et al. 2013。

251 另一方面，专家提醒说：Thompson et al. 2013。

252 专家正在努力全面了解：Rivers and Dahlem 2014。

253 几个世纪以前，甚至几千年以前：Gaydos 2016。

254 制药公司莱德利实验室：Sherman et al. 2013。

255 仅举一例：2012年《皮肤病学档案》：Arnold 2013。

256 也就是说，18只蛆虫每天可以清除1磅：Sherman et al. 2013。

256 丝光绿蝇的蛆还会释放氨气：Deyrup 2005。

257 病人的焦虑更多是因为讨论蛆而不是面对蛆：Sherman et al. 2013。

259 截至2013年，30多个国家中数以千计的医生：Sherman et al. 2013。

第十二章 关心那些虫子

263 但与轰炸机不同的是，这些双翅目昆虫：Marshall 2012。

264 洛克伍德在2017年的一本书中正式提出这一论点：Brotton 2017。

264 “实验遵循动物福利准则”：De Silva et al. 2015。

265 果蝇对通常不认为是痛苦的刺激表现出敏感性：Khuong et al. 2019。

266 通过消耗微生物，昆虫弥合了尺寸差距：Waldbauer 2003。

266 在特定的地点，蠓的数量比其他昆虫都要多：Hudson et al. 2012。

266 而在有翅成虫阶段，它们对鸟类同样重要：Deyrup 2005; www.onthewingphotography.com/wings/2011/05/14/midges-and-birds-food-for-thought/。

266 加拿大最近的一项调查发现：Hebert et al. 2016。

267 在2005年出版的热门书籍：Louv 2005。

267 几年前，植物学家詹姆斯·万德西：Wandersee and Schussler 1999。

268 这曾经发生在复活节岛的岛民身上：Cartwright 2014。

268 在1983年出版的《灭绝：物种消失的原因及后果》：Ehrlich and Ehrlich 1983。

269 目前最准确的数据是，昆虫的总生物量：Sánchez-Bayo and Wyckhuys 2019。

269 《纽约时报》在一篇阴郁的社论中：The New York Times editorial board 2017。

269 在这期间，平均最高温度：Lister and Garcia 2018。

269 康涅狄格大学的无脊椎动物保护专家：Guarino 2018。

270 我们可以推测，在整个伊利诺伊州：McKenna et al. 2001, in Berenbaum 2018。

270 苍蝇、甲虫、蜜蜂和胡蜂的密度：McKenna et al. 2001。

270 因此，在上文提到的波多黎各研究中：Rosenberg et al. 2019。

271 如果我们只考虑哺乳动物，比例基本不变：Bar-On et al. 2018。

273 这个团体严格奉行“不收集、不杀生”政策：McLean 2019。

274 “对野生动物的善意应该有好报！”：www.youtube.com/watch?v=VWHdYuUDh1Y。

274 2014年以来，演员摩根·弗里曼：Nace 2019。

274 弗里曼在他位于密西西比州的124英亩牧场中：www.youtube.com/watch?v=N96aCa9mEgw。

275 如果所有这些善意只能让你摇摇头：Lauck 1998, p. 67。

275 有证据表明，人类对蜘蛛和蛇有天生的恐惧：Hoehl et al. 2017。

275 例如，花、家蝇和鱼不会引发这种厌恶：New and German 2015。

275 “我们没有天生的恐惧”：Naskrecki 2005, p. 1。

276 “自然界中没有什么丑陋的动物或植物”：Franzen 2018, p. 251。

参考文献

Abbott, Jessica. "Self-Medication in Insects: Current Evidence and Future Perspectives." *Ecological Entomology* 39, no. 3 (June 2014): 273–280. https://doi.org/10.1111/een.12110.

Adamo, Shelly Anne. "Do Insects Feel Pain? A Question at the Intersection of Animal Behaviour, Philosophy and Robotics." *Animal Behaviour* 118 (August 2016): 75–79. https://doi.org/10.1016/j.anbehav.2016.05.005.

Aihara, Ikkyu, Priyanka de Silva, and Ximena E. Bernal. "Acoustic Preference of Frog-Biting Midges (*Corethrella* spp) Attacking Túngara Frogs in their Natural Habitat." *Ethology* 122, no. 2 (2016): 105–113.doi:10.1111/eth.12452.

Alem Sylvain, et al. "Associative Mechanisms Allow for Social Learning and Cultural Transmission of String Pulling in an Insect." *PLOS Biology* 14, no. 10 (October 4, 2016). https://doi.org/10.1371/journal.pbio.1002564.

Alsan, Marcella. "The Effect of the Tsetse Fly on African Development." *American Economic Review* 105, no. 1 (January 2015): 382–410. https://doi.org/10.1257/aer.20130604.

Alupay, J. S., S. P. Hadjisolomou, and R. J. Crook. "Arm Injury Produces Long-Term Behavioral and Neural Hypersensitivity in Octopus." *Neuroscience Letters* 558 (2014): 137–142.

Angioy, A.-M., et al. "Function of the Heater: The Dead Horse Arum Revisited." *Proceedings of the Royal Society B: Biological Sciences* 271, supplement 3 (February 7, 2004): S13–S15. https://doi.org/10.1098/rsbl.2003.0111.

Ansari, Mohd Shafiq, Fazil Hasan, and Nadeem Ahmad. "Threats to Fruit and Vegetable Crops: Fruit Flies (Tephritidae): Ecology, Behaviour, and Management." Journal of Crop Science and Biotechnology 15 (2012): 169–188. https://doi.org/10.1007/s12892-011-0091-6.

Arbuthnott, Devin, et al. "Mate Choice in Fruit Flies Is Rational and Adaptive." *Nature Communications* 8 (2017): 13953. https://doi.org/10.1038/ncomms13953.

Armitage, P. D., P. S. Cranston, and L. C. V. Pinder. *The Chironomidae: Biology and Ecology of Non-Biting Midges.* London: Chapman & Hall, 1995.

Armstrong, Adrian J., and Andy Blackmore. "Tsetse Flies Should Remain in Protected Areas in KwaZulu-Natal." *Koedoe* 59, no. 1 (2017): a1432.https://doi.org/10.4102/koedoe.v59i1.1432.

Arnold, Carrie. "New Science Shows How Maggots Heal Wounds." *Scientific American*, April 1, 2013. www.scientificamerican.com/article/news-science-shows-how-maggots-heal-wounds/?redirect=1 (访问于2019年6月3日).

Avis-Riordan, Katie. "Ten Insect Pests That Threaten the World's Plants." Royal Botanical Gardens, Kew, March 20, 2019. www.kew.org/read-and-watch/insect-pests-biggest-threat-plants.

Bächtold, Alexandra, and Kleber Del-Claro. "Predatory Behavior of *Pseudodorus clavatus* (Diptera, Syrphidae) on Aphids Tended by Ants." *Revista Brasileira de Entomologia* 57, no. 4 (October-December 2013): 437–439. https://doi.org/10.1590/S0085-56262013005000030.

Baer, William S. "The Treatment of Chronic Osteomyelitis with the Maggot (Larva of the Blow Fly)." *Journal of Bone and Joint Surgery* (American volume), 13 (1931): 438–475.

Bänziger, Hans. "Pollination of a Flowering Oddity: Rhizanthes zippelii (Blume) Spach (Rafflesiaceae)." Natural History Bulletin of the Siam Society 44 (1996): 113–142.

Bar-On, Yinon M., Rob Phillips, and Ron Milo. "The Biomass Distribution on Earth." Proceedings of the National Academy of Sciences of the United States of America 115, no. 25 (June 19, 2018): 6506–6511. https://doi.org/10.1073/pnas.1711842115.

Barron, Andrew B., and Colin Klein. "What Insects Can Tell Us about the Origins of Consciousness." Proceedings of the National Academy of Sciences of the United States of America 113, no. 18 (May 3, 2016): 4900–4908. https://doi.org/10.1073/pnas.1520084113.

Barry, Dave. "Bug Off!" In Insect Lives: Stories of Mystery and Romance from a Hidden World, ed. Erich Hoyt and Ted Schultz, 46–48. New York: John Wiley & Sons, 1999.

Barth, Friedrich G. Insects and Flowers: The Biology of a Partnership. Princeton, NJ: Princeton University Press, 1985.

Barton-Browne, Lindsay B., Roger J. Bartell, and Harry H. Shorey. "Pheromone-Mediated Behaviour Leading to Group Oviposition in the Blowfly Lucilia cuprina." Journal of Insect Physiology 15 (1969): 1003–1014.

Bateson, Melissa, et al. "Agitated Honeybees Exhibit Pessimistic Cognitive Biases." Current Biology 21, no. 12 (June 21, 2011): 1070–1073. https://doi.org/10.1016/j.cub.2011.05.017.

Benecke, Mark. "Six Forensic Entomology Cases: Description and Commentary." Journal of Forensic Science 43, no. 4 (August 1998): 797–805.

Benelli, Giovanni, et al. "Contest Experience Enhances Aggressive Behaviour in a Fly:

When Losers Learn to Win." Scientific Reports 5, article 9347 (March 20, 2015). https://doi.org/10.1038/srep09347.

——. "The Essential Oil from Industrial Hemp (Cannabis sativa L.) Byproducts as an Effective Tool for Insect Pest Management in Organic Crops." Industrial Crops and Products 122, no. 10 (October 15, 2018): 308–315. https://doi.org/10.1016/j.indcrop.2018.05.032.

Berenbaum, May. "Fly on the Wall." American Entomologist 49, no. 4 (Winter 2003): 196–197.

——. "Lords of the Flies: Insects, Humans, and the Fate of the World We Share." The Common Reader: A Journal of the Essay (January 4, 2018). https://commonreader.wustl.edu/c/lords-of-the-flies/(访问于2018年11月7日).

Bernal, Ximena E., and Priyanka de Silva. "Cues Used in Host-Seeking Behavior by Frog-Biting Midges (Corethrella spp. Coquillet)." Journal of Vector Ecology 40, no. 1 (June 5, 2015). https://doi.org/10.1111/jvec.12140.

Bernal, Ximena E., A. Stanley Rand, and Michael J. Ryan. "Acoustic Preferences and Localization Performance of Blood-Sucking Flies (Corethrella Coquillett) to Túngara Frog Calls." Behavioral Ecology 17, no. 5 (September/October 2006): 709–715. https://doi.org/10.1093/beheco/arl003.

Bhadra, Parna, Andrew J. Hart, and Martin Jonathan Richard Hall. "Factors Affecting Accessibility to Blowflies of Bodies Disposed in Suitcases." Forensic Science International 239 (June 2014): 62–72. https://doi.org/10.1016/j.forsciint.2014.03.020.

Bier, Ethan, et al. "Advances in Engineering the Fly Genome with the CRISPR-Cas System." Genetics 208, no. 1 (January 1, 2018): 1–18. https://doi.org/10.1534/genetics.117.1113.

Blaj, Gabriel, and J. Hans van Hateren. "Saccadic Head and Thorax Move-ments in Freely Walking Blowflies." Journal of Comparative Physiology A: Neuroethology, Sensory, Neural, and Behavioral Physiology 190, no. 11 (November 2004): 861–868. https://doi.org/10.1007/s00359-004-0541-4.

Blake, William. "The Fly." In Songs of Experience, 1794. https://poets.org/poem/fly.

Bland, Alastair. "Is the Livestock Industry Destroying the Planet? For the Earth's Sake, Maybe It's Time We Take a Good, Hard Look at Our Dietary Habits." Smithsonian, August 1, 2012. www.smithsonianmag.com/travel/is-the-livestock-industry-destroying-the-planet-11308007/.

Bogarín, Diego, et al. "Pollination of Trichosalpinx (Orchidaceae: Pleurothallidinae) by Biting Midges (Diptera: Ceratopogonidae)." Botanical Journal of the Linnean Society 186, no. 4 (April 2018): 510–543. https://doi.org/10.1093/botlinnean/box087.

Boisvert, Michael J., and David F. Sherry. "Interval Timing by an Invertebrate, the Bumble

Bee Bombus impatiens." Current Biology 16, no. 16 (August 22, 2006): 1636–1640. https://doi.org/10.1016/j.cub.2006.06.064.
Bonham Carter, Violet. Winston Churchill As I Knew Him. London: Eyre & Spottiswoode, 1965. (Published in the United States as Winston Churchill: An Intimate Portrait.)
Borkent, Art. "The Biting Midges, the Ceratopogonidae (Diptera)." In Biology of Disease Vectors, ed. W. C. Marquardt. San Diego: Elsevier Academic Press, 2005.
——. Biting Midges in the Cretaceous Amber of North America (Diptera: Ceratopogonidae). Leiden: Backhuys, 1995.
——. "The Frog-Biting Midges of the World (Corethrellidae: Diptera)." Zootaxa 1804, no. 1 (June 16, 2008): 1–456. https://doi.org/10.11646/zootaxa.1804.1.1.
Borkent, Art, and John Bissett. "Gall Midges (Diptera: Cecidomyiidae) Are Vectors for Their Fungal Symbionts." Symbiosis 1 (1985): 185–194.
Borkent, Art, and Patrycja Dominiak. Catalog of the Biting Midges of the World (Diptera: Ceratopogonidae). Auckland: Magnolia Press, 2020.
Borkent, Art, et al. "Remarkable Fly (Diptera) Diversity in a Patch of Costa Rican Cloud Forest: Why Inventory Is a Vital Science." Zootaxa 4402, no. 1 (March 27, 2018): 53–90. https://doi.org/10.11646/zootaxa.4402.1.3.
Bosch, Guido, et al. "Standardisation of Quantitative Resource Conversion Studies with Black Soldier Fly Larvae." Journal of Insects as Food and Feed 6, no. 2 (August 27, 2019, online): 95–109. https://doi.org/10.3920/JIFF2019.0004.
Bourel, Benoit, et al. "Morphine Extraction in Necrophagous Insects Remains for Determining Ante-Mortem Opiate Intoxication." Forensic Science International 120, no. 1–2 (August 15, 2001): 127–131. https://doi.org/10.1016/s0379-0738(01)00428-5.
Bragança, Marcos Antonio Lima, et al. "Phorid Flies Parasitizing Leaf-Cutting Ants: Their Occurrence, Parasitism Rates, Biology and the First Account of Multiparasitism." Sociobiology 63, no. 4 (2016): 1015–1021. https://doi.org/10.13102/sociobiology.v63i4.1077.
Briceño, R. Daniel, and William Eberhard. "Copulatory Dialogues between Male and Female Tsetse Flies (Diptera: Muscidae: Glossina pallidipes)." Journal of Insect Behavior 30 (2017): 394–408. https://doi.org/10.1007/s10905-017-9625-1.
——. "Species-Specific Behavioral Differences in Tsetse Fly Genital Morphology and Probable Cryptic Female Choice." In Cryptic Female Choice in Arthropods, ed. A. V. Peretti and A. Aisenberg. Cham, Switzerland: Springer International, 2015.
——, and Alan S. Robinson. "Copulation Behaviour of Glossina pallidipes (Diptera: Muscidae) outside and inside the Female, with a Discussion of Genitalic Evolution." Bulletin of Entomological Research 97, no. 5 (October 2007): 471–488. https://doi.org/10.1017/S0007485307005214.

Brockmann, H. Jane. "Tool Using in Wasps." Psyche 92 (1985): 309–329. Brookes, Martin. Fly: The Unsung Hero of 20th-Century Science. New York: Ecco, 2001.

Brotton, Melissa J., ed. "Ecotheology and Nonhuman Ethics in Society: A Community of Compassion." Lanham, MD: Lexington Books, 2017.

Brown, Brian V., and Donald H. Feener, Jr. "Efficiency of Two Mass Sampling Methods for Sampling Phorid Flies (Diptera: Phoridae) in a Tropical Bio-diversity Survey." Contributions in Science 459 (1995): 1–10.

Brown, Brian V., Giar-Ann Kung, and Wendy Porras. "A New Type of Ant-Decapitation in the Phoridae (Insecta: Diptera)." Biodiversity Data Journal 3 (2015). https://bdj.pensoft.net/article/4299（访问于 2017 年 12 月 1 日）.

Brown, Elizabeth Nolan. "Sexual Frustration Is Bad for Your Health." Bustle, December 3, 2013. https://www.bustle.com/articles/9879-sexual-frustration-can-be-bad-for-your-health-and-thats-not-just-a-pickup-line（访问于 2020 年 8 月 13 日）.

Brunel, Odette, and Juan Rull. "The Natural History and Unusual Mating Behavior of Euxesta bilimeki (Diptera: Ulidiidae)." Annals of the Entomological Society of America 103, no. 1 (January 1, 2010): 111–119. https://doi.org/10.1093/aesa/103.1.111.

Byron, Ellen. "Bugs, the New Frontier in House-Cleaning." The Wall Street Journal, July 15, 2017.

Callaway, Ewen. "Dengue Rates Plummet in Australian City After Release of Modified Mosquitoes: Insects Were Deliberately Infected with Bacteria That Interrupt Transmission of the Disease." Nature, August 8, 2018. https://doi.org/10.1038/d41586-018-05914-3.

Cammaerts, Marie-Claire, and Roger Cammaerts. "Are Ants (Hymenoptera, Formicidae) Capable of Self Recognition?" Journal of Science 5, no. 7 (2015): 521–532.

Camp, Jeremy Vann. "Host Attraction and Host Selection in the Family Corethrellidae (Wood and Borkent) (Diptera)." MS thesis, Georgia Southern University, Statesboro, 2006.

Card, Gwyneth, and Michael H. Dickinson. "Visually Mediated Motor Planning in the Escape Response of Drosophila." Current Biology 18, no. 17 (September 9, 2008): 1300–1307. https://doi.org/10.1016/j.cub.2008.07.094.

Carson, Rachel. Silent Spring. Boston: Houghton Mifflin, 1962.

Cartwright, Mark. "The Classic Maya Collapse." Ancient History Encyclopedia, October 18, 2014. www.ancient.eu/article/759/the-classic-maya-collapse/.

Cell Press. "To Kill Off Parasites, an Insect Self-Medicates with Alcohol." ScienceDaily, February 16, 2012. www.sciencedaily.com/releases/2012/02/120216133428.htm.

Chinery, Michael. Amazing Insects: Images of Fascinating Creatures. Richmond Hill, Ontario: Firefly Books, 2008.

Cibulskis, Richard E., et al. "Malaria: Global Progress 2000–2015 and Future Challenges." Infectious Diseases of Poverty 5, no. 61 (June 2016). https://doi.org/10.1186/s40249-016-0151-8.

Clastrier, Jean, Daniel Grand, and Jean Legrand. "Observations exceptionnelles en France de Forcipomyia (Pterobosca) paludis (Macfie), parasite des ailes de Libellules (Diptera, Ceratopogonidae et Odonata)." Bulletin de la Société Entomologique de France 99, no. 2 (June 1994): 127–130. www.persee.fr/doc/bsef_0037-928x_1994_num_99_2_17051.

Coatsworth, John, et al. Global Connections: Politics, Exchange, and Social Life in World History. Vol. 1, To 1500. Cambridge, UK: Cambridge University Press, 2015.

Coen, Philip, et al. "Sensorimotor Transformations Underlying Variability in Song Intensity during Drosophila Courtship." Neuron 89, no. 3 (February 3, 2016): 629–644. https://doi.org/10.1016/j.neuron.2015.12.035.

Coghlan, Andy. "Male Fruit Flies Feel Pleasure When They Ejaculate." New Scientist, April 19, 2018. www.newscientist.com/article/2166889-male-fruit-flies-feel-pleasure-when-they-ejaculate/.

Colpaert, F. C., et al. "Self-Administration of the Analgesic Suprofen in Arthritic Rats: Evidence of Mycobacterium butyricum-Induced Arthritis as an Experimental Model of Chronic Pain." Life Sciences 27 (1980): 921–928.

Committee Opinion No. 589. "Female Age-Related Fertility Decline." Fertility and Sterility 101 (March 2014): 633–634. https://doi.org/10.1016/j.fertnstert.2013.12.03.

Cook, Darren A. N., et al. "A Superhydrophobic Cone to Facilitate the Xenomonitoring of Filarial Parasites, Malaria, and Trypanosomes Using Mosquito Excreta/Feces." Gates Open Research 1, no. 7 (November 6, 2017). https://doi.org/10.12688/gatesopenres.12749.1; (April 27, 2018). https://doi.org/10.12688/gatesopenres.12749.2.

Coolen, Isabelle, Olivier Dangles, and Jérôme Casas. "Social Learning in Noncolonial Insects?" Current Biology 15, no. 21 (November 8, 2005): 1931–1935. https://doi.org/10.1016/j.cub.2005.09.015.

Cousins, Melanie, et al. "Modelling the Transmission Dynamics of Campylobacter in Ontario, Canada, Assuming House Flies, Musca domestica, Are a Mechanical Vector of Disease Transmission." Royal Society Open Science 6, no. 2 (February 13, 2019). https://doi.org/10.1098/rsos.181394.

Cross, Fiona R., and Robert R. Jackson. "The Execution of Planned Detours by Spider-Eating Predators." Journal of the Experimental Analysis of Behavior 105, no. 1 (January 2016): 194–210. https://doi.org/10.1002/jeab.189.

Cunningham, Aimee. "Dengue Cases in the Americas Have Reached an All-Time High." Science News, November 20, 2019. www.sciencenews.org/article/dengue-casesamericas-have-reached-all-time-high.

Curic, Goran, et al. "Identification of Person and Quantification of Human DNA Recovered from Mosquitoes (Culicidae)." Forensic Science International: Genetics 8, no. 1 (January 1, 2014): 109–112. https://doi.org/10.1016/j.fsigen.2013.07.011.

Curran, Charles Howard. The Families and Genera of North American Diptera, 2nd ed. Woodhaven, NY: Henry Tripp, 1965.

Dacke, Marie, et al. "Dung Beetles Use the Milky Way for Orientation." Current Biology 23, no. 4 (February 18, 2013): 298–300. https://doi.org/10.1016/j.cub.2012.12.034.

Danbury, T. C., et al. "Self-Selection of the Analgesic Drug, Carprofen, by Lame Broiler Chickens." Veterinary Record 146 (2000): 307–311.

Dason, Jeffrey S., et al. "Drosophila melanogaster Foraging Regulates a Nociceptive-like Escape Behavior through a Developmentally Plastic Sensory Circuit." Proceedings of the National Academy of Sciences. June 18, 2019. https://doi.org/10.1073/pnas.1820840116.

Davidoff, Ken, and George A. King III. "The Night When Bugs Changed the Course of Yankees History." New York Post, October 4, 2017. https://nypost.com/2017/10/04/the-night-when-bugs-changed-the-course-of-yankees-history/.

Dawkins, Marian S. Animal Suffering: The Science of Animal Welfare. New York: Chapman & Hall, 1980.

De Moraes, Consuelo M., et al. "Malaria-Induced Changes in Host Odors Enhance Mosquito Attraction." Proceedings of the National Academy of Sciences of the United States of America 111, no. 30 (July 29, 2014): 11079–11084. https://doi.org/10.1073/pnas.1405617111.

De Morgan, Augustus. A Budget of Paradoxes. London: Longmans, Green, 1872. www.maa.org/press/periodicals/convergence/mathematical-treasure-de-morgan-s-budget-of-paradoxes.

de Silva, Priyanka, Brian Nutter, and Ximena E. Bernal. "Use of Acoustic Signals in Mating in an Eavesdropping Frog-Biting Midge." Animal Behaviour 103 (May 2015): 45–51. https://doi.org/10.1016/j.anbehav.2015.02.002.

Deora, Tanvi, Amit Kumar Singh, and Sanjay P. Sane. "Biomechanical Basis of Wing and Haltere Coordination in Flies." Proceedings of the National Academy of Sciences of the United States of America 112, no. 5 (January 2015):1481–1486. https://doi.org/10.1073/pnas.1412279112.

Deyrup, Mark, and Thomas C. Emmel. Florida's Fabulous Insects. Hawaiian Gardens, CA: World Publications, 1999.

Diamond, Jared M. Guns, Germs, and Steel: The Fates of Human Societies. New York: W. W. Norton, 1997.

Dickie, Gloria. "Nepal Is Reeling from an Unprecedented Dengue Outbreak."Science

News, October 7, 2019. www.sciencenews.org/article/nepal-reeling-from-unprecedented-dengue-virus-outbreak.

Disney, R. H. L. Scuttle Flies: The Phoridae. London: Chapman & Hall, 1994. Dodson, Calaway H. "The Importance of Pollination in the Evolution of the Orchids of Tropical America." American Orchid Society Bulletin 31, no. 9 (September 1962): 641–735.

Doherty, Mark. "Bug-Growing Facility Will Buzz into Balzac Next Spring."StarMetro (Calgary), September 4, 2018.

Dowling, Stephen. "Do Mosquitoes Feel the Effects of Alcohol?" BBC Future, March 13, 2019. www.bbc.com/future/story/20190313-will-mosquitoes-bite-me-more-when-ive-been-drinking.

Downes, J. A. "Feeding and Mating in the Insectivorous Ceratopogoninae (Diptera)." Memoirs of the Entomological Society of Canada, 104 (1978).

du Plessis, Marc, et al. "Pollination of the 'Carrion Flowers' of an African Stapeliad (Ceropegia mixta: Apocynaceae): The Importance of Visual and Scent Traits for the Attraction of Flies." Plant Systematics and Evolution 304, no. 3 (March 2018): 357–372. https://doi.org/10.1007/s00606-017-1481-0.

Dyer, Adrian G., Christa Neumeyer, and Lars Chittka. "Honeybee (Apis mellifera) Vision Can Discriminate between and Recognise Images of Human Faces." Journal of Experimental Biology 208, part 24 (December 2005): 4709–4714. https://doi.org/10.1242/jeb.01929.

Ehrlich, Paul, and Anne Ehrlich. Extinction: The Causes and Consequences of the Disappearance of Species. New York: Ballantine Books, 1983.

Eisemann, C. H., et al. "Do Insects Feel Pain? A Biological View." Experientia 40, no. 2 (1984): 164–167.

Elkinton, Joe S., and George H. Boettner. "The Effects of Compsilura concinnata, an Introduced Generalist Tachinid, on Non-Target Species in North America: A Cautionary Tale." In Assessing Host Ranges for Parasitoids and Predators Used for Classical Biological Control: A Guide to Best Practice, ed. Roy G. Van Driesche, Tara J. Murray, and Richard Reardon, 4–14. Washington, DC: US Department of Agriculture, 2005.

Enkerlin Hoeflich, Walther Raúl, et al. "The Moscamed Regional Programme: Review of a Success Story of Area-Wide Sterile Insect Technique Applica-tion." Entomologia Experimentalis et Applicata, Special Issue—Sterile Insect Technique, 164, no. 3 (September 19, 2017): 188–203.

Evans, Harold Ensign. "The Lovebug." In The Pleasures of Entomology. Portraits of Insects and the People Who Study Them. Washington, DC: Smithsonian Institution Press, 1985.

Farndon, John, Barbara Taylor, and Jen Green. Bugs & Minibeasts: Beetles, Bugs,

Butterflies, Moths, Insects, Spiders. Illustrated Wildlife Encyclopedia series. London: Armadillo, 2014.

Farnham, Alex. "How We Benefit from Flies." Animalist News, March 28, 2014. www.youtube.com/watch?v=LxjbbNMyTMA&feature=youtu.be（访问于2018年9月2日）.

Feener, Donald H., Jr., and Karen A. G. Moss. "Defense against Parasites by Hitchhikers in Leaf-Cutting Ants: A Quantitative Assessment." Behavioural Ecology and Sociobiology 26, no. 1 (January 1990): 17–29. https://doi.org/10.1007/BF00174021.

Ferreira, Lígia Maria, and Maria Helena Neves Lobo Silva-Filha. "Bacterial Larvicides for Vector Control: Mode of Action of Toxins and Implications for Resistance." Biocontrol Science and Technology 23, no. 10 (2013): 1137–1168. https://doi.org/10.1080/09583157.2013.822472.

Floate, Kevin D. "Off-Target Effects of Ivermectin on Insects and on Dung Degradation in Southern Alberta, Canada." Bulletin of Entomological Research 88, no. 1 (February 1998): 25–35. https://doi.org/10.1017/S0007485300041523.

Food and Agriculture Organization of the United Nations. Livestock's Long Shadow: Environmental Issues and Options. Rome: FAO, 2006. www.fao.org/3/a-a0701e.pdf.

——. The State of World Fisheries and Aquaculture: Opportunities and Chal-lenges. Rome: FAO, 2014. www.fao.org/3/a-i3720e.pdf.

Förster, Maria, Rolf G. Beutel, and Katharina Schneeberg. "Catching Prey with the Antennae: The Larval Head of Corethrella appendiculata (Diptera: Corethrellidae)." Arthropod Structure & Development 45, no. 6 (November 2016): 594–610. https://doi.org/10.1016/j.asd.2016.09.003.

Franzen, Jonathan. The End of the End of the Earth: Essays. New York: Farrar, Straus and Giroux, 2018.

Frauca, Harry. Australian Insect Wonders. Adelaide: Rigby, 1968.

Fullaway, David Timmins, and Noel Louis Hilmer Krauss. Common Insects of Hawaii. Honolulu: Tongg, 1945.

Gaimari, Stephen D., and Jim O'Hara. "C. P. Alexander Award." Fly Times 58 (April 2017): 1–2.

Gallup, Gordon G., Jr. "Chimpanzees: Self Recognition." Science 167 (1970): 86–87.

Galluzzo, Gary. "A Fly's Hearing: UI Study Shows Fruit Fly Is Ideal Model to Study Hearing Loss in People." Iowa Now, September 2, 2013. https://now.uiowa.edu/2013/09/flys-hearing.

Gardner, Elliot M., et al. "A Flower in Fruit's Clothing: Pollination of Jackfruit (Artocarpus heterophyllus, Moraceae) by a New Species of Gall Midge, Clinodiplosis ultracrepidata sp. nov. (Diptera: Cecidomyiidae)." International

Journal of Plant Sciences 179, no. 5 (June 2018): 350–367. https://doi.org/10.1086/697115.

Gaul, Albro Tilton. The Wonderful World of Insects. New York: Rinehart, 1953. Gaydos, Jaclyn. "History of Wound Care: Maggots: An Extraordinary Natural Phenomenon." Today's Wound Clinic 10, no. 4 (April 2016). www.todays woundclinic.com/articles/history-wound-care-maggots-extraordinary-natural-phenomenon.

Gibson, William T., et al. "Behavioral Responses to a Repetitive Visual Threat Stimulus Express a Persistent State of Defensive Arousal in Drosophila." Current Biology 25, no. 11 (June 1, 2015): 1401–1415. https://doi.org/10.1016/j.cub.2015.03.058.

Gilbert, Irwin H., Harry K. Gouck, and Nelson Smith. "Attractiveness of Men and Women to Aedes aegypti and Relative Protection Time Obtained with Deet." Florida Entomologist 49, no. 1 (March 1966): 53–66. https://doi.org/10.2307/3493317.

Giurfa, Martin. "Cognition with Few Neurons: Higher-Order Learning in Insects." Trends in Neurosciences 36, no. 5 (May 1, 2013): 285–294. https://doi.org/10.1016/j.tins.2012.12.011.

Goff, M. Lee, and Wayne D. Lord. "Entomotoxicology: A New Area for Forensic Investigation." The American Journal of Forensic Medicine and Pathology 15, no. 1 (March 1994): 51–57.

Goodall, Jane. "Learning from the Chimpanzees: A Message Humans Can Understand." Science 282, no. 5397 (December 18, 1998): 2184–2185. https://doi.org/10.1126/science.282.5397.2184.

Göpfert, Martin C., and Daniel Robert. "Nanometre-Range Acoustic Sensitivity in Male and Female Mosquitoes." Proceedings of the Royal Society B: Biological Sciences 267, no 1442 (March 7, 2000): 453–457. https://doi.org/10.1098/rspb.2000.1021.

Gorman, James. "Trillions of Flies Can't All Be Bad." The New York Times, November 13, 2017. www.nytimes.com/2017/11/13/science/flies-biology.html.

Goulson, Dave, et al. "Predicting Calyptrate Fly Populations from the Weather, and Probable Consequences of Climate Change." Journal of Applied Ecology 42, no. 5 (September 2005): 795–804. https://doi.org/10.1111/j.1365-2664.2005.01078.x.

Government of Canada. "Symptoms of Malaria." Last updated April 21, 2016. www.canada.ca/en/public-health/services/diseases/malaria/symptoms-malaria.html.

Grafe, T. Ulmar, et al. "Studying the Sensory Ecology of Frog-Biting Midges (Corethrellidae: Diptera) and Their Frog Hosts Using Ecological Interaction Networks." Journal of Zoology 307, no. 1 (January 2019): 17–27. https://doi.org/10.1111/jzo.12612.

Grassberger, Martin, et al., eds. Biotherapy—History, Principles and Practice: A Practical Guide to the Diagnosis and Treatment of Disease Using Living Organisms. Dordrecht, Netherlands: Springer, 2013. https://doi.org/10.1007/978-94-007-

6585-6.
Greenberg, Bernard, and John Charles Kunich. Entomology and the Law: Flies as Forensic Indicators. Cambridge, UK: Cambridge University Press, 2002.
Griffin, Donald R. Animal Minds: Beyond Cognition to Consciousness. Chicago: University of Chicago Press, 1992.
——. The Question of Animal Awareness: Evolutionary Continuity of Mental Experience. New York: Rockefeller University Press, 1981.
Griggs, Mary Beth. "Mosquitoes Learn Not to Mess with You When You Swat Them: And They'll Likely Go Looking for a Less Combative Meal." Popular Science, January 25, 2018. www.popsci.com/mosquitoes-probably-remember-when-you-try-to-swat-them（访问于2019年1月29日）.
Groening, Julia, Dustin Venini, and Mandyam V. Srinivasan. "In Search of Evidence for the Experience of Pain in Honeybees: A Self-Administration Study." Scientific Reports 7, article 45825 (April 4, 2017). https://doi.org/10.1038/srep45825.
Grover, Dhruv, Takeo Katsuki, and Ralph J. Greenspan. "Flyception: Imaging Brain Activity in Freely Walking Fruit Flies." Nature Methods 13 (2016): 569–572.
Grover, Dhruv, et al. "Imaging Brain Activity during Complex Social Behaviors in Drosophila with Flyception2." Nature Communications 11, no. 623 (2020).
Grzimek, Don Bernhard, Grzimek's Animal Life Encyclopedia, 2nd ed. Vol. 3, Insects, ed. Michael Hutchins et al. Farmington Hills, MI: Gale Group, 2003. Guarino, Ben. "'Hyperalarming' Study Shows Massive Insect Loss." The Washington Post, October 15, 2018. www.washingtonpost.com/science/2018/10/15/hyperalarming-study-shows-massive-insect-loss/?noredirect=on &utm_term=.75a1f83e2ab3.
——. "Watch These Bizarre Flies Dive Underwater Using Bubbles Like Scuba Suits." The Washington Post, November 20, 2017. www.washingtonpost.com/news/speaking-of-science/wp/2017/11/20/these-bizarre-flies-wear-bubbles-like-scuba-suits-to-dive-in-a-toxic-lake/?utm_term=.372cf575a632.
Halfwerk, Wouter, et al. "Adaptive Changes in Sexual Signalling in Response to Urbanization." Nature Ecology & Evolution 3, no. 3 (March 2019): 374–380. https://doi.org/10.1038/s41559-018-0751-8.
Hall, Andrew Brantley, et al. "A Male-Determining Factor in the Mosquito Aedes aegypti." Science 348, no. 6240 (June 12, 2015): 1268–1270. https://doi.org/10.1126/science.aaa2850.
Hancock, Penelope A., Steven P. Sinkins, and H. Charles J. Godfray. "Strategies for Introducing Wolbachia to Reduce Transmission of Mosquito-Borne Diseases." PLOS Neglected Tropical Disease 5, no. 4 (April 26, 2011). https://doi.org/10.1371/journal.pntd.0001024.
Hebert, Paul D. N., et al. "Counting Animal Species with DNA Barcodes: Canadian Insects." Philosophical Transactions of the Royal Society B: Biological Sciences 371,

no. 1702 (September 5, 2016): 10. https://doi.org/10.1098/rstb.2015.0333.

Heid, Matt. "How Many Mosquito Bites Would It Take to Kill You (and Other Mosquito Musings)." Be Outdoors: Appalachian Mountain Club, July 1, 2014. www.outdoors.org/articles/amc-outdoors/how-many-mosquito-bites-would-kill-you.

Heinrich, Bernd. Life Everlasting: The Animal Way of Death. Boston: Houghton Mifflin Harcourt, 2012.

——. Winter World: The Ingenuity of Animal Survival. New York: Ecco, 2003. Heisenberg, Martin, Reinhard Wolf, and Björn Brembs. "Flexibility in a Single Behavioral Variable of Drosophila." Learning & Memory 8, no. 1(January-February 2001): 1–10.

Hervé, Maxime R. "Breeding for Insect Resistance in Oilseed Rape: Challenges, Current Knowledge and Perspectives." Plant Breeding 137, no. 1 (February 2018): 27–34. https://doi.org/10.1111/pbr.12552.

Hodgdon, Elisabeth A., et al. "Racemic Pheromone Blends Disrupt Mate Location in the Invasive Swede Midge, Contarinia nasturtii." Journal of Chemical Ecology 45, no. 7 (July 2019): 549–558. https://doi.org/10.1007/s10886-019-01078-0.

Hoehl, Stefanie, et al. "Itsy Bitsy Spider ...: Infants React with Increased Arousal to Spiders and Snakes." Frontiers in Psychology, October 18, 2017. https://doi.org/10.3389/fpsyg.2017.01710（访问于2020年5月14日）.

Hoffmann, Constanze, et al. "Assessing the Feasibility of Fly-Based Surveillance of Wildlife Infectious Diseases." Scientific Reports 6, article 37952 (November 30, 2016). https://doi.org/10.1038/srep37952.

Hoppé, Mark. "Insecticide Resistance: Are We Losing the Battle to Control the Mosquito Vectors of Malaria?" Outlooks on Pest Management 27, no. 3 (June 2016): 116–119. https://doi.org/10.1564/v27_jun_05.

Howard, Leland O. The Insect Book. New York: Doubleday, Page, 1905. Howard, Scarlett R., et al. "Numerical Ordering of Zero in Honey Bees." Science 360, no. 6393 (June 8, 2018): 1124–1126. https://doi.org/10.1126/science.aar4975.

Hoyle, Graham. "Cellular Mechanisms Underlying Behavior—Neuroethology." Advances in Insect Physiology 7 (1970) 349–444. https://doi.org/10.1016/S0065-2806(08)60244-1.

Hudson, John, Katherine Hocker, and Robert H. Armstrong. Aquatic Insects in Alaska. Juneau: Nature Alaska Images, 2012.

Hussein, Mahmoud, et al. "Sustainable Production of Housefly (Musca domestica) Larvae as a Protein-Rich Feed Ingredient by Utilizing Cattle Manure." PLOS One 12, no. 2 (February 7, 2017). https://doi.org/10.1371/journal.pone.0171708.

Inouye, David W., et al. "Flies and Flowers III: Ecology of Foraging and Pollination." Journal of Pollination Ecology 16, no. 16 (2015): 115–133. www.pollinationecology.org/index.php?journal=jpe&page=article&op=view&path%5B%5D=333.

Iyer, Shruti. "14 of the Funniest Fruit Fly Gene Names." Bitesize Bio, March 2, 2015. https://bitesizebio.com/23221/14-of-the-funniest-fruit-fly-gene-names/.

Izutsu, Minako, et al. "Dynamics of Dark-Fly Genome under Environmental Selections." Genes, Genomes, Genetics 6, no. 2 (December 4, 2015): 365–376. https://doi.org/10.1534/g3.115.023549.

Jeffries, Claire L., Matthew E. Rogers, and Thomas Walker. "Establishment of a Method for Lutzomyia longipalpis Sand Fly Egg Microinjection: The First Step towards Potential Novel Control Strategies for Leishmaniasis," version 2. Wellcome Open Research 3 (August 2018): 55. https://doi.org/10.12688/wellcomeopenres.14555.2.

Jürgens, Andreas, and Adam Shuttleworth. "Carrion and Dung Mimicry in Plants." In Carrion Ecology, Evolution, and Their Applications, ed. M. Eric Benbow, Jeffery K. Tomberlin, and Aaron M. Tarone, 361–387. Boca Raton, FL: CRC Press, 2015.

Jürgens, Andreas, et al. "Chemical Mimicry of Insect Oviposition Sites: A Global Analysis of Convergence in Angiosperms." Ecology Letters 16 (2013): 1157–1167.

Kacsoh, Balint Z., et al. "Fruit Flies Medicate Offspring after Seeing Parasites." Science 339, no. 6122 (February 22, 2013): 947–950. https://doi.org/10.1126/science.1229625.

Kain, Jamey S., Chris Stokes, and Benjamin L. de Bivort. "Phototactic Personality in Fruit Flies and Its Suppression by Serotonin and White." Proceedings of the National Academy of Sciences of the United States of America 109, no. 48 (November 27, 2012): 19834–19839. https://doi.org/10.1073/pnas.1211988109.

Keller, Andreas. "A Cultural and Natural History of the Fly." PLOS Biology 5, no. 5 (May 15, 2007). https://doi.org/10.1371/journal.pbio.0050135.

Kern, Roland, Johannes Hans van Hateren, and Martin Egelhaaf. "Representation of Behaviourally Relevant Information by Blowfly Motion-Sensitive Visual Interneurons Requires Precise Compensatory Head Movements." Journal of Experimental Biology 209, no. 7 (April 1, 2006):1251–1260. https://doi.org/10.1242/jeb.02127.

Khuong, Thang M., et al. "Nerve Injury Drives a Heightened State of Vigilance and Neuropathic Sensitization in Drosophila." Science Advances 5, no. 7 (July 10, 2019). https://doi.org/10.1126/sciadv.aaw4099.

Kiderra, Inga. "First Peek into the Brain of a Freely Walking Fruit Fly." UC San Diego News Center, May 16, 2016. https://ucsdnews.ucsd.edu/pressrelease/first_peek_into_the_brain_of_a_freely_walking_fruit_fly.

Klauck, V., et al. "Insecticidal and Repellent Effects of Tea Tree and Andiroba Oils on Flies Associated with Livestock." Medical and Veterinary Entomology 28, supplement 1 (August 2014): 33–39. https://doi.org/10.1111/mve.12078.

Klein, Barrett A. "Insects in Art." In Encyclopedia of Human-Animal Relation-ships: A

Global Exploration of Our Connections with Animals, ed. Marc Bekoff. Westport, CT: Greenwood Press, 2007, 92–99.

Klein, Colin, and Andrew B. Barron. "Insects Have the Capacity for Subjective Experience." Animal Sentience 9, no. 1 (2016). https://animalstudies repository.org/animsent/vol1/iss9/1/.

Knop, Eva, et al. "Rush Hours in Flower Visitors over a Day-Night Cycle."Insect Conservation and Diversity 11, no. 3 (May 2018): 267–275. https://doi.org/10.1111/icad.12277.

Krashes, Michael J., et al. "A Neural Circuit Mechanism Integrating Motivational State with Memory Expression in Drosophila." Cell 139, no. 2 (October 16, 2009): 416–427. https://doi.org/10.1016/j.cell.2009.08.035.

Lanouette, Geneviève, et al. "The Sterile Insect Technique for the Management of the Spotted Wing Drosophila, Drosophila suzukii: Establishing the Optimum Irradiation Dose." PLOS One 12, no. 9 (September 28, 2017). https://doi.org/10.1371/journal.pone.0180821.

Lauck, Joanne Elizabeth. The Voice of the Infinite in the Small: Revisioning the Insect-Human Connection. Mill Spring, NC: Swan, Raven, 1998.

LeBourdais, Isabel. The Trial of Steven Truscott. Toronto: McClelland & Stewart, 1966.

Lefebvre, Vincent, et al. "Are Empidine Dance Flies Major Flower Visitors in Alpine Environments? A Case Study in the Alps, France." Biology Letters 10, no. 11 (November 1, 2014). https://doi.org/10.1098/rsbl.2014.0742.

Le Neindre, Pierre, et al. "Animal Consciousness." European Food Safety Authority Supporting Publications 14, no. 4 (April 2017). https://doi.org/10.2903/sp.efsa.2017.EN-1196.

Lim, T. M. "Production, Germination and Dispersal of Basidiospores of Ganoderma pseudoferreum on Hevea." Journal of the Rubber Research Institute of Malaysia 25, no. 2 (1977): 93–99.

Linger, Rebecca J., et al. "Towards Next Generation Maggot Debridement Therapy: Transgenic Lucilia sericata Larvae That Produce and Secrete a Human Growth Factor." BMC Biotechnology 16, article 30 (2016). https://doi.org/10.1186/s12896-016-0263-z.

Lister, Bradford C., and Andres Garcia. "Climate-Driven Declines in Arthropod Abundance Restructure a Rainforest Food Web." Proceedings of the National Academy of Sciences of the United States of America 115, no. 44 (October 15, 2018): E10397–E10406. https://doi.org/10.1073/pnas.1722477115.

Lockwood, Jeff. The Infested Mind: Why Humans Fear, Loathe, and Love Insects. Oxford: Oxford University Press, 2014.

Losey, John E., and Mace Vaughan. "The Economic Value of Ecological Services Provided by Insects." BioScience 56, no. 4 (April 1, 2006): 311–323. https://doi.

org/10.1641/0006-3568(2006)56[311:TEVOES]2.0.CO;2.

Louv, Richard. Last Child in the Woods: Saving Our Children from Nature-Deficit Disorder. Chapel Hill, NC: Algonquin Books, 2005.

Low, Tim. The New Nature: Winners and Losers in Wild Australia. Victoria, Australia: Penguin Books, 2003.

Lüpold, Stefan, et al. "How Sexual Selection Can Drive the Evolution of Costly Sperm Ornamentation." Nature 533, no. 7604 (May 26, 2016): 535–538. https://doi.org/10.1038/nature18005.

Luzar, N., and G. Gottsberger. "Flower Heliotropism and Floral Heating of Five Alpine Plant Species and the Effect on Flower Visiting in Ranunculus montanus in the Austrian Alps." *Arctic, Antarctic, and Alpine Research* 33 (2001): 93–99.

Lynch, Zachary R., Todd A. Schlenke, and Jacobus C. de Roode. "Evolution of Behavioural and Cellular Defences against Parasitoid Wasps in the Drosophila melanogaster Subgroup." Journal of Evolutionary Biology 29, no. 5 (May 2016): 1016–1029. https://doi.org/10.1111/jeb.12842.

Maák, István, et al. "Tool Selection during Foraging in Two Species of Funnel Ants." Animal Behaviour 123 (January 2017): 207–216. https://doi.org/10.1016/j.anbehav.2016.11.005.

MacNeal, David. Bugged: The Insects Who Rule the World and the People Obsessed with Them. New York: St. Martin's Press, 2017.

Magni, Paula A., et al. "Forensic Entomologists: An Evaluation of Their Status." Journal of Insect Science 13, no. 1 (January 1, 2013): 78. https://doi.org/10.1673/031.013.7801.

"Malaria Vaccine Loses Effectiveness over Several Years." The Guardian, June 30, 2016. https://guardian.ng/features/health/malaria-vaccine-loses-effectiveness-over-several-years/(访问于2020年8月25日).

Manev, Hari, and Nikola Dimitrijevic. "Fruit Flies for Anti-Pain Drug Discovery." Life Sciences 76, no. 21 (April 8, 2005): 2403–2407. https://doi.org/10.1016/j.lfs.2004.12.007.

Marent, Thomas, with Ben Morgan. Rainforest. New York: DK Publishing, 2006.

Margonelli, Lisa. Underbug: An Obsessive Tale of Termites and Technology. New York: Scientific American/Farrar, Straus and Giroux, 2018.

Marshall, Stephen A. Flies: The Natural History and Diversity of Diptera. Buffalo, NY: Firefly Books, 2012.

——. Insects: Their Natural History and Diversity. Buffalo, NY: Firefly Books, 2006.

Martín-Vega, Daniel, Aida Gómez-Gómez, and Arturo Baz. "The 'Coffin Fly' Conicera tibialis (Diptera: Phoridae) Breeding on Buried Human Remains after a Postmortem Interval of 18 Years." Journal of Forensic Science 56, no. 6 (July 2011): 1654–1656. https://doi.org/10.1111/j.1556-4029.2011.01839.x.

Mason, Andrew C., Michael L. Oshinsky, and Ron R. Hoy. "Hyperacute Directional Hearing in a Microscale Auditory System." Nature 410, no. 6829 (April 5, 2001): 686–690. https://doi.org/10.1038/35070564.

Masterson, A. "Insects Smarter Than We Thought, Macquarie University Academics Say." Sydney Morning Herald, April 21, 2016.

McAlister, Erica. The Secret Life of Flies. Richmond Hill, Ontario: Firefly Books, 2017.

McClung, Chuck. "Study: Flies on Food Should Make You Drop Your Fork." USA Today, August 14, 2014. www.usatoday.com/story/news/nation/2014/08/14/flies-health-hazard-orkin-study/14044947/(访问于2017年1月31日).

McDonald, Dave J., and Johannes Jacobus Adriaan Van der Walt. "Observations on the Pollination of Pelargonium tricolor, Section Campylia (Geraniaceae)." South African Journal of Botany 58, no. 5 (October 1992): 386–392.

McGavin, George C. Insects, Spiders and Other Terrestrial Arthropods. London: Dorling Kindersley, 2000.

McKeever, Sturgis. "Observations of Corethrella Feeding on Tree Frogs (Hyla)." Mosquito News 37 (1977): 522–523.

——, and Frank E. French. "Corethrella (Diptera: Corethrellidae) of Eastern North America: Laboratory Life History and Field Responses to Anuran Calls." Annals of the Entomological Society of America 84, no. 5 (September 1991): 493–497. https://doi.org/10.1093/aesa/84.5.493.

McKeever, S., and W. Keith Hartberg. "An Effective Method for Trapping Adult Female Corethrella (Diptera: Chaoboridae)." Mosquito News 40, no. 1 (January 1980): 111–112.

McKenna, Duane D., et al. "Roadkill Lepidoptera: Implications of Roadways, Roadsides, and Traffic Rates for the Mortality of Butterflies in Central Illinois." Journal of the Lepidopterists' Society 55 (2001): 63–68.

McKie, Robin. "Europe at Risk from Spread of Tropical Insect-Borne Diseases." The Guardian, April 14, 2019. www.theguardian.com/science/2019/apr/14/tropical-insect-diseases-europe-at-risk-dengue-fever.

McLean, Jesse. "A Moth-er's Love." Toronto Star, August 24, 2019, A1, A8. McNeill, Lizzy. "How Many Animals Are Born in the World Every Day?" More or Less, BBC Radio 4, June 11, 2018. www.bbc.com/news/science-environment-44412495.

Mead, Rebecca. "The Prophet of Dystopia." The New Yorker, April 17, 2017, 38–47. Meiswinkel, Rudy, et al. Infectious Diseases of Livestock, Vol. 1: Vectors: Culicoides spp, 93–136. Cape Town: Oxford University Press, 2004.

Mery, Frédéric, et al. "Public Versus Personal Information for Mate Copying in an Invertebrate." Current Biology 19, no. 9 (May 12, 2009): 730–734. https://doi.org/10.1016/j.cub.2009.02.064.

Meuche, Ivonne, et al. "Silent Listeners: Can Preferences of Eavesdropping Midges

Predict Their Hosts' Parasitism Risk?" Behavioral Ecology 27, no. 4 (July-August 2016): 995–1003. https://doi.org/10.1093/beheco/arw002.

Meve, U., and S. Liede. "Floral Biology and Pollination in Stapeliads—New Results and a Literature Review." Plant Systematics and Evolution 192 (1994): 99–116.

Meyer, Dagmar B., et al. "Development and Field Evaluation of a System to Collect Mosquito Excreta for the Detection of Arboviruses." Journal of Medical Entomology 56, no. 4 (July 2019): 1116–1121. https://doi.org/10.1093/jme/tjz031.

Milan, Neil F., Balint Z. Kacsoh, and Todd A. Schlenke. "Alcohol Consumption as Self-Medication against Blood-Borne Parasites in the Fruit Fly." Current Biology 22, no. 6 (March 20, 2012): 488–493. https://doi.org/10.1016/j.cub.2012.01.045.

Miles, Ronald N., Daniel Robert, and Ron R. Hoy. "Mechanically Coupled Ears for Directional Hearing in the Parasitoid Fly Ormia ochracea." The Journal of the Acoustical Society of America 98, no. 6 (December 1995): 3059–3070. https://doi.org/10.1121/1.413830.

Milius, Susan. "Long Tongue, Meet Short Flower." ScienceNews, September 5, 2015. https://www.sciencenews.org/article/long-tongued-fly-sips-afar（访问于2017年1月31日）.

——. "Testing Mosquito Pee Could Help Track the Spread of Diseases."ScienceNews, April 5, 2019. https://www.sciencenews.org/article/testing-mosquito-pee-could-help-track-spread-diseases（访问于2020年5月15日）.

Miller, Paige B., et al. "The Song of the Old Mother: Reproductive Senescence in Female Drosophila." Fly 8, no. 3 (December 18, 2014): 127–139. https://doi.org/10.4161/19336934.2014.969144.

Milton, Katherine. "Effects of Bot Fly (Alouattamyia baeri) Parasitism on a Free-Ranging Howler Monkey (Alouatta palliata) Population in Panama." Journal of Zoology 239, no. 1 (May 1996): 39–63. https://doi.org/10.1111/j.1469-7998.1996.tb05435.x.

Min, John, et al. "Harnessing Gene Drive." Journal of Responsible Innovation 5, supplement 1 (2018): S40–S65. https://doi.org/10.1080/23299460.2017.1415586.

Missagia, Caio C. C., and Maria Alice S. Alves. "Florivory and Floral Larceny by Fly Larvae Decrease Nectar Availability and Hummingbird Foraging Visits at Heliconia (Heliconiaceae) Flowers." Biotropica 49, no. 1 (January 2017): 13–17. https://doi.org/10.1111/btp.12368.

Möglich, Michael H. J., and Gary D. Alpert. "Stone Dropping by Conomyrma bicolor (Hymenoptera: Formicidae): A New Technique of Interference Competition." Behavioral Ecology and Sociobiology 6 (1979): 105–113. https://doi.org/10.1007/BF00292556.

Moré, Marcela, et al. "The Role of Fetid Olfactory Signals in the Shift to Saprophilous Fly Pollination in Jaborosa (Solanaceae)." Arthropod-Plant Interactions 13 (October 2018): 375–386. https://doi.org/10.1007/s11829-018-9640-y. Moretti, Thiago de

Carvalho, et al. "Insects on Decomposing Carcasses of Small Rodents in a Secondary Forest in Southeastern Brazil." European Journal of Entomology 105, no. 4 (October 2008): 691–696. www.eje.cz/scripts/viewabstract.php?abstract=1386.

Mortimer, Nathan. "Parasitoid Wasp Virulence: A Window into Fly Immunity." Fly 7, no. 4 (October 1, 2013): 242–248. https://doi.org/10.4161/fly.26484.

"Mosquitoes." National Geographic, n.d. https://www.nationalgeographic.com/animals/invertebrates/group/mosquitoes/（访问于2018年8月22日）.

Muth, Felicity. "Inside the Wonderful World of Bee Cognition—Where We're at Now." Scientific American, April 20, 2015. https://blogs.scientific american.com/not-bad-science/inside-the-wonderful-world-of-bee-cognition-where-we-re-at-now/.

Muto, L., et al. "An Innovative Ovipositor for Niche Exploitation Impacts Genital Coevolution between Sexes in a Fruit-Damaging Drosophila." Proceedings of the Royal Society B 285 (2018), 20181635.

Myers, Paul Z. "The Lovely Stalk-Eyed Fly." ScienceBlogs, March 15, 2007. http://scienceblogs.com/pharyngula/2007/03/15/the-lovely-stalkeyed-fly.

Nace, Trevor. "Morgan Freeman Converted His 124-Acre Ranch into a Giant Honeybee Sanctuary to Save the Bees." Forbes, March 20, 2019. www.forbes.com/sites/trevornace/2019/03/20/morganfreeman-converted-his-124-acre-ranch-into-a-giant-honeybee-sanctuary-to-save-the-bees/#68b41857dfa5.

Naskrecki, Piotr. The Smaller Majority. Cambridge, MA: Belknap Press, 2005.

Nazni, Wasi Ahmad, et al. "First Report of Maggots of Family Piophilidae Recovered from Human Cadavers in Malaysia." Tropical Biomedicine 25, no. 2 (August 2008): 173–175.

Neckameyer, Wendi S., et al. "Dopamine and Senescence in Drosophila melanogaster." Neurobiology of Aging 21, no. 1 (January-February 2000): 145–152.

New, Joshua J., and Tamsin C. German. "Spiders at the Cocktail Party: An Ancestral Threat That Surmounts Inattentional Blindness." Evolution and Human Behavior 36, no. 3 (August 2015): 165–173. https://doi.org/10.1016/j.evolhumbehav.2014.08.004.

The New York Times editorial board, "Insect Armageddon." The New York Times, October 29, 2017. www.nytimes.com/2017/10/29/opinion/insect-armageddon-ecosystem-.html（访问于2020年5月15日）.

Newman, Barry. "Apple Turnover: Dutch Are Invading JFK Arrivals Building and None Too Soon—U.S.'s Best Known Airport Has Been a Lousy Place to Land, Walk, or Stand—Using Flies to Help Fliers." The Wall Street Journal, May 13, 1997, A1.

Nuñez Rodríguez, José, and Jonathan Liria. "Seasonal Abundance in Necrophagous Diptera and Coleoptera from Northern Venezuela." Tropical Biomedicine 34, no. 2 (June 2017): 315–323. https://www.researchgate.net/publication/317559366_Seasonal_abundance_in_necrophagous_Diptera_and_Coleoptera_from_ northern_Venezuela.

Ofstad, Tyler A., Charles S. Zuker, and Michael B. Reiser. "Visual Place Learning in Drosophila melanogaster." Nature 474 (2011): 204–207.

Oldroyd, Harold. "Dipteran." Encyclopædia Britannica, October 30, 2018 (mention of petroleum flies). www.britannica.com/animal/dipteran（访问于2020年5月14日）.

Olotu, Ally, et al. "Seven-Year Efficacy of RTS,S/AS01 Malaria Vaccine among Young African Children." The New England Journal of Medicine 374, no. 26 (June 30, 2016): 2519–2529. https://doi.org/10.1056/NEJMoa1515257.

Orford, Katherine A., Ian P. Vaughan, and Jane Memmott. "The Forgotten Flies: The Importance of Non-Syrphid Diptera as Pollinators." Proceedings of the Royal Society B: Biological Sciences 282, no. 1805 (April 22, 2015). https://doi.org/10.1098/rspb.2014.2934.

Owald, David, Suewei Lin, and Scott Waddell. "Light, Heat, Action: Neural Control of Fruit Fly Behaviour." Philosophical Transactions of the Royal Society, B: Biological Sciences 370, no. 1677 (September 19, 2015). https://doi.org/10.1098/rstb.2014.0211.

Paine, Robert T. "A Note on Trophic Complexity and Community Stability." The American Naturalist 103, no. 929 (January-February 1969): 91–93. https://doi.org/10.1086/282586.

Pape, Thomas, Daniel Bickel, and Rudolf Meier, eds. Diptera Diversity: Status, Challenges and Tools. Leiden: Brill, 2009.

Patterson, J. T., and W. S. Stone. Evolution in the Genus Drosophila. New York: Macmillan, 1952.

Patterson, K. David. "Yellow Fever Epidemics and Mortality in the United States, 1693–1905." Social Science & Medicine 34, no. 8 (April 1992): 855–865. https://doi.org/10.1016/0277-9536(92)90255-O（访问于2020年5月15日）.

Paulson, Gregory S., and Eric R. Eaton. Insects Did It First. Xlibris, 2018. Pearce, Fred. "Inventing Africa." New Scientist 167, no. 2251 (August 12, 2000): 30. Pearson, Gwen. "50 Shades of Wrong: Disturbing Insect Sex." Wired, February 9, 2015. www.wired.com/2015/02/50-shades-wrong-disturbing-insect-sex/（访问于2019年5月10日）.

Pennisi, Elizabeth. "This Fly Survives a Deadly Lake by Encasing Itself in a Bubble: Here's How It Makes It." Science, November 20, 2017. https://doi.org/10.1126/science.aar5258.

Perera, Hirunika, and Tharaka Wijerathna. "Sterol Carrier Protein Inhibition-Based Control of Mosquito Vectors: Current Knowledge and Future Perspectives." Canadian Journal of Infectious Diseases and Medical Microbiology 2019, no. 4 (July 2019): 1–6. https://doi.org/10.1155/2019/7240356.

Perry, Clint J., and Andrew B. Barron. "Honey Bees Selectively Avoid Difficult Choices." Proceedings of the National Academy of Sciences of the United States of America 110, no. 47 (November 19, 2013): 19155–19159. https://doi.org/10.1073/pnas.1314571110.

——. "Neural Mechanisms of Reward in Insects." Annual Review of Entomology 58, no. 1 (September 2012): 543–562. https://doi.org/10.1146/annurev-ento-120811-153631.

Pierce, John D., Jr. "A Review of Tool Use in Insects." Florida Entomologist 69, no. 1 (March 1986): 95–104. https://doi.org/10.2307/3494748.

Policha, T., et al. "Disentangling Visual and Olfactory Signals in Mushroom Mimicking Dracula Orchids Using Realistic Three-Dimensional Printed Flowers." New Phytologist 210 (2016):1058–1071.

Pomerleau, Mark. "AFRL Working on Insect-Eye View for Urban Targeting." Defense Systems, March 12, 2015. https://defensesystems.com/articles/2015/03/12/afrl-artificial-compound-eye-targeting.aspx.

Porter, Sanford D. "Biology and Behavior of Pseudacteon Decapitating Flies (Diptera: Phoridae) That Parasitize Solenopsis Fire Ants (Hymenoptera: Formicidae)." Florida Entomologist 81, no. 3 (September 1998): 292–309. https://doi.org/10.2307/3495920.

Preston-Mafham, Kenneth G. "Courtship and Mating in Empis (Xanthempis) trigramma Meig., E. tessellata F. and E. (Polyblepharis) opaca F. (Diptera: Empididae) and the Possible Implications of 'Cheating' Behaviour." Journal of Zoology 247, no. 2 (February 1999): 239–246. https://doi.org/10.1111/j.1469-7998.1999.tb00987.x.

——. "Post-Mounting Courtship and the Neutralizing of Male Competitors Through 'Homosexual' Mountings in the Fly Hydromyza livens F. (Diptera: Scatophagidae)." Journal of Natural History 40, no. 1–2 (April 2006): 101–105. https://doi.org/10.1080/00222930500533658.

Pridgeon, A. M., et al. Genera Orchidacearum. Vol. 4: Epidendroideae (Part 1). Oxford: Oxford University Press, 2005.

Puniamoorthy, Naline, Marion Kotrba, and Rudolf Meier. "Unlocking the 'Black Box': Internal Female Genitalia in Sepsidae (Diptera) Evolve Fast and Are Species-Specific." BMC [BioMed Central] Evolutionary Biology 10, article 275 (2010). https://doi.org/10.1186/1471-2148-10-275.

Puniamoorthy, Nalini, et al. "From Kissing to Belly Stridulation: Comparative Analysis Reveals Surprising Diversity, Rapid Evolution, and Much Homoplasy in the Mating Behaviour of 27 Species of Sepsid Flies (Diptera: Sepsidae)." Journal of Evolutionary Biology 22, no. 11 (November 2009): 2146–2156. https://doi.org/10.1111/j.1420-9101.2009.01826.x.

Putz, Gabriele, and Martin Heisenberg. "Memories in Drosophila Heat-Box Learning."

Learning & Memory 9, no. 5 (September 2002): 349–359. https://doi.org/10.1101/lm.50402.

Radonjić, Sanja, Snježana Hrnčić, and Tatjana Perović. "Overview of Fruit Flies Important for Fruit Production on the Montenegro Seacoast." Biotechnology, Agronomy, Society and Environment 23, no. 1 (2019): 46–56. https://doi.org/10.25518/1780-4507.17776.

Renner, Susanne S. "Rewardless Flowers in the Angiosperms, and the Role of Insect Cognition in Their Evolution." In Plant-Pollinator Interactions: From Specialization to Generalization, ed. Nickolas M. Waser and Jeff Ollerton, 123–144. Chicago: University of Chicago Press, 2006.

——, and Robert E. Ricklefs. "Dioecy and Its Correlates in the Flowering Plants." American Journal of Botany 82, no. 5 (May 1995): 596–606. https://doi.org/10.1002/j.1537-2197.1995.tb11504.x.

Rifai, Ryan. "UN: 200,000 Die Each Year from Pesticide Poisoning." Al Jazeera, March 8, 2017. www.aljazeera.com/news/2017/03/200000-die-year-pesticide-poisoning-170308140641105.html.

Rivers, David B., and Gregory A. Dahlem. The Science of Forensic Entomology. Chichester, UK: John Wiley & Sons, 2014.

Roberts, Andrew, et al. "Results from the Workshop 'Problem Formulation for the Use of Gene Drive in Mosquitoes.'" The American Journal of Tropical Medicine and Hygiene 96, no. 3 (March 8, 2017): 530–533. https://doi.org/10.4269/ajtmh.16-0726.

Robinson, Samuel V. J. "Plant-Pollinator Interactions at Alexandra Fiord, Nunavut." Trail Six: An Undergraduate Geography Journal 5 (2011): 13–20.

Rosenberg, Kenneth V., et al. "Decline of the North American Avifauna." Science 366, no. 6461 (October 4, 2019): 120–124. https://doi.org/10.1126/science.aaw1313.

Rowley, Wayne A., and Marcia Cornford. "Scanning Electron Microscopy of the Pit of the Maxillary Palp of Selected Species of Culicoides." Canadian Journal of Zoology 50, no. 9 (September 1972): 1207–1210. https://doi.org/10.1139/z72-162.

RTS, S Clinical Trials Partnership. "Efficacy and Safety of RTS,S/AS01 Malaria Vaccine with or without a Booster Dose in Infants and Children in Africa: Final Results of a Phase 3, Individually Randomised, Controlled Trial." The Lancet 386, no. 9988 (July 4, 2015): 31–45. https://doi.org/10.1016/S0140-6736(15)60721-8.

Runyon, Justin B., and Richard L. Hurley. "A New Genus of Long-Legged Flies Displaying Remarkable Wing Directional Asymmetry." Proceedings of the Royal Society B: Biological Sciences 271, supplement 3 (February 7, 2004): S114–116. https://doi.org/10.1098/rsbl.2003.0118.

Sánchez-Bayo, Francisco, and Kris A. G. Wyckhuys. "Worldwide Decline of the Entomofauna: A Review of Its Drivers." Biological Conservation 232 (April 2019):

8–27. https://doi.org/10.1016/j.biocon.2019.01.020.

Sansoucy, R. "Livestock—A Driving Force for Food Security and Sustainable Development." World Animal Review (FAO), 1995. http://www.fao.org/3/v8180t/v8180T07.htm（访问于2020年8月21日）.

Sarkar, Sahotra. "Researchers Hit Roadblocks with Gene Drives." BioScience 68, no. 7 (July 2018): 474–480. https://doi.org/10.1093/biosci/biy060.

"Scientists Discover Why Flies Are So Hard to Swat." Phys.org, August 28, 2008. https://phys.org/news/2008-08-scientists-flies-hard-swat.html#jCp.

Scott, Jeffrey G., et al. "Insecticide Resistance in House Flies from the United States: Resistance Levels and Frequency of Pyrethroid Resistance Alleles." Pesticide Biochemistry and Physiology 107, no. 3 (November 2013): 377–384. https://doi.org/10.1016/j.pestbp.2013.10.006.

Scott, Kristin. Faculty Research Page, Department of Molecular and Cell Bi-ology, University of California, Berkeley. Last updated January 1, 2019. https://mcb.berkeley.edu/faculty/NEU/scottk.html（访问于2019年4月）.

Scudder, Geoffrey G. E. "Comparative Morphology of Insect Genitalia." Annual Review of Entomology 16 (1971): 379–406. https://doi.org/10.1146/annurev.en.16.010171.002115.

Session, Laura A., and Steven D. Johnson. "The Flower and the Fly: Long Insect Mouthparts and Deep Floral Tubes Have Become So Specialized That Each Organism Has Become Dependent on the Other." Natural History, March 2005. www.naturalhistorymag.com/htmlsite/master.html?https://www.naturalhistorymag.com/htmlsite/0305/0305_feature.html.

Ševčík, Jan, Jostein Kjčrandsen, and Stephen A. Marshall. "Revision of Speolepta (Diptera: Mycetophilidae), with Descriptions of New Nearctic and Oriental Species." The Canadian Entomologist 144, no. 1 (February 23, 2012): 93–107. https://doi.org/10.4039/tce.2012.10.

Shanor, Karen, and Jagmeet Kanwal. Bats Sing, Mice Giggle: The Surprising Science of Animals' Inner Lives. London: Icon Books, 2009.

Shao, Lisha, et al. "A Neural Circuit Encoding the Experience of Copulation in Female Drosophila." Neuron 102, no. 5 (June 5, 2019): 1025–1036. https://doi.org/10.1016/j.neuron.2019.04.009.

Sheehan, Michael J., and Elizabeth A. Tibbetts. "Specialized Face Learning Is Associated with Individual Recognition in Paper Wasps." Science 334, no. 6060 (December 2, 2011): 1272–1275. https://doi.org/10.1126/science.1211334.

Sheppard, D. Craig, et al. "A Value-Added Manure Management System Using the Black Soldier Fly." Bioresource Technology 50, no. 3 (1994): 275–279. https://doi.org/10.1016/0960-8524(94)90102-3.

Sherman, Ronald A., et al. "Maggot Therapy." In Biotherapy: History, Principles and

Practice: A Practical Guide to the Diagnosis and Treatment of Disease Using Living Organisms, ed. M. Grassberger et al. Dordrecht, Netherlands: Springer Science+Business Media, 2013.

Shohat-Ophir, Galit, et al. "Sexual Deprivation Increases Ethanol Intake in Drosophila." Science 335, no. 6074 (March 16, 2012): 1351–1355. https://doi.org/10.1126/science.1215932.

Shubin, Neal H., and Farish A. Jenkins, Jr. "An Early Jurassic Jumping Frog." Nature 377 (September 7, 1995), 49–52. https://doi.org/10.1038/377049a0.

Shuttlesworth, Dorothy. The Story of Flies. New York: Doubleday, 1970. Sjöberg, Fredrik. The Fly Trap. New York: Vintage, 2015.

Smith, Ronald L. Interior and Northern Alaska: A Natural History. Bothell, WA: Book Publishers Network, 2008.

Sokolowski, Marla B. "Social Interactions in 'Simple' Model Systems." Neuron 65, no. 6 (March 25, 2010): 780–794. https://doi.org/10.1016/j.neuron.2010.03.007.

Spielman, Andrew, and Michael D'Antonio. Mosquito: A Natural History of Our Most Persistent and Deadly Foe. New York: Hyperion, 2002.

Ssymank, Axel, and Carol Kearns. "Flies-Pollinators on Two Wings." The New Diptera Site. http://diptera.myspecies.info/diptera/content/flies-pollinators-two-wings, 2009（访问于2020年8月7日）.

Ssymank, Axel, et al. *Das europäische Schutzgebietssystem* NATURA 2000. Schriftenreihe für Landschaftspflege und Naturschutz, vol. 53. Bonn-Bad Godesberg: Bundesamt für Naturschutz, 1998.

Stensmyr, Marcus C., et al. "Pollination: Rotting Smell of Dead-Horse Arum Florets." Nature 420 (2002): 625–626. https://doi.org/10.1038/420625a.

Stiling, Peter D. Florida's Butterflies and Other Insects. Sarasota, FL: Pineapple Press, 1989.

Stinson, Liz. "Enchanting Paintings Made from the Puke of 250,000 Flies." Wired, August 5, 2013. www.wired.com/2013/08/beautiful-abstract-paintings-made-from-the-puke-of-250000-flies/.

Sultan, Mehmet. "Forensic Entomology: How Insects Solve Murder Cases."The Fountain 53 (January-March 2006). https://fountainmagazine.com/2006/issue-53-january-march-2006/forensic-entomology-how-insects-solve-murder-cases（访问于2020年8月18日）.

Sun, Dan, et al. "Progress and Prospects of CRISPR/Cas Systems in Insects and Other Arthropods." Frontiers in Physiology 8 (September 6, 2017): 608. https://doi.org/10.3389/fphys.2017.00608.

Sverdrup-Thygeson, Anne. Buzz Sting Bite: Why We Need Insects. New York: Simon & Schuster, 2019.

Syracuse University. "Forget Peacock Tails, Fruit Fly Sperm Tails Are the Most Extreme

Ornaments: Syracuse University Researchers Among Those to Author New Paper in Nature That Explains Why Ornament May Have Evolved." EurekAlert!, May 25, 2016. www.eurekalert.org/pub_releases/2016-05/su-fpt052516.php.

Tabone, C. J., and J. S. de Belle. "Second-Order Conditioning in Drosophila." Learning & Memory 18, no. 4 (2011): 250–253.

Tarsitano, Michael S., and Robert R. Jackson. "Araneophagic Jumping Spiders Discriminate between Detour Routes That Do and Do Not Lead to Prey." Animal Behaviour 53, no. 2 (February 1997): 257–266. https://doi.org/10.1006/anbe.1996.0372.

Taylor, Barbara, Jen Green, and John Farndon. The Big Bug Book. London: Anness, 2004.

Taylor, David B., Roger D. Moon, and Darrell R. Mark. "Economic Impact of Stable Flies (Diptera: Muscidae) on Dairy and Beef Cattle Production." Journal of Medical Entomology 49, no. 1 (January 2012): 198–209. https://doi.org/10.1603/ME10050.

Teale, Edwin Way. The Strange Lives of Familiar Insects. New York: Dodd, Mead, 1964.

Theodor, Oskar. On the Structure of the Spermathecae and Aedeagus in the Asilidae and Their Importance in the Systematics of the Family. Jerusalem: Israel Academy of Sciences and Humanities, 1976.

Thompson, Christopher R., et al. "Bacterial Interactions with Necrophagous Flies." Annals of the Entomological Society of America 106, no. 6 (November 1, 2013): 799–809. https://doi.org/10.1603/AN12057.

Thornhill, Randy, and John Alcock. The Evolution of Insect Mating Systems. Cambridge, MA: Harvard University Press, 1983.

Tiffin, Helen. "Do Insects Feel Pain?" Animal Studies Journal 5, no. 1 (2016): 80–96. https://ro.uow.edu.au/asj/vol5/iss1/6.

Tiusanen, Mikko, et al. "One Fly to Rule Them All—Muscid Flies Are the Key Pollinators in the Arctic." Proceedings of the Royal Society B: Biological Sciences 283, no. 1839 (September 28, 2016). https://doi.org/10.1098/rspb.2016.1271.

Torres Toro, Juliana, et al. "An Update of Diversity of Soldier Flies (Stratiomyidae) from Colombia and Notes on Distribution in Colombian Biogeographical Provinces." Abstract 281, 9th International Congress of Dipterology, Windhoek, Namibia, 2018.

University of Michigan Health System. "Fruit Flies with Better Sex Lives Live Longer." ScienceDaily, November 28, 2013. www.sciencedaily.com/releases/2013/11/131128141258.htm.

Vandertogt, Alysha. "Can Mosquitoes and Black Flies Transmit COVID-19?" Cottage Life, May 19, 2020. https://cottagelife.com/general/can-mosquitoes-and-black-flies-transmit-covid-19/(访问于2020年8月21日).

VanLaerhoven, Sherah L., and Ryan W. Merritt. "50 Years Later, Insect Evidence

Overturns Canada's Most Notorious Case—Regina v. Steven Truscott." Forensic Science International 301 (August 2019): 326–330. https://doi.org/10.1016/j.forsciint.2019.04.032.

Van Niekerken, Bill. "The Medfly Invasion: How a Tiny Insect Upended Bay Area Life Decades Ago." San Francisco Chronicle, September 19, 2017, updated November 25, 2018. www.sfchronicle.com/chronicle_vault/article/The-medfly-invasion-How-a-tiny-insect-upended-12205233.php（访问于 2020 年 5 月 15 日）.

Van Swinderen, Bruno, and R. Andretic. "Dopamine in Drosophila: Setting Arousal Thresholds in a Miniature Brain." Proceedings of Biological Science 278 (2011): 906–913.

Vargas-Terán, Moisés, H. C. Hofmann, and N. E. Tweddle. "Impact of Screwworm Eradication Programmes Using the Sterile Insect Technique." In Sterile Insect Technique: Principles and Practice in Area-Wide Integrated Pest Management, ed. Victor Arnold Dyck, Jorge Hendrichs, and Alan S. Robin-son, 629–650. New York: Springer, 2005.

Vinauger, Clément, et al. "Modulation of Host Learning in Aedes aegypti Mosquitoes." Current Biology 28, no. 3 (February 5, 2018): 333–344. https://doi.org/10.1016/j.cub.2017.12.015.

Vogel, Stephen. "Flickering Bodies: Floral Attraction by Movement." Beiträge zur Biologie der Pflanzen 72 (January 2001): 89–154.

Wake, Marvalee H. "Amphibian Locomotion in Evolutionary Time." Zoology 100 (1997): 141–151.

Waldbauer, Gilbert. What Good Are Bugs? Insects in the Web of Life. Cambridge, MA: Harvard University Press, 2003.

Wandersee, James H., and Elisabeth E. Schussler. "Preventing Plant Blindness." American Biology Teacher 61 (1999): 82–86.

Wangberg, James K. Six-Legged Sex: The Erotic Lives of Bugs. Golden, CO: Fulcrum, 2001.

Wee, Suk Ling, Shwu Bing Tana, and Andreas Jürgens. "Pollinator Specialization in the Enigmatic Rafflesia cantleyi: A True Carrion Flower with Species-Specific and Sex-Biased Blow Fly Pollinators." Phytochemistry 153 (September 2018): 120–128. https://doi.org/10.1016/j.phytochem.2018.06.005.

Weeks, Emma N. I., et al. "Effects of Four Commercial Fungal Formulations on Mortality and Sporulation in House Flies (Musca domestica) and Stable Flies (Stomoxys calcitrans)." Medical and Veterinary Entomology 31, no. 1 (March 2017): 15–22. https://doi.org/10.1111/mve.12201.

Weisberger, Mindy. "How Much Do You Poop in Your Lifetime?" LiveScience, March 21, 2018. www.livescience.com/61966-how-much-you-poop-in-lifetime.html（访问于 2020 年 5 月 15 日）.

Weiss, Harry B. "Insects and Pain." The Canadian Entomologist 46, no. 8 (August 1914): 269–271. https://doi.org/10.4039/Ent46269-8.

Welsh, Jennifer. "World's Tiniest Fly May Decapitate Ants, Live in Their Heads." Live Science, July 2, 2012. www.livescience.com/21326-smallest-fly-decapitates-ants.html.

Wheeler, Quentin. "New to Nature No 88: Euryplatea nanaknihali: A Parasitoid Discovered in Thailand Is the World's Smallest Fly." The Guardian, October 13, 2012. www.theguardian.com/science/2012/oct/14/euryplatea-nanaknihali-new-to-nature.

Whitman, William B., David C. Coleman, and William J. Wiebe. "Prokaryotes: The Unseen Majority." Proceedings of the National Academy of Sciences of the United States of America 95, no. 12 (June 9, 1998): 6578–6583. https://doi.org/10.1073/pnas.95.12.6578.

Whitworth, Terry L. Blow Flies home page. http://www.blowflies.net/(访问于2019年7月22日).

Wigglesworth, Vincent B. "Do Insects Feel Pain?" Antenna 4 (1980): 8–9. Winegard, Timothy C. The Mosquito: A Human History of Our Deadliest Predator. New York: Dutton, 2019.

Witze, Alexandra. "Flying Insects Tell Tales of Long-Distance Migrations: Well-Timed Travel Ensures Food and Breeding Opportunities." Science News, April 5, 2018. www.sciencenews.org/article/flying-insects-tell-tales-long-distance-migrations?utm_source=email&utm_medium=email& utm_campaign=latest-newsletter-v2.

Wohlleben, Peter. The Inner Life of Animals: Love, Grief, and Compassion—Surprising Observations of a Hidden World. Vancouver: Greystone Books, 2017.

World Health Organization. "Malaria: Insecticide Resistance." Last updated February 19, 2020. www.who.int/malaria/areas/vector_control/insecticide_resistance/en(访问于2020年5月15日).

——. "The Top 10 Causes of Death." May 24, 2018. www.who.int/news-room/fact-sheets/detail/the-top-10-causes-of-death.

——. Vector Resistance to Pesticides: Fifteenth Report of the WHO Expert Committee on Vector Biology and Control (meeting held in Geneva from 5 to 12 March 1991). Geneva: World Health Organization, 1992. https://apps.who.int/iris/handle/10665/37432.

Wu, Xinwei, and Shucun Sun. "The Roles of Beetles and Flies in Yak Dung Removal in an Alpine Meadow of Eastern Qinghai-Tibetan Plateau." Écoscience 17, no. 2 (June 2010): 146–155. https://doi.org/10.2980/17-2-3319.

Wulf, Andrea. The Invention of Nature: Alexander von Humboldt's New World. New York: Vintage, 2016.

Yarali, Ayse, et al. "'Pain Relief' Learning in Fruit Flies." Animal Behaviour 76, no. 4 (October 2008): 1173–1185. https://doi.org/10.1016/j.anbehav.2008.05.025.

Yin, Jerry C. P., et al. "CREB as a Memory Modulator: Induced Expression of a dCREB2 Activator Isoform Enhances Long-Term Memory in Drosophila." Cell 81, no. 1 (April 7, 1995): 107–115. https://doi.org/10.1016/0092-8674(95)90375-5.

Yong, Ed. "Scientists Genetically Engineered Flies to Ejaculate Under Red Light." The Atlantic, April 19, 2018. www.theatlantic.com/science/archive/2018/04/scientists-genetically-engineered-flies-to-ejaculate-under-red-light/558320/.

Young, Allen M. The Chocolate Tree: A Natural History of Cacao, rev. ed. Gainesville: University Press of Florida, 2007.

Yurkovic, Alexandra, et al. "Learning and Memory Associated with Aggression in Drosophila melanogaster." Proceedings of the National Academy of Sciences of the United States of America 103, no. 46 (November 14, 2006): 17519–17524. https://doi.org/10.1073/pnas.0608211103.

Zahavi, Amotz. "Mate Selection—a Selection for a Handicap." Journal of Theoretical Biology 53, no. 1 (September 1975): 205–214. https://doi.org/10.1016/0022-5193(75)90111-3.

Zeldovich, Lina. "New Study Finds Insects Speak in Different 'Dialects.'" JSTOR Daily, July 31, 2018. https://daily.jstor.org/new-study-finds-insects-speak-in-different-dialects（访问于2020年5月15日）.

Zimmer, Carl. Parasite Rex: Inside the Bizarre World of Nature's Most Dangerous Creatures. New York: Free Press, 2000.

——. "These Animal Migrations Are Huge—and Invisible." The New York Times, June 13, 2019. https://www.nytimes.com/2019/06/13/science/animals-migration-insects.html.

Zivkovic, Bora. "Stumped by Bed Nets, Mosquitoes Turn Midnight Snack into Breakfast." Scientific American, October 3, 2012. https://blogs.scientific american.com/a-blog-around-the-clock/stumped-by-bed-nets-mosquitoes-turn-midnight-snack-into-breakfast/.

Zlomislic, Diana. "Fields of Dreams." The Star (Toronto), June 20, 2019. https://projects.thestar.com/climate-change-canada/saskatchewan/（访问于2020年8月4日）.

Zwarts, Liesbeth, Marijke Versteven, and Patrick Callaerts. "Genetics and Neurobiology of Aggression in Drosophila." Fly 6, no. 1 (January-March 2012): 35–48. https://doi.org/10.4161/fly.19249.

索 引

（条目后的数字为原文页码，见本书边码；斜体页码表示插图。）

B

Q

R

U

V

W